CONTEÚDO DIGITAL PARA ALUNOS
Cadastre-se e transforme seus estudos em uma experiência única de aprendizado:

1. Entre na página de cadastro:
www.editoradobrasil.com.br/sistemas/cadastro

2. Além dos seus dados pessoais e de sua escola, adicione ao cadastro o código do aluno, que garantirá a exclusividade do seu ingresso a plataforma.

2040180A2070833

3. Depois, acesse: **www.editoradobrasil.com.br/leb**
e navegue pelos conteúdos digitais de sua coleção **:D**

Lembre-se de que esse código, pessoal e intransferível, é valido por um ano. Guarde-o com cuidado, pois é a única maneira de você utilizar os conteúdos da plataforma.

matemática bonjorno

José Roberto Bonjorno
Bacharel e licenciado em Física pela Pontifícia Universidade Católica de São Paulo (PUC-SP)

Licenciado em Pedagogia pela Faculdade de Filosofia, Ciências e Letras Professor Carlos Pasquale (FFCLQP-SP)

Professor do Ensino Fundamental e do Ensino Médio

Regina Azenha Bonjorno
Bacharel e licenciada em Física pela Pontifícia Universidade Católica de São Paulo (PUC-SP)

Professora do Ensino Fundamental e do Ensino Médio

Ayrton Olivares
Bacharel e licenciado em Matemática pela Pontifícia Universidade Católica de São Paulo (PUC-SP)

Licenciado em Pedagogia pela Faculdade de Filosofia, Ciências e Letras Professor Carlos Pasquale (FFCLQP-SP)

Professor do Ensino Fundamental e do Ensino Médio

Professor concursado do Instituto Federal de Educação, Ciência e Tecnologia de São Paulo (IFSP)

Marcinho Mercês Brito
Doutor em Estatística e Experimentação Agropecuária pela Universidade Federal de Lavras (UFLA-MG)

Mestre em Ciências Agrárias pela Universidade Federal do Recôncavo da Bahia (UFRB-BA)

Pós-graduado em Formação para o Magistério – Área de Concentração: Metodologia do Ensino e da Pesquisa em Matemática e Física pelas Faculdades Integradas de Amparo (FIA-SP)

Engenheiro Agrônomo pela Universidade Federal da Bahia (UFBA)

Licenciado em Matemática pela Faculdade de Ciências Educacionais (FACE-BA)

Coordenador de pós-graduação em Ensino de Ciências Naturais e Matemática do Instituto Federal Baiano (IF Baiano-BA)

Professor efetivo de Matemática do Instituto Federal Baiano (IF Baiano-BA)

8º Ano

São Paulo
1ª edição, 2021

Editora do Brasil

Dados Internacionais de Catalogação na Publicação (CIP)
(Câmara Brasileira do Livro, SP, Brasil)

Matemática Bonjorno 8º ano / José Roberto
  Bonjorno ... [et al.]. -- 1. ed. -- São Paulo :
  Editora do Brasil, 2021. -- (Matemática Bonjorno)

  Outros autores: Regina Azenha Bonjorno, Ayrton
Olivares, Marcinho Mercês Brito

  ISBN 978-65-5817-890-3 (aluno)
  ISBN 978-65-5817-891-0 (professor)

  1. Matemática (Ensino fundamental) I. Bonjorno,
José Roberto. II. Bonjorno, Regina Azenha.
III. Olivares, Ayrton. IV. Brito, Marcinho Mercês.
V. Série.

21-64916   CDD-372.7

Índices para catálogo sistemático:
1. Matemática : Ensino fundamental 372.7
Maria Alice Ferreira - Bibliotecária - CRB-8/7964

© Editora do Brasil S.A., 2021
Todos os direitos reservados

Direção-geral: Vicente Tortamano Avanso

Direção editorial: Felipe Ramos Poletti
Gerência editorial: Erika Caldin
Supervisão de artes: Andrea Melo
Supervisão de editoração: Abdonildo José de Lima Santos
Supervisão de revisão: Dora Helena Feres
Supervisão de iconografia: Léo Burgos
Supervisão de digital: Ethel Shuña Queiroz
Supervisão de controle de processos editoriais: Roseli Said
Supervisão de direitos autorais: Marilisa Bertolone Mendes

Supervisão editorial: Rodrigo Pessota
Edição: Everton José Luciano, Fernando Savoia Gonzalez, Marcos Gasparetto de Oliveira e Roberto Paulo de Jesus Silva
Assistência editorial: Viviane Ribeiro e Wagner Razvickas
Copidesque: Gisélia Costa, Ricardo Liberal e Sylmara Beletti
Especialista em copidesque e revisão: Elaine Silva
Revisão: Amanda Cabral, Andréia Andrade, Bianca Oliveira, Fernanda Sanchez, Flávia Gonçalves, Gabriel Ornelas, Jonathan Busato, Mariana Paixão, Martin Gonçalves e Rosani Andreani
Pesquisa iconográfica: Priscila Ferraz
Design gráfico: APIS design
Capa: Caronte Design
Imagem de capa: Wagner Santos de Almeida/Shutterstock.com
Edição de arte: Talita Lima
Assistência de arte: Leticia Santos
Ilustrações: Adriano Gimenez, Aline Rivolta, André Martins, DAE, Luca Navarro, Luiz Lentini, Marcel Borges, Marcos Guilherme, Murilo Moretti, Tarcísio Garbellini, Thiago Lucas e Wanderson Souza
Editoração eletrônica: Setup Bureau Editoração Eletronica S/S Ltda.
Licenciamentos de textos: Cinthya Utiyama, Jennifer Xavier, Paula Harue Tozaki e Renata Garbellini
Controle de processos editoriais: Bruna Alves, Carlos Nunes, Rita Poliane, Terezinha Oliveira e Valeria Alves

1ª edição / 1ª impressão, 2021
Impresso na Ricargraf Gráfica e Editora

Rua Conselheiro Nébias, 887
São Paulo/SP – CEP 01203-001
Fone: +55 11 3226-0211
www.editoradobrasil.com.br

APRESENTAÇÃO

Caro estudante,

Vivemos hoje em uma sociedade dinâmica, complexa e tecnológica. Nesse universo, mesmo sem perceber estamos todos conectados a números, algoritmos, operações, medidas etc. Ao falar sua data de nascimento, você usa os números; para pagar uma compra, você também os utiliza; as páginas da internet e das redes sociais que você acessa funcionam por meio de algoritmos, e assim por diante. Com esta coleção, queremos aproximar ainda mais a Matemática de sua realidade, de modo que você possa raciocinar matematicamente, pensar de maneira lógica, comparar grandezas, analisar evidências e argumentar com base em números.

Assim, você poderá programar um futuro melhor, no qual símbolos que representam matematicamente a desigualdade e a diferença poderão ser socialmente substituídos pelos sinais de igualdade e semelhança. Para construir esse futuro, precisamos aprender a pensá-lo melhor!

Bons estudos!

Os autores

CONHEÇA SEU LIVRO

Abertura de unidade
Em cada uma das oito aberturas, você encontrará imagens, textos e questões relacionados ao tema estudado na unidade.

Na BNCC
Boxe que indica as competências gerais, as competências específicas e as habilidades de Matemática, todas da Base Nacional Comum Curricular (BNCC), desenvolvidas na unidade.

Para pesquisar e aplicar
Boxe com perguntas diversas relacionadas ao texto de abertura da unidade.

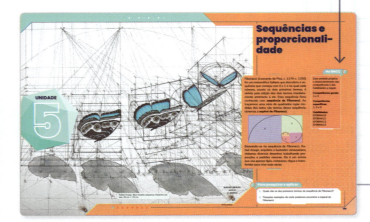

Para começar
Apresenta perguntas disparadoras e testagem de conhecimentos prévios sempre no começo de cada capítulo.

Abertura de capítulo
Os conteúdos são apresentados de forma objetiva e organizada.

Curiosidade
Apresenta fatos curiosos ligados a algum tema em discussão.

Pense e responda
Traz questões que funcionam como reflexão em meio à teoria.

Nesta seção, você precisará do apoio de tecnologias digitais para executar variadas atividades sobre diversos assuntos.

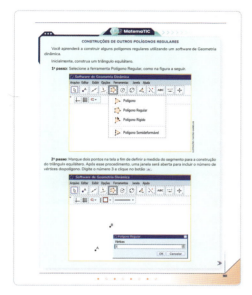

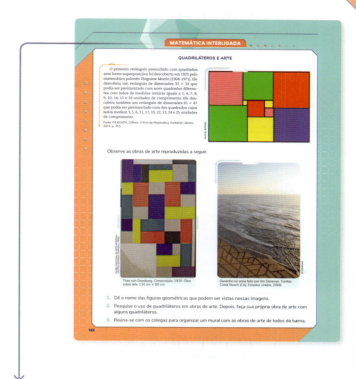

Matemática interligada
Seção que apresenta informações, textos, imagens, gráficos e tabelas com curiosidades relacionadas a temáticas diversas ou à Matemática. Pode trazer também fatos históricos da disciplina.

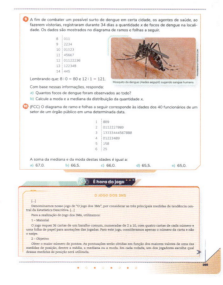

Prepare-se para encarar jogos matemáticos desafiadores nesta seção.

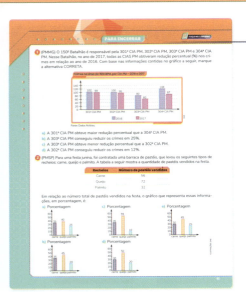

Para encerrar
Atividades complementares apresentadas ao final de cada unidade, cujo objetivo é revisar o conteúdo estudado.

Dica
Este boxe apresenta informações que visam facilitar o entendimento dos conteúdos.

Lembre-se
Boxe com retomada de conceitos e informações que ajudarão você no entendimento dos conteúdos.

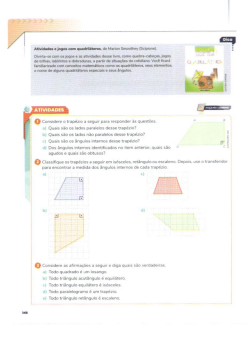

Atenção
Boxe com informações importantes para o entendimento do conceito trabalhado.

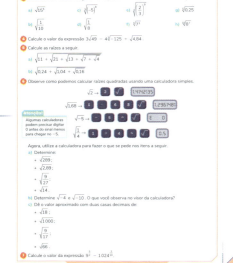

Atividades resolvidas
Nesta seção, você encontrará atividades resolvidas passo a passo, o que contribui para seu aprendizado.

Atividades
Esta seção ajuda você a concretizar os conteúdos estudados.

Viagem no tempo
Faça uma viagem no tempo com este boxe para descobrir a origem de determinado tema/conteúdo.

Assim também se aprende
Por meio de atividades instigantes e sugestões de *sites* e livros, este boxe fará você refletir e encontrar soluções de diversos exercícios.

Mais atividades
Sempre ao final de cada capítulo, esta seção traz atividades com o propósito de contribuir para a fixação dos conteúdos.

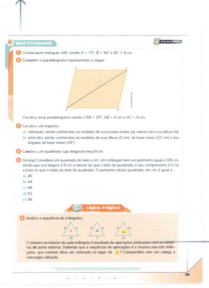

Lógico, é logica!
Sempre ao final do bloco **Mais atividades**, este boxe apresenta questões diversas envolvendo lógica.

Educação Financeira
Por meio de textos e questões, você vai explorar o tema e aprender a ter uma vida financeira saudável.

Ícones

SUMÁRIO

UNIDADE 1 Cálculos com números reais, porcentagem, contagem e possibilidades 12

CAPÍTULO 1 – CÁLCULOS COM NÚMEROS REAIS 14

Dízima periódica 14

Fração geratriz de uma dízima periódica 16

Números irracionais 20

Números reais 21

Potência com expoentes inteiros 22

Propriedades das potências 24

Notação científica 26

Radicais 29

Radicais e potências com expoentes na forma de fração 29

Radicais equivalentes 32

Simplificação de radicais 32

Mais atividades 34

CAPÍTULO 2 – PORCENTAGEM 36

Acréscimos e decréscimos 36

Mais atividades 42

CAPÍTULO 3 – CONTAGEM E POSSIBILIDADES 44

Princípio multiplicativo da contagem 44

Mais atividades 50

PARA ENCERRAR 51

UNIDADE 2

Tipos de gráfico e organização de dados em classes 54

CAPÍTULO 1 – TIPOS DE GRÁFICO 56

Gráfico de barras 57

Gráfico de setores 62

Construção do gráfico de setores 62

Gráfico de linhas 68

Mais atividades 72

CAPÍTULO 2 – ORGANIZAÇÃO DE DADOS EM CLASSES 76

Agrupamento de dados 76

Mais atividades 80

PARA ENCERRAR 81

UNIDADE 3 — Equações e sistemas do 1º grau 86

CAPÍTULO 1 – EQUAÇÕES DO 1º GRAU 88

Expressões algébricas 88

Valor numérico de uma expressão algébrica 89

Equações lineares com uma incógnita 93

Equações equivalentes 94

Mais atividades 96

CAPÍTULO 2 – SISTEMAS DE EQUAÇÕES DO 1º GRAU 98

Equação do 1º grau com duas incógnitas 98

Sistema de duas equações do 1º grau com duas incógnitas 103

Resolução algébrica de um sistema 106

Mais atividades 112

PARA ENCERRAR 114

UNIDADE 4 — Estudo de figuras geométricas planas e construções geométricas 116

CAPÍTULO 1 – ESTUDO DE FIGURAS GEOMÉTRICAS PLANAS 118

Transformações geométricas e congruência de triângulos 118

Casos de congruência 120

Triângulos isósceles e triângulos equiláteros 125

Triângulos isósceles 125

Propriedades dos triângulos isósceles 125

Triângulo equilátero 127

Quadriláteros 130

Elementos de um quadrilátero 130

Propriedades do paralelogramo 134

Propriedades dos paralelogramos especiais 136

Losango 136

Retângulo 138

Quadrado 139

Propriedades dos trapézios 143

Propriedades dos trapézios isósceles 143

Mais atividades 148

CAPÍTULO 2 – CONSTRUÇÕES GEOMÉTRICAS 151

Mediatriz de um segmento 151

Bissetriz de um ângulo 154

Construções geométricas: ângulos de 90°, 60°, 45° e 30° 155

Construção de um ângulo reto e de um ângulo de 45° 155

Construção de ângulos de 60° e 30° 157

Construção de polígonos regulares 159

Construção de um hexágono regular 159

Mais atividades 163

PARA ENCERRAR 164

UNIDADE 5 · Sequências e proporcionalidade 168

CAPÍTULO 1 – SEQUÊNCIAS 170
Introdução 170
Obtenção dos termos de uma sequência 171
   Mais atividades 175

CAPÍTULO 2 – PROPORCIONALIDADE 177
Grandezas diretamente e inversamente
proporcionais 177
Regra de três simples 184
   Mais atividades 186

PARA ENCERRAR 188

UNIDADE 6 · Equação polinomial do 2º grau e probabilidade 190

CAPÍTULO 1 – EQUAÇÃO POLINOMIAL DO 2º GRAU COM UMA INCÓGNITA 192
O que é uma equação polinomial do 2º grau 192
Termos e coeficientes de uma equação polinomial do 2º grau 193
Raízes ou soluções de uma equação polinomial do 2º grau 194
Resolução de equações polinomiais do 2º grau da forma $ax^2 + c = 0$ 196
   Mais atividades 198

CAPÍTULO 2 – POSSIBILIDADES E PROBABILIDADE 201
Cálculo de probabilidades 201
Eventos complementares 207
   Mais atividades 209

PARA ENCERRAR 211

UNIDADE 7 Simetrias, cálculo de área e de capacidade 214

CAPÍTULO 1 – TRANSFORMAÇÕES GEOMÉTRICAS: SIMETRIAS DE TRANSLAÇÃO, REFLEXÃO E ROTAÇÃO 216

Construção de transformações 216

Reflexão 217

Rotação 218

Translação 219

Mais atividades 227

CAPÍTULO 2 – ÁREA, VOLUME E CAPACIDADE 229

Áreas de figuras planas 229

Retângulo 229

Quadrado 230

Paralelogramo 230

Triângulo 230

Losango 230

Trapézio 231

Círculo 235

Volume e capacidade do paralelepípedo e do cubo 240

Relações entre volume e capacidade 240

Mais atividades 245

PARA ENCERRAR 248

UNIDADE 8 Estatística 252

CAPÍTULO 1 – MEDIDAS DE TENDÊNCIA CENTRAL 254

Média aritmética 255

Amplitude 256

Mediana 260

Moda 262

Diagrama de ramos e folhas 264

Construção do diagrama de ramos e folhas 265

Mais atividades 271

CAPÍTULO 2 – PESQUISAS CENSITÁRIA E AMOSTRAL, AMOSTRAGEM E PLANEJAMENTO DE PESQUISA 274

Pesquisa censitária e pesquisa amostral 274

Amostragem casual simples 275

Amostragem estratificada 276

Amostragem sistemática 279

Planejamento e execução de uma pesquisa amostral 281

Mais atividades 283

PARA ENCERRAR 285

Gabarito 290

Lista de siglas 308

Quadro de competências e habilidades da BNCC 310

Referências 319

UNIDADE

1

A nanotecnologia na medicina auxilia a visualização e o diagnóstico de doenças.

LIGHTSPRING/ SHUTTERSTOCK.COM

O microscópio é uma ferramenta para visualizar com precisão objetos minúsculos, que não seriam perceptíveis a olho nu.

Cálculos com números reais, porcentagem, contagem e possibilidades

A nanotecnologia pode ser definida como a engenharia das coisas extremamente pequenas. Ela é a tecnologia que trabalha em escala nanométrica e é aplicada em diversas áreas, como Ciência da Computação, Biologia, Medicina, na indústria de cosméticos etc. O prefixo **nano** (representado pela letra **n**) corresponde à bilionésima parte de uma unidade:

$$10^{-9} = 0{,}000000001$$

O nanômetro corresponde à bilionésima parte do metro.

$$1\text{ nm} = \frac{1}{1\,000\,000\,000}\text{ m} = 0{,}000000001\text{ m} = 10^{-9}\text{ m}$$

Para se ter uma ideia de quão pequeno é 1 nanômetro, vamos pensar, por exemplo, na espessura média de um fio de cabelo humano, que é de 0,07 mm, o que corresponde a 70 000 nm!

Na BNCC

Esta unidade propicia o desenvolvimento das competências e das habilidades a seguir.

Competência geral: 1

Competências específicas: 1, 2, 3, 4 e 6

Habilidades:
EF08MA01
EF08MA02
EF08MA03
EF08MA04
EF08MA05

Para pesquisar e aplicar

1. Você já ouviu falar de nanotecnologia?
2. O micrômetro equivale à milionésima parte do metro. Seu prefixo é **micro** e seu símbolo é μm. Escreva 1 μm como uma potência de 10.
3. Pesquise esse tema e dê pelo menos dois exemplos de aplicação da nanotecnologia.

CAPÍTULO 1

Cálculos com números reais

Para começar

Que números na forma decimal representam as frações $\frac{4}{50}$, $\frac{47}{3}$ e $\frac{35}{99}$?

O que podemos observar nas casas decimais de cada um desses números?

DÍZIMA PERIÓDICA

A escrita decimal de uma fração foi criada no século XVI pelo matemático francês François Viète (1540-1603). Na realidade, o que ele desenvolveu foi uma representação com vírgula de frações que têm como denominador produtos de potências de 2 e de 5. Assim, os denominadores são números inteiros cujas fatorações contêm apenas os fatores primos 2 e/ou 5. Veja alguns exemplos.

$$\frac{45}{10} = 4{,}5;\ \frac{78}{100} = 0{,}78;\ \frac{126}{1\,000} = 0{,}126;\ \frac{7}{4} = 1{,}75;\ \frac{38}{5} = 7{,}6;\ \frac{7}{20} = 0{,}35$$

Considerando essas frações, temos que $\frac{45}{10}$, $\frac{78}{100}$ e $\frac{126}{1\,000}$ são frações decimais (pois o denominador é 10, 100, 1 000 etc.). Já $\frac{7}{4}$, $\frac{38}{5}$ e $\frac{7}{20}$ não são frações decimais, mas podem ser escritas como frações decimais por meio de frações equivalentes. Veja a seguir.

Observe que os números decimais que representam essas frações têm um número finito de casas após a vírgula e, por isso, são denominados números decimais exatos.

$$\overset{\times 25}{\frac{7}{4}} = \frac{175}{100};\ \overset{\times 2}{\frac{38}{5}} = \frac{76}{10};\ \overset{\times 5}{\frac{7}{20}} = \frac{35}{100}$$

$$\underset{\times 25}{}\qquad \underset{\times 2}{}\qquad \underset{\times 5}{}$$

Quando uma fração não pode ser escrita como uma fração decimal, sua representação decimal terá infinitas casas após a vírgula. Veja alguns exemplos:

$$\frac{7}{9} = 0{,}77777\ldots$$

O algarismo 7 se repete infinitamente.

$$\frac{14}{3} = 4{,}66666\ldots$$

O algarismo 6, após a vírgula, repete-se infinitamente.

$$\frac{23}{99} = 0{,}23232323\ldots$$

Após a vírgula, é o número 23 que se repete infinitamente.

14

$$\frac{137}{90} = 1{,}522222\ldots$$

Nesse exemplo, após a vírgula aparece o algarismo 5 antes do início da repetição do algarismo 2.

$$\frac{893}{1\,650} = 0{,}5412121212\ldots$$

O número que se repete, nesse caso, é 12, mas, antes dele, logo após a vírgula, aparecem os algarismos 5 e 4.

Números racionais com essa forma são chamados **dízimas periódicas**. A parte do número que se repete infinitamente após a vírgula é denominada **período**.

Assim, dos exemplos acima, temos:

- 0,77777..., 4,66666... e 0,23232323... são **dízimas periódicas simples**, pois após a vírgula vem o período.
- 1,522222... e 0,5412121212... são denominadas **dízimas periódicas compostas**, pois após a vírgula há números que não pertencem ao período (chamados **parte não periódica**).

As dízimas periódicas podem ser representadas de forma abreviada usando-se uma barra sobre o período. Assim:

- A dízima periódica 3,55555... pode ser representada por $3{,}\overline{5}$.
- A dízima periódica 1,832323232... pode ser representada por $1{,}8\overline{32}$.

As frações que dão origem às dízimas periódicas são denominadas **frações geratrizes**.

Por exemplo, uma fração geratriz de 1,52222... é $\frac{137}{90}$.

Pense e responda

Apenas a fração geratriz $\frac{14}{3}$ produz a dízima 4,6666...? Explique.

ATIVIDADES

1. Quais das frações abaixo representam uma dízima periódica?
   a) $\frac{3}{8}$
   b) $\frac{3}{15}$
   c) $\frac{2}{9}$
   d) $\frac{5}{3}$

2. Quais são os períodos das dízimas a seguir?
   a) 2,555...
   b) 1,292929...
   c) 1,425425425...
   d) 7,08888...

3 Considere os números $\dfrac{19}{5}$ e $\dfrac{58}{7}$:

a) quais são os números inteiros que ficam entre $\dfrac{19}{5}$ e $\dfrac{58}{7}$ na reta real?

b) escreva dois números decimais que ficam entre $\dfrac{19}{5}$ e $\dfrac{58}{7}$ na reta real.

c) escreva uma dízima periódica que fica entre $\dfrac{19}{5}$ e $\dfrac{58}{7}$ na reta real.

4 Escreva o valor da expressão abaixo na forma de dízima periódica.

$$\left(\dfrac{3}{2} - 1\right)^2 : \left(2 + \dfrac{1}{4}\right) - (-1)^3 - (-1)^0$$

Fração geratriz de uma dízima periódica

Já sabemos que a **fração geratriz** dá origem a uma dízima periódica. Mas como fazer para encontrar frações que geram essa dízima?

Acompanhe os exemplos.

1º exemplo: Determine a fração que é uma geratriz da dízima 0,6666...

Veja como podemos calcular, passo a passo, essa fração.

1º) Chame a dízima de x:
$$x = 0,6666...\quad ①$$

2º) Multiplique ambos os membros da ① por 10 para deixar um período da dízima (6) do lado esquerdo da vírgula:
$$10x = 6,666666...\quad ②$$

3º) Subtraia membro a membro a igualdade ① da igualdade ② para eliminar a parte decimal e, em seguida, resolva a equação resultante:

$$
\begin{array}{r}
10x = 6,666666...\quad ② \\
- \quad x = 0,666666...\quad ① \\
\hline
9x = 6 \\
x = \dfrac{6}{9}
\end{array}
$$

4º) Simplifique, quando possível, o resultado da equação:
$$x = \dfrac{6}{9} = \dfrac{2}{3}$$

5º) Pronto. Uma fração geratriz da dízima 0,666666... é a fração $\dfrac{2}{3}$.

KCKATE16/SHUTTERSTOCK.COM

Portanto, concluímos que uma fração geratriz da dízima periódica 0,666666... é $\dfrac{2}{3}$.

Observe que essa fração irredutível é uma fração geratriz da dízima.

Pense e responda

Qual é a fração geratriz da dízima periódica 0,3333...?

2º exemplo: Determine a fração que é geratriz da dízima 0,727272...

Veja como podemos calcular, passo a passo, essa fração.

1º) Como no caso anterior, chame a dízima de x:
$$x = 0,727272... \quad ①$$

2º) Multiplique ambos os membros da ① por 100 para deixar um período da dízima (72) do lado esquerdo da vírgula:
$$100x = 72,727272... \quad ②$$

3º) Subtraia membro a membro a igualdade ① da igualdade ② para eliminar a parte decimal e, em seguida, resolva a equação resultante:

$$
\begin{aligned}
100x &= 72,727272... \quad ② \\
-\quad x &= 0,727272... \quad ① \\
\hline
99x &= 72 \\
x &= \frac{72}{99}
\end{aligned}
$$

4º) Simplifique, quando possível, o resultado da equação:
$$x = \frac{72}{99} = \frac{8}{11}$$

5º) Pronto. Uma fração geratriz da dízima 0,727272... é a fração $\dfrac{8}{11}$.

Portanto, concluímos que uma fração geratriz da dízima periódica 0,727272... é $\dfrac{8}{11}$.

Observe que essa fração irredutível é uma fração geratriz da dízima.

Pense e responda

Determine uma fração geratriz da dízima 0,636363...

Ao observar os dois exemplos apresentados para determinar uma fração geratriz, percebemos que, em uma dízima periódica simples, há uma relação entre a quantidade de casas decimais do período e o denominador da resposta. Qual é essa relação?

Agora, encontre uma fração geratriz da dízima simples 0,327327327327...

3º exemplo: Determine a fração geratriz da dízima periódica composta 4,2181818...

Observe o desenvolvimento a seguir.

1º) Chame a dízima de x:

$$x = 4{,}21818181818\ldots \quad ①$$

2º) Multiplique ambos os membros da ① por 10 e por 1 000, obtendo, respectivamente, as igualdades ② e ③:

$$10x = 42{,}1818181818\ldots \; ② \quad \text{e} \quad 1\,000x = 4218{,}181818\ldots \; ③$$

3º) Subtraia membro a membro a igualdade ② da igualdade ③:

$$\begin{array}{r} 1\,000x = 4218{,}181818\ldots \; ③ \\ -\;\; 10x = 42{,}1818181818\ldots \; ② \\ \hline 990x = 4\,176 \end{array}$$

4º) Resolva a equação resultante $990x = 4\,176$ e encontre a fração geratriz $x = \dfrac{4\,176}{990}$.

5º) Depois simplifique $x = \dfrac{4\,176}{990}$:

$$\dfrac{4\,176 \div 2}{990 \div 2} = \dfrac{2\,088 \div 3}{495 \div 3} = \dfrac{696 \div 3}{165 \div 3} = \dfrac{232}{55}$$

6º) A fração geratriz da dízima $4{,}21818181818\ldots$ é a fração $\dfrac{232}{55}$.

Portanto, concluímos que uma fração geratriz da dízima periódica $4{,}2181818181818\ldots$ é $\dfrac{232}{55}$. Observe que essa fração irredutível é uma fração geratriz da dízima.

ATIVIDADES

FAÇA NO CADERNO

1 Utilize as técnicas desenvolvidas para calcular a fração geratriz irredutível de cada dízima.
   a) $0{,}88888888\ldots$
   b) $4{,}27272727\ldots$
   c) $0{,}84848484\ldots$
   d) $1{,}2488888888\ldots$
   e) $1{,}222\ldots$

2 Da maneira que achar conveniente, determine a fração geratriz irredutível das dízimas abaixo.
   a) $0{,}5555\ldots$
   b) $0{,}424242\ldots$
   c) $0{,}0111\ldots$
   d) $2{,}3888\ldots$

3 Veja como Kátia determinou a fração geratriz da dízima periódica $1{,}888\ldots$

$$\begin{aligned} 1{,}888\ldots &= 1 + 0{,}888\ldots \\ &= 1 + \dfrac{8}{9} \\ &= \dfrac{9}{9} + \dfrac{8}{9} \\ &= \dfrac{17}{9} \end{aligned}$$

Portanto, a fração geratriz é $\dfrac{17}{9}$.

Use o procedimento de Kátia e determine a fração geratriz das dízimas abaixo.

a) 1,555...

b) 2,3333...

c) 6,343434...

d) 1,245245245...

4 Observe como Carla determinou a fração geratriz da dízima periódica simples 2,555...

Ela obteve uma fração em que o **numerador** é resultado da subtração do número formado da parte inteira (2) seguida do período (5) pelo próprio período (5), e o **denominador** a quantidade de "noves" correspondente à quantidade de algarismos que formam o período.

$$2,555... = \frac{25 - 2}{9} = \frac{23}{9}$$

Portanto, a fração geratriz é $\frac{23}{9}$.

Com o procedimento de Carla, determine a fração geratriz das dízimas:

a) 1,777...;

b) 3,2222...;

c) 1,343434...;

d) 2,145145145...

5 Veja como Márcia determinou a fração geratriz da dízima periódica composta 3,2444...

Ela obteve uma fração em que o **numerador** é resultado da subtração do número formado da parte inteira (3), seguida da parte não periódica (2) e do período (4) pelo número formado da parte inteira (3), seguida da parte não periódica (2), e o **denominador** é a quantidade de "noves" correspondente à quantidade de algarismos que formam o período, seguido da quantidade de "zeros" correspondente à quantidade de algarismos que formam a parte não periódica.

$$3,2444... = \frac{324 - 32}{90}$$
$$= \frac{292}{90}$$
$$= \frac{146}{45}$$

Portanto, a fração geratriz é $\frac{146}{45}$.

Com o procedimento de Márcia, determine a fração geratriz das dízimas:

a) 1,3777...;

b) 3,12222...;

c) 1,2343434...;

d) 12,3145145145...

6 Encontre o número que pode ser colocado no lugar de cada símbolo □ para que as sentenças sejam verdadeiras.

a) $\frac{\square}{9} = 0,1111111111...$

b) $\frac{\square}{33} = 0,15151515...$

c) $\frac{8}{\square} = 2,666666...$

7 Escreva cada radical abaixo na forma de número racional.

a) $\sqrt{\dfrac{1,777...}{0,111...}}$

b) $\sqrt{\dfrac{2,222...}{8,888...}}$

8 (Ufac) Sejam x e y dois números reais. Sendo x = 2,333... e y = 0,1212... dízimas periódicas. A soma das frações geratrizes de x e y é:

a) $\frac{7}{3}$. b) $\frac{4}{33}$. c) $\frac{27}{11}$. d) $\frac{27}{33}$. e) $\frac{27}{3}$.

9 (FCC TRT) Renato dividiu dois números inteiros positivos em sua calculadora e obteve como resultado a dízima periódica 0,454545... . Se a divisão tivesse sido feita na outra ordem, ou seja, o maior dos dois números dividido pelo menor deles, o resultado obtido por Renato na calculadora teria sido:

a) 0,22.
b) 0,222...
c) 2,22.
d) 2,222...
e) 2,2.

10 (Enem) Um estudante se cadastrou numa rede social na internet que exibe o índice de popularidade do usuário. Esse índice é a razão entre o número de admiradores do usuário e o número de pessoas que visitam seu perfil na rede. Ao acessar seu perfil hoje, o estudante descobriu que seu índice de popularidade é 0,3121212... O índice revela que as quantidades relativas de admiradores do estudante e pessoas que visitam seu perfil são:

a) 103 em cada 330.
b) 104 em cada 333.
c) 104 em cada 3 333.
d) 139 em cada 330.
e) 1 039 em cada 3 330.

Números irracionais

Existem números que não podem ser escritos na forma $\frac{a}{b}$, sendo a e b números inteiros e b ≠ 0, ou seja, não são números racionais. Esses números são chamados de **números irracionais**. Uma das características desse tipo de número, em sua representação decimal, é que a quantidade de casas após a vírgula é infinita e não periódica, ou seja, não há um padrão de repetição na parte decimal.

Observe o número:

$$\sqrt{18} = 4,\underline{24264068711928514640506617262 91}...$$
infinitas casas decimais e não periódicas

As raízes não exatas, sejam quadradas, cúbicas, quartas etc., têm essa característica.

Veja alguns exemplos:

- $\sqrt{2} = 1,41421356237...$
- $-\sqrt{3} = -1,7320508075...$
- $\sqrt[3]{12} = 2,289428485..$

Há outros números com essa característica. O mais famoso deles é o número π (*pi*), que é a razão entre a medida do comprimento de uma circunferência e a medida de seu diâmetro. Veja o valor do número π mostrando 30 casas decimais!

$$\pi = 3,141592653589793238462643383279...$$

> **Curiosidade**
>
> Você sabia que o número π tem um dia do ano dedicado a ele? É o dia 14 de março. Esse número, que se tornou tão famoso, aparece no papiro *Rhind*, já em 1650 a.C., com uma casa decimal e ainda hoje fascina os matemáticos. Ele já foi calculado com mais de 5 trilhões de casas decimais!

Números reais

Sabemos que todo número que pertence ao conjunto dos números naturais também pertence ao conjunto dos números inteiros. Além disso, todo número inteiro pertence ao conjunto dos números racionais. No entanto, nenhum número irracional pertence ao conjunto dos números racionais, e nenhum número racional pertence ao conjunto dos números irracionais. Mas esses dois tipos de número estão presentes em situações cotidianas associadas às medidas e em outros contextos da própria Matemática.

Assim, temos um novo conjunto numérico, que reúne o conjunto dos números racionais e o conjunto dos números irracionais, denominado **conjunto dos números reais**, que representamos pelo símbolo $\mathbb{R}$. Quando representamos os números reais na reta numérica, há uma correspondência um a um entre os números reais e os pontos dessa reta, ou seja, cada ponto da reta corresponde a um número real.

ATIVIDADES — FAÇA NO CADERNO

1 Analise os números do quadro e copie apenas os irracionais.

3,2	$-\sqrt{5}$
5,888...	$-5,04391666...$
0,135298888	$\sqrt{17}$

2 Você tem o hábito de ler as informações que aparecem nos rótulos das embalagens dos produtos que consome? Observe ao lado as informações nutricionais do rótulo de um pacote de feijão.

Quais das afirmativas a seguir são verdadeiras para os números do rótulo desse pacote de feijão?

I. Todos os números são naturais.

II. Existem números racionais.

III. Não existem números irracionais.

IV. Todos são números reais.

INFORMAÇÃO NUTRICIONAL		
PORÇÃO DE 60 g (1/2 XÍCARA)		
Quantidade por porção		% VD (*)
Valor energético	107 kcal = 448 kJ	5
Carboidratos	15,1 g	5
Proteínas	11 g	15
Gorduras totais	0 g	0
Gordura saturadas	0 g	0
Gordura trans	0 g	**
Fibra alimentar	24,2 g	97
Sódio	23 mg	1

3 Os números π, $\sqrt{2}, \sqrt{3}, \sqrt{5}$ e $\sqrt{10}$ são todos números irracionais. Considerando os números inteiros de 1 até 10, cada um desses números irracionais estão entre quais números inteiros?

4 (Obmep) Considere o número X = 1,01001000100001...

(O padrão se mantém, ou seja, a quantidade de zeros consecutivos entre os algarismos 1 sempre aumenta exatamente em uma unidade.)

a) Qual é a sua 25ª casa decimal após a vírgula?

b) Qual é a sua 500ª casa decimal após a vírgula?

c) O número X é racional ou irracional?

5 (UEG) Se colocarmos os números reais: $-\sqrt{5}$, 1, $-\dfrac{3}{5}$ e $\dfrac{3}{8}$ em ordem decrescente, teremos a sequência:

a) $\dfrac{3}{8}$, 1, $-\dfrac{3}{5}$, $-\sqrt{5}$.

b) $\dfrac{3}{8}$, 1, $-\sqrt{5}$, $-\dfrac{3}{5}$.

c) 1, $\dfrac{3}{8}$, $-\dfrac{3}{5}$, $-\sqrt{5}$.

d) 1, $\dfrac{3}{8}$, $-\sqrt{5}$, $-\dfrac{3}{5}$.

Potência com expoentes inteiros

Você estudou, nos anos anteriores, a operação de potenciação, que consiste na multiplicação sucessiva de fatores iguais.

Sendo a um número real e n um número inteiro ($n > 1$), temos:

$$\underbrace{a \cdot a \cdot a \cdot \ldots \cdot a}_{n \text{ fatores}} = a^n$$

Nessa potência:

- o fator repetido é denominado **base**;
- a quantidade de vezes que o fator se repete é o **expoente**.

Por exemplo, $5^3 = 5 \cdot 5 \cdot 5 = 125$, o número 5 é a base da potência e o 3 é o expoente.

ATIVIDADES RESOLVIDAS

1 Calcule o valor da expressão $x^3 - y^2$ para $x = \dfrac{1}{2}$ e $y = -\dfrac{1}{4}$.

RESOLUÇÃO: Substituindo os valores de x e y na expressão e efetuando os cálculos, temos:

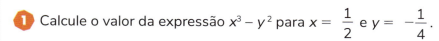

Portanto, o valor numérico da expressão é $\dfrac{1}{16}$.

ATIVIDADES

1 Determine o resultado das potências a seguir.

a) 2^3
b) $(-2)^4$
c) 10^4
d) $\left(\dfrac{4}{2}\right)^2$
e) $\left(\dfrac{1}{2}\right)^3$
f) $\left(-\dfrac{1}{2}\right)^3$
g) $(0,4)^2$
h) 12^1
i) $(-0,4)^2$
j) $\left(\dfrac{1}{10}\right)^2$

2 Calcule o valor das expressões a seguir.

a) $3 \cdot (-9)^2 - (-1)^4 + (-2)^3 - 1$
b) $\left(-\dfrac{1}{10}\right)^2 + \left(-\dfrac{1}{10}\right)^3$
c) $\left(\dfrac{1}{2}\right)^3 - \left(-\dfrac{3}{2}\right)^2 + \left(\dfrac{1}{4}\right)^2$
d) $\left(-1\dfrac{1}{2}\right)^2 + \left(2\dfrac{1}{3}\right)^2$

3 Escreva a expressão correspondente a cada frase seguinte e calcule seu valor numérico.

a) Multiplique a soma de 3 e 4 pelo quadrado de 5 e, então, subtraia 10.
b) Eleve ao cubo a diferença entre 10 e 6 e, do resultado, subtraia a quinta potência de 2.
c) Divida por 4 o quadrado de 10 e multiplique o resultado pela soma de 8 e −5.

4 Represente cada número a seguir por uma potência de base 10.

a) 100
b) −100 000
c) 0,1
d) 0,0000001

5 Escreva os números a seguir na forma de potência.

a) 81
b) 128
c) 0,25
d) $\dfrac{32}{243}$

6 Considere a expressão $\left(\dfrac{1}{2}\right)^{4x - x^2}$. Calcule o valor numérico dessa expressão.

a) $x = 4$ b) $x = 2$ c) $x = 5$

7 Calcule o valor numérico das expressões algébricas a seguir.

a) $x^2 - 4x + 8$ para $x = -1$
b) $x^2 - 6x + 2$ para $x = 0,1$
c) $2x^3 - 3x^2 + 1$ para $x = -10$
d) $\dfrac{a^2c - bd^2}{c^3d - a^2d}$ para $a = 2$, $b = -3$, $c = -1$ e $d = 2$

8 A fórmula para calcular o volume V de uma esfera de raio r é $V = \dfrac{4}{3}\pi r^3$. Usando essa fórmula, calcule o volume de uma esfera de:

a) raio de medida 20 cm;
b) diâmetro de medida 10 cm.

Dado: use $\pi = 3,14$.

9 Sendo $a = -2$, $b = 4$, $x = \dfrac{1}{2}$ e $y = -1$, calcule o valor numérico das seguintes expressões.

a) $\left(\dfrac{a}{b}\right)^2 - 5\left(\dfrac{x}{y}\right)^3$
b) $\dfrac{4y^2 + 2x}{ax - by}$

Propriedades das potências

Vamos retomar algumas propriedades que facilitam o cálculo com potências.

Propriedade	Exemplo
$a^m \cdot a^n = a^{m+n}, a \neq 0$	$5^2 \cdot 5^3 = 5^{2+3}$
$a^m : a^n = a^{m-n}, a \neq 0$	$3^4 : 3^2 = 3^{4-2}$
$(a^m)^n = a^{m \cdot n}, a \neq 0$	$(2^2)^2 = 2^{2 \cdot 2}$
$(a \cdot b)^n = a^n \cdot b^n, a \neq 0$ e $b \neq 0$	$(6 \cdot 4)^3 = 6^3 \cdot 4^3$
$\left(\dfrac{a}{b}\right)^n = \dfrac{a^n}{b^n} \ a \neq 0$ e $b \neq 0$	$\left(\dfrac{7}{3}\right)^5 = \dfrac{7^5}{3^5}$

> **Pense e responda**
>
> Usando o algarismo 7 apenas três vezes, como podemos obter o número 1?

Usando essas propriedades, podemos notar que:

- se o expoente for zero e $a \neq 0$, o resultado da potência será igual 1, ou seja, $a^0 = 1$.
  Veja por quê:

  I. $\dfrac{a^n}{a^n} = 1 \rightarrow$ Qualquer número diferente de zero dividido por ele mesmo dá 1.

  II. $\dfrac{a^n}{a^n} = a^{n-n} = a^0 \rightarrow$ Usamos a propriedade da divisão de potências de mesma base.

  Considerando as igualdades I e II e a propriedade transitiva da igualdade, concluímos que $a^0 = 1$.

- o expoente de uma potência também pode ser um número inteiro negativo. Quando isso acontece, a potência é igual ao seu inverso com expoente positivo, isto é, $a^{-n} = \dfrac{1}{a^n}$ com $a \neq 0$.
  Veja por quê:

  $\dfrac{1}{a^n} = \dfrac{a^0}{a^n} = a^{0-n} = a^{-n} \rightarrow$ Usamos a propriedade de divisão de potências de mesma base.

ATIVIDADES RESOLVIDAS

1 Mostre que $\left(\dfrac{a}{b}\right)^{-n} = \left(\dfrac{b}{a}\right)^n$, com $a \neq 0$, $b \neq 0$ e $n \in \mathbb{N}$.

RESOLUÇÃO: Usando a definição de potência de expoente negativo, temos: $\left(\dfrac{a}{b}\right)^{-n} = \dfrac{1}{\left(\dfrac{a}{b}\right)^n}$

Desenvolvendo a potência do denominador, temos:

$$\dfrac{1}{\left(\dfrac{a}{b}\right)^n} = \dfrac{1}{\dfrac{a^n}{b^n}} = 1 \cdot \dfrac{b^n}{a^n} = 1 \cdot \left(\dfrac{b}{a}\right)^n = \left(\dfrac{b}{a}\right)^n$$

Portanto:

$$\left(\dfrac{a}{b}\right)^{-n} = \left(\dfrac{b}{a}\right)^n$$

2 Simplifique a expressão $\left(\dfrac{3x^2}{y}\right)^2 \cdot \left(\dfrac{y}{x^4}\right)^3$ sendo x e y números reais, além de $x \neq 0$, $y \neq 0$.

RESOLUÇÃO: Usando as propriedades das potências, temos:

$$\dfrac{(3x^2)^2}{y^2} \cdot \dfrac{y^3}{(x^4)^3} = \dfrac{9x^4}{y^2} \cdot \dfrac{y^3}{x^{12}} = 9 \cdot \dfrac{x^4}{x^{12}} \cdot \dfrac{y^3}{y^2} =$$

$$= 9 \cdot x^{4-12} \cdot y^{3-2} =$$

$$= 9 \cdot x^{-8} \cdot y^1 =$$

$$= 9 \cdot \dfrac{1}{x^8} \cdot y = \dfrac{9y}{x^8}$$

Portanto, a expressão é igual a $\dfrac{9y}{x^8}$.

ATIVIDADES

FAÇA NO CADERNO

1 Calcule as expressões a seguir.

a) $\left(\dfrac{1}{2}\right)^4$

b) $\left(-2\dfrac{1}{3}\right)^{-2}$

c) $(2,5)^{-2}$

d) $\left(\dfrac{9}{4}\right)^0$

e) $(-1,2)^0$

f) $\left(\dfrac{7}{5}\right)^{-3}$

2 Use as propriedades das potências para simplificar as expressões a seguir.

a) $(3^6 \cdot 3^4) : (3^5 : 3^2)$

b) $5^{-1} \cdot 5^4 \cdot 5^8$

c) $\left(\dfrac{1}{2}\right)^5 \cdot \left(\dfrac{1}{2}\right)^7$

d) $(3^4)^2$

e) $2^{10} : 2^6$

f) $(7^4 \cdot 7^2) : (7 \cdot 7^5)$

g) $(5^3 : 5^6) : (5^9 \cdot 5^4)$

3 Calcule o valor numérico da expressão $A = a^2 + b^4 - c^{-3}$ para $a = 3$, $b = -2$ e $c = \dfrac{1}{2}$.

4 Simplifique a expressão $\dfrac{2^9 \cdot 3^9 \cdot 5^9}{30}$.

5 Determine o valor de y na expressão abaixo.

$$y = \dfrac{(-5)^2 - 4^2 + \left(\dfrac{1}{5}\right)^0}{3^{-2} + 1}$$

6 Apresente os números a seguir na forma de potência com base 6.

a) 216

b) $\dfrac{1}{36}$

c) $\dfrac{1}{6}$

d) 7 776

7 Calcule o valor da expressão $\dfrac{5^{-3} \cdot 5^6}{5^4 \cdot 5^{-1}}$.

8 Simplifique cada expressão a seguir.

a) $(-2x)^4$

b) $x \cdot x^2 \cdot x^0$

c) $(x^3)^4 \cdot x^2 \cdot x^1$

d) $a^2 \cdot b^4 \cdot a^5 \cdot b^3$

e) $(x^2 \cdot y^3)^5$

f) $\left(-\dfrac{1}{2} \cdot a^3 \cdot b^5\right)^4$

g) $\left(\dfrac{y^{-2}}{y^{-5}}\right)^{-1}$

25

NOTAÇÃO CIENTÍFICA

Para representar a escrita de números que representam quantidades muito grandes ou muito pequenas, podemos usar potências de 10. Observe alguns exemplos a seguir.

A velocidade da luz no vácuo é de aproximadamente 300 000 000 m/s.

Um modo de representar esse valor é:

$$300\,000\,000 \text{ m/s} = 3 \cdot 100\,000\,000 \text{ m/s} = 3 \cdot 10^8 \text{ m/s}$$

O diâmetro do Sol mede aproximadamente 1 390 000 km.

Podemos representar essa medida usando uma potência de base 10. Veja algumas maneiras:

$$1\,390\,000 \text{ km} = 139 \cdot 10\,000 \text{ km} = 139 \cdot 10^4 \text{ km}$$
$$1\,390\,000 \text{ km} = 13{,}9 \cdot 100\,000 \text{ km} = 13{,}9 \cdot 10^5 \text{ km}$$
$$1\,390\,000 \text{ km} = 1{,}39 \cdot 1\,000\,000 \text{ km} = 1{,}39 \cdot 10^6 \text{ km}$$

O raio do átomo de hidrogênio mede 0,000000005 cm.

Podemos escrever esse número de várias maneiras. Veja a seguir.

$$0{,}000000005 \text{ cm} = 50 \cdot 10^{-10} \text{ cm}$$
$$0{,}000000005 \text{ cm} = 0{,}5 \cdot 0{,}00000001 \text{ cm} = 0{,}5 \cdot 10^{-8} \text{ cm}$$
$$0{,}000000005 \text{ cm} = 5 \cdot 0{,}000000001 \text{ cm} = 5 \cdot 10^{-9} \text{ cm}$$

Existem diversas maneiras de escrever esses números usando potências de base 10.

Para padronizar a escolha, adotamos a **notação científica**.

Os números em notação científica são escritos na forma: $a \cdot 10^b$, em que $1 \leq a < 10$ ou $-10 < a \leq -1$ e b é um número inteiro.

Os números $3 \cdot 10^8$ m/s, $1{,}39 \cdot 10^6$ km e $5 \cdot 10^{-9}$ cm estão escritos em notação científica.

> **Pense e responda**
>
> Qual é o número, em notação científica, correspondente à sua idade em horas?
> Use 1 ano = 8 760 horas.

ATIVIDADES RESOLVIDAS

1 Simplifique a expressão $5{,}4 \cdot 10^{-4} + 1{,}5 \cdot 10^{-3}$.

RESOLUÇÃO: Para adicionar esses números, precisamos escrevê-los com a mesma potência de 10:

$$5{,}4 \cdot 10^{-4} + 1{,}5 \cdot 10^{-3} =$$
$$= 0{,}54 \cdot 10 \cdot 10^{-4} + 1{,}5 \cdot 10^{-3} =$$
$$= 0{,}54 \cdot 10^{-3} + 1{,}5 \cdot 10^{-3}$$

Agora podemos usar a propriedade distributiva da multiplicação em relação à adição:

$$0{,}54 \cdot 10^{-3} + 1{,}5 \cdot 10^{-3} = (0{,}54 + 1{,}5) \cdot 10^{-3} = 2{,}04 \cdot 10^{-3}$$

Portanto, a expressão é igual a $2{,}04 \cdot 10^{-3}$.

2 Efetue $5\,000 \cdot 0{,}000041$ e expresse o produto em notação científica.

RESOLUÇÃO: Escrevendo cada fator em notação científica, temos:

$$5\,000 \cdot 0{,}000041 = 5 \cdot 10^3 \cdot 4{,}1 \cdot 10^{-5} = 5 \cdot 4{,}1 \cdot 10^3 \cdot 10^{-5} = 20{,}5 \cdot 10^{-2}$$

Convertendo o produto para notação científica, obtemos: $2{,}05 \cdot 10^{-1}$.

Portanto, o produto é igual a $2{,}05 \cdot 10^{-1}$.

ATIVIDADES

1 Escreva em notação científica os números a seguir.
   a) 285 milhões
   b) 293 mil
   c) 45 900
   d) 0,0000007
   e) 0,000000002

2 A massa de um próton é aproximadamente igual a 0,00000000000000000000000002 kg. Escreva essa massa em notação científica.

3 Escreva, sem usar potências, os números a seguir, que estão expressos em notação científica.
   a) $2{,}3 \cdot 10^{-3}$
   b) $5{,}4 \cdot 10^5$
   c) $-7{,}8 \cdot 10^4$
   d) $6{,}2 \cdot 10^{-2}$
   e) $1{,}2 \cdot 10^{-4}$
   f) $-4{,}3 \cdot 10^6$

4 Os primeiros dinossauros surgiram há cerca de 230 milhões de anos, e os primeiros elefantes há aproximadamente 45 milhões de anos. De acordo com esses dados, os primeiros elefantes apareceram quantos anos após o aparecimento dos primeiros dinossauros? Escreva a resposta em notação científica.

5 Veja como podemos decompor um número escrito na forma decimal em potência de 10.

$$1{,}54 = 1 + 0{,}5 + 0{,}04$$

$$1{,}54 = 1 \cdot 10^0 + 5 \cdot 10^{-1} + 4 \cdot 10^{-2}$$

Decomponha os números abaixo em potência de 10.
   a) 3,47
   b) 0,563
   c) 18,2
   d) −0,07
   e) −0,00089

6. Sendo $x = 6 \cdot 10^3$ e $y = 5 \cdot 10^2$, efetue as operações abaixo e escreva o resultado em notação científica.

   a) $x + y$
   b) $x - y$
   c) $x \cdot y$
   d) $x : y$

7. Calcule o valor das expressões a seguir e apresente o resultado em notação científica.

   a) $\dfrac{2,2 \cdot 10^5}{0,0022 \cdot 10^{-2}}$

   b) $(8,6 \cdot 10^{-4}) : (2,15 \cdot 10^{-1})$

   c) $(7,2 \cdot 10^{-3}) : (8 \cdot 10^0)$

8. A distância de Plutão até o Sol mede aproximadamente 770 milhões de quilômetros. Essa distância pode ser escrita na forma: $a \cdot 10^8$ km. Qual é o valor de a?

9. A velocidade da luz no vácuo é de aproximadamente 300 000 km/s.

   Que distância, em quilômetros, a luz percorre em uma hora? Escreva a resposta em notação científica.

MatemaTIC

A calculadora foi um dos primeiros avanços tecnológicos de fácil acesso e pode ser encontrada em diversos modelos.

Nesta seção, exploraremos o uso da calculadora científica.

Vale a pena destacar que a calculadora é um instrumento que nos ajuda a entender e a desenvolver nossa capacidade crítica de avaliar um problema; por essa razão, não deve ser utilizada apenas para fazer cálculos simples.

Existem diversas marcas de calculadora científica; por isso, é possível que, em alguns modelos, o visor e/ou as teclas apresentem algumas diferenças nos comandos de determinada função. Para verificar se há diferença, podem-se executar alguns cálculos cujas respostas você já conhece.

Algumas calculadoras apresentam diretamente a tecla 10x. Nesse caso, basta colocar o valor do expoente e acionar a tecla para obter a potência de 10 que se quer.

1. Agora que já foi apresentado o recurso da calculadora científica para o cálculo de potências, usando um desses aparelhos, descreva que procedimento você pode fazer para obter as potências abaixo.

   a) 10^5
   b) $3,4 \cdot 10^5$
   c) $2 \cdot 10^{-6}$
   d) 10^{-11}

   • Você e os colegas utilizaram a mesma estratégia de cálculo?

RADICAIS

Vamos relembrar a operação de radiciação.

- $\sqrt{1{,}44} = 1{,}2$, porque $(1{,}2)^2 = 1{,}44$

- $\sqrt[3]{-8} = -2$, porque $(-2)^3 = 8$

- $\sqrt[4]{16} = 2$, porque $2^4 = 16$

- $\sqrt[5]{-32} = -2$, porque $(-2)^5 = -32$

- $\sqrt{-36}$ não existe no conjunto dos números reais, porque não existe número real que elevado ao quadrado seja igual a -36

A radiciação é a operação que possibilita encontrar a base de uma potência cujo expoente é um número natural maior ou igual a 2. Observe:

Se $\sqrt[n]{a} = b$, então, $b^n = a$.

$$\text{índice} \leftarrow \quad \sqrt[n]{a} = b \longrightarrow \text{raiz}$$
$$\text{radicando} \leftarrow$$

De modo geral, sendo a e b números reais e n um número natural ≥ 2, podemos escrever que $\sqrt[n]{a} = b$ equivale a $b^n = a$ nas seguintes condições:

- se n é par, a e b são números reais tais que $a \geq 0$ e $b \geq 0$;

- se n é ímpar, a e b são números reais quaisquer.

> **Pense e responda**
>
> Quando não é possível extrair a raiz de um número real?

Curiosidade

O conceito de raiz quadrada deriva da frase em latim *radix quadratum 16 aequalis 4*, que, em português, significa "o lado do quadrado de área 16 é igual a 4". Por serem feitas inúmeras cópias à mão dos escritos da época, a palavra **radix** foi sendo abreviada e se transformou no símbolo que conhecemos hoje.

Veja:

$$\text{radix } 9 = 3$$
$$\text{ra } 9 = 3$$
$$\text{r } 9 = 3$$
$$\sqrt{9} = 3$$

Radicais e potências com expoentes na forma de fração

Você já pensou que o expoente de uma potência pode estar na forma de fração?

Como resolver uma potência se seu expoente estiver escrito na forma de fração, por exemplo, $4^{\frac{1}{2}}$?

Sabemos que $\sqrt{4} = 2$, ou seja, $2^2 = 4$.

Fazendo $x = \sqrt{4}$ e elevando essa igualdade ao quadrado, temos:

$$x = \sqrt{4} \rightarrow x^2 = \left(\sqrt{4}\right)^2 \rightarrow x^2 = 2^2 \rightarrow x^2 = 4 \quad (1)$$

Agora, fazendo $y = 4^{\frac{1}{2}}$ e elevando essa nova igualdade ao quadrado, obtemos:

$$y^2 = \left(4^{\frac{1}{2}}\right)^2 \rightarrow y^2 = 4^{\left(\frac{1}{2}\right) \cdot 2} \rightarrow y^2 = 4 \quad (2)$$

De (1) e (2), concluímos que $x^2 = y^2$ e, assim, deduzimos que $x = y$, pois x e y são positivos. Além disso, temos:

$$4^{\frac{1}{2}} = \sqrt{4}$$

Assim como fizemos acima, podemos mostrar que:

- $27^{\frac{1}{3}} = \sqrt[3]{27}$
- $\sqrt[3]{5^2} = 5^{\frac{2}{3}}$
- $81^{\frac{1}{4}} = \sqrt[4]{81}$
- $\sqrt[5]{32} = 32^{\frac{1}{5}}$

De modo geral, da ideia de radiciação, com a, b e n satisfazendo as condições de existência da raiz, temos $\sqrt[n]{a} = b$ (1) equivalente a $b^n = a$ (2).

Substituindo (1) em (2), obtemos: $\left(\sqrt[n]{a}\right)^n = a$.

Usando essa relação e o mesmo raciocínio que utilizamos para concluir que $4^{\frac{1}{2}} = \sqrt{4}$, vamos mostrar que $\sqrt[n]{a^m} = a^{\frac{m}{n}}$.

Elevando os dois membros ao expoente n, temos:

$$\left(\sqrt[n]{a^m}\right)^n = \left(a^{\frac{m}{n}}\right)^n \rightarrow a^m = a^m$$

Logo, $\sqrt[n]{a^m} = a^{\frac{m}{n}}$, com a real positivo, n natural maior do que 1 e m um número inteiro qualquer. Essa relação possibilita dizer que um radical pode ser escrito como uma potência de expoente na forma de fração e vice-versa.

Pense e responda

Qual é o valor de $\left(\dfrac{1}{100}\right)^{\frac{1}{2}}$?

Pense e responda

Como você escreveria o inverso de $a^{\frac{m}{n}}$ na forma de radical?

ATIVIDADES

FAÇA NO CADERNO

1 Determine a potência, quando for possível.

a) $\sqrt{81}$

b) $-\sqrt{25}$

c) $\sqrt[3]{216}$

d) $\sqrt[3]{-216}$

e) $\sqrt[4]{81}$

f) $\sqrt[5]{1024}$

g) $\sqrt[6]{64}$

h) $\sqrt[5]{-1}$

i) $\sqrt{\dfrac{16}{25}}$

j) $\sqrt{\dfrac{-1}{100}}$

k) $\sqrt[3]{-\dfrac{1}{8}}$

l) $\sqrt[4]{-81}$

2 Transforme estas potências em radicais.

a) $3^{\frac{4}{3}}$

b) $(-9)^{\frac{2}{3}}$

c) $\left(-\dfrac{1}{2}\right)^{\frac{1}{4}}$

d) $0{,}8^{\frac{1}{4}}$

e) $\left(-\dfrac{2}{3}\right)^{\frac{1}{2}}$

f) $2^{\frac{9}{8}}$

g) $\left(\dfrac{4}{25}\right)^{\frac{3}{2}}$

h) $(-0{,}008)^{-\frac{2}{3}}$

3 Transforme os radicais a seguir em uma potência com expoente na forma de fração.

a) $\sqrt{15^5}$

c) $\sqrt[3]{(-5)^8}$

e) $\sqrt[4]{\left(\dfrac{2}{3}\right)^9}$

g) $\sqrt[5]{0,25}$

b) $\sqrt{\dfrac{1}{10}}$

d) $\sqrt{\dfrac{1}{8}}$

f) $\sqrt[6]{7^3}$

h) $\sqrt[10]{8^7}$

4 Calcule o valor da expressão $3\sqrt{49} - 4\sqrt[3]{-125} + \sqrt{4,84}$.

5 Calcule as raízes a seguir.

a) $\sqrt{11 + \sqrt{21 + \sqrt{13 + \sqrt{7 + \sqrt{4}}}}}$

b) $\sqrt{0,24 + \sqrt{1,04 + \sqrt{0,16}}}$

6 Observe como podemos calcular raízes quadradas usando uma calculadora simples.

$\sqrt{2} \rightarrow$ [2] [√] $\boxed{1,4142135}$

$\sqrt{1,68} \rightarrow$ [1] [.] [6] [8] [√] $\boxed{1,2961481}$

$\sqrt{-5} \rightarrow$ [–] [5] [=] [√] $\boxed{E \qquad 0}$

$\sqrt{\dfrac{1}{4}} \rightarrow$ [1] [÷] [4] [=] [√] $\boxed{0.5}$

> **Atenção!**
>
> Algumas calculadoras podem precisar digitar 0 antes do sinal menos para chegar no −5.

Agora, utilize a calculadora para fazer o que se pede nos itens a seguir.

a) Determine:

- $\sqrt{289}$;
- $\sqrt{2,89}$;
- $\sqrt{\dfrac{9}{27}}$;
- $\sqrt{14}$.

b) Determine $\sqrt{-4}$ e $\sqrt{-10}$. O que você observa no visor da calculadora?

c) Dê o valor aproximado com duas casas decimais de:

- $\sqrt{18}$;
- $\sqrt{1\,000}$;
- $\sqrt{\dfrac{9}{17}}$;
- $\sqrt{66}$.

7 Calcule o valor da expressão $9^{\frac{5}{2}} - 1\,024^{\frac{3}{10}}$.

Lembre-se:

Multiplicando o índice do radical e o expoente do radicando por um mesmo número natural positivo, obtemos um radical equivalente ao radical dado. Assim:

$$\sqrt[n]{a^m} = \sqrt[n \cdot p]{a^{m \cdot p}}$$

De maneira análoga, dividindo o índice do radical e o expoente do radicando por um mesmo número natural diferente de zero, obtemos um radical equivalente ao radical dado.

$$\sqrt[n]{a^m} = \sqrt[n : p]{a^{m : p}}$$

Radicais equivalentes

Os radicais $\sqrt{4}$ e $\sqrt[6]{64}$ são iguais e equivalem a 2. Veja:

- $\sqrt{4} = 2$, porque $2^2 = 4$
- $\sqrt[6]{64} = 2$, porque $2^6 = 64$

Nesse caso, dizemos que os radicais são equivalentes e podemos escrever $\sqrt{4} = \sqrt{2^2} = \sqrt[2 \cdot 3]{2^{2 \cdot 3}} = \sqrt[6]{2^6} = \sqrt[6]{64}$.

Os radicais $\sqrt[6]{729}$ e $\sqrt[3]{27}$ também são iguais. Observe:

$$\sqrt[6]{729} = \sqrt[6]{3^6} = \sqrt[6:2]{3^{6:2}} = \sqrt[3]{3^3} = \sqrt[3]{27}$$

Usando esse procedimento, estamos simplificando o radical.

Simplificação de radicais

Alguns radicais podem ser escritos de maneira mais simplificada. Observe alguns exemplos.

O radical $\sqrt{45}$ pode ser simplificado para $3\sqrt{5}$.

Fatoramos o radicando: $45 \to 45 = 3 \cdot 3 \cdot 5 \to 45 = 3^2 \cdot 5$.

Em seguida, substituímos o radicando pela fatoração: $\sqrt{45} = \sqrt{3^2 \cdot 5}$.

Para continuar, vamos usar a seguinte propriedade:

$$\sqrt[n]{ab} = \sqrt[n]{(ab)^1} = (ab)^{\frac{1}{n}} = a^{\frac{1}{n}} \cdot b^{\frac{1}{n}} = \sqrt[n]{a} \cdot \sqrt[n]{b}$$

Assim, temos: $\sqrt{45} = \sqrt{3^2 \cdot 5} = \sqrt{3^2} \cdot \sqrt{5} = 3 \cdot \sqrt{5} = 3\sqrt{5}$.

ATIVIDADES RESOLVIDAS

 Qual número é maior: $\sqrt{7}$ ou $\sqrt[3]{5}$?

RESOLUÇÃO: Antes de comparar esses números, é necessário determinar o mínimo múltiplo comum (mmc) dos índices dos radicais.

- $\sqrt[2]{7}$ e $\sqrt[3]{5} \to$ mmc (2, 3) = 6

Agora é preciso encontrar radicais equivalentes cujo expoente seja igual ao mmc encontrado.

Para isso, dividimos o mmc pelo índice de cada radical inicial e multiplicamos o quociente obtido pelo expoente de cada um dos radicandos.

- $\sqrt[2]{7^1} = \sqrt[2 \cdot 3]{7^{1 \cdot 3}} = \sqrt[6]{7^3} = \sqrt[6]{343}$
- $\sqrt[3]{5^1} = \sqrt[3 \cdot 2]{5^{1 \cdot 2}} = \sqrt[6]{5^2} = \sqrt[6]{25}$

Uma vez que os índices são os mesmos, podemos comparar os radicandos.

Como $343 > 25$, temos: $\sqrt[6]{343} > \sqrt[6]{25}$; então, $\sqrt{7} > \sqrt[3]{5}$.

2 Simplifique o radical $\sqrt{800}$.

RESOLUÇÃO: Fatorando o radicando, temos:

$$\begin{array}{r|l} 800 & 2 \\ 400 & 2 \\ 200 & 2 \\ 100 & 2 \\ 50 & 2 \\ 25 & 5 \\ 5 & 5 \\ \hline 1 & 2^5 \cdot 5^2 \end{array}$$

Logo, $\sqrt{800} = \sqrt{2^5 \cdot 5^2}$.

Como há um expoente ímpar na decomposição, 800 não é um quadrado perfeito. Portanto, $\sqrt{800}$ não é um número inteiro. Separando um fator primo 2, temos:

$\sqrt{2^5 \cdot 5^2} = \sqrt{2^4 \cdot 2 \cdot 5^2} = \sqrt{2^4} \cdot \sqrt{2} \cdot \sqrt{5^2} = 2^2 \cdot \sqrt{2} \cdot 5 = 4 \cdot \sqrt{2} \cdot 5 = 20\sqrt{2}$

Portanto, $\sqrt{800} = 20\sqrt{2}$.

3 Calcule o valor da expressão: $16^{\frac{1}{4}} + 25^{\frac{1}{2}}$.

RESOLUÇÃO: Transformando as potências, temos: $16^{\frac{1}{4}} + 25^{\frac{1}{2}} = \sqrt[4]{16} + \sqrt{25} =$

$= \sqrt[4]{2^4} + \sqrt{5^2} = 2^{\frac{4}{4}} + 5^{\frac{2}{2}} = 2^1 + 5^1 = 2 + 5 = 7$.

Portanto, o valor da expressão é 7.

ATIVIDADES

 FAÇA NO CADERNO

1 Escreva dois radicais equivalentes a:
a) $\sqrt{11}$;
b) $\sqrt[3]{2^4}$;
c) $\sqrt[5]{9}$;
d) $\sqrt[4]{3^2}$

2 Simplifique ao máximo cada potência abaixo.
a) $9^{\frac{5}{4}}$
b) $27^{-\frac{4}{3}}$
c) $625^{\frac{1}{4}}$
d) $0{,}064^{\frac{1}{3}}$

3 Simplifique estes radicais até obter o radical com o menor índice possível.
a) $\sqrt[4]{3^6}$
b) $\sqrt[8]{x^4}$ com $x \geq 0$
c) $\sqrt[8]{2^4}$
d) $\sqrt[18]{a^{12}}$ com $a \geq 0$
e) $\sqrt[4]{64}$
f) $\sqrt[9]{27}$

4 Coloque em ordem decrescente os números $\sqrt[4]{11}, \sqrt{11}$ e $\sqrt[3]{11}$.

5 Escreva, no caderno, o menor número citado em cada item a seguir.
a) 0,4 ou $0{,}027^{\frac{1}{3}}$?
b) $81^{\frac{1}{4}}$ ou $\sqrt[5]{2^{10}}$?

6 Efetue:
a) $\sqrt{5} \cdot \sqrt{7}$;
b) $\sqrt[3]{2} \cdot \sqrt[3]{4}$;
c) $\sqrt[4]{2} \cdot \sqrt[4]{3} \cdot \sqrt[4]{4}$;
d) $2\sqrt{3} \cdot 4\sqrt{3} \cdot 6\sqrt{3}$.

7 Calcule cada raiz a seguir decompondo os radicandos em fatores primos.
a) $\sqrt{1024}$
b) $\sqrt{8836}$
c) $\sqrt[3]{8000}$
d) $\sqrt[4]{625}$
e) $\sqrt[3]{-46656}$
f) $\sqrt[3]{2744}$

8 Calcule a medida de lado de um quadrado de área igual a 2 700 m².

33

MAIS ATIVIDADES

1 (ESPM-SP) Simplificando a expressão $\sqrt{\dfrac{2^{13} + 2^{16}}{2^{15}}}$, obtemos:

a) $\sqrt{2}$.
b) 1,5.
c) 2,25.
d) 2.
e) 1.

2 Explique por que um número positivo elevado a uma potência negativa resulta em um número positivo.

3 Como podemos calcular a metade da soma de 2 elevado a 21 com 4 elevado a 12 e expressar o resultado na forma de potência?

4 Transforme a expressão $16^{4a-2} \cdot (0{,}5)^{a+1}$ em uma potência de base 2.

5 Quando multiplicamos um número inteiro n estritamente positivo por $(0{,}2)^{-2}$, esse número fica multiplicado por quanto?

6 O censo realizado numa cidade apontou uma população de 250 mil habitantes e um crescimento populacional de 2% ao ano. Chamando de y a população, em milhares de habitantes, e de x o tempo, em anos, a partir da data do censo, a fórmula que fornece y no decorrer do tempo x é $y = 250 \cdot (1{,}02)^x$.

Calcule a população dessa cidade após:
a) 2 anos da data desse censo;
b) 5 anos da data desse censo.

7 Se x e y são números reais, verifique quais afirmações a seguir são verdadeiras.
a) $(3^x)^y = 3^{x^y}$
b) $(2^x \cdot 3^y)^y = 2^{2x} \cdot 3^{2y}$
c) $(2^x \cdot 3^x)^y = 2^{xy} \cdot 3^{xy}$
d) $5^x + 3^x = 8$
e) $3 \cdot 2^x = 6^x$

8 Reduza cada expressão abaixo a uma só potência.
a) $\left(-\dfrac{2}{3}\right)^5 \cdot \left(-\dfrac{2}{3}\right)^{-2}$
b) $(2{,}5)^9 \cdot (2{,}5)^3 \cdot (2{,}5)^{-1}$
c) $\left(-\dfrac{1}{4}\right)^5 : \left(-\dfrac{1}{4}\right)^3$
d) $\left(\dfrac{1}{3}\right)^4 \cdot \left(\dfrac{1}{3}\right)^{-2} : \left(\dfrac{1}{3}\right)^5$

9 Dê um exemplo numérico para mostrar que:
a) $a^m + a^n \neq a^{m+n}$;
b) $a^n + b^n \neq (a+b)^n$.

10 Que número é maior: $2^{\frac{3}{2}}$ ou $3^{\frac{2}{3}}$?

11 Simplifique os radicais, retirando os fatores possíveis.

a) $\sqrt{5^8}$
b) $\sqrt[3]{7^5}$
c) $\sqrt[5]{96}$
d) $\sqrt{32}$
e) $\sqrt[4]{2^5 \cdot 3^4}$
f) $\sqrt[6]{7^{10} \cdot 3^8}$
g) $\sqrt[3]{54}$
h) $\sqrt{200}$

12 Fatore os radicandos e determine o valor das seguintes raízes.

a) $\sqrt{576}$
b) $\sqrt{196}$
c) $\sqrt[3]{1738}$
d) $\sqrt[3]{3375}$

13 A área de um terreno quadrangular é igual a 600 m². Qual é a medida, em metros, do lado desse terreno? Arredonde a medida para o décimo mais próximo.

14 Qual é, em metros, o perímetro de um quadrado cuja área é igual a $(0{,}027)^{-\frac{2}{3}}$ m²?

15 O reservatório de água de um município tem 60 metros de comprimento, 30 metros de largura e 2,5 metros de profundidade. De quantos litros de água é a capacidade desse reservatório?

Expresse esse número em notação científica.

16 Considere que a distância média:

- da Terra ao Sol é aproximadamente igual a 150 milhões de quilômetros;
- de Marte ao Sol é aproximadamente 1,52 vezes a distância média da Terra ao Sol.

Determine a distância média, em quilômetros, de Marte ao Sol.

Expresse o resultado em notação científica.

17 Uma construtora utilizou 10,8 mil toneladas de aço na construção de uma ponte. Na construção de outra ponte, utilizou o dobro dessa quantidade. Determine a quantidade total de aço, em toneladas, que foi utilizada na construção das duas pontes. Expresse o resultado em notação científica.

18 Escreva dois números decimais e decomponha-os em potências de 10.

AYRTON VIGNOLA/FOLHAPRESS

Lógico, é lógica!

19 (Olimpíada de Matemática de Maringá e Região) Uma caixa contém apenas bolas vermelhas, outra contém apenas bolas azuis, e outra contém bolas vermelhas e azuis. Todas as caixas foram nomeadas de forma errada, isto é, nenhum nome corresponde ao que tem na caixa. Sabendo que estava tudo errado, mas sem saber o que tinha em cada caixa, Maria tirou uma bola da caixa 1 e viu que era vermelha. Quais são os conteúdos de cada uma das caixas?

Caixa 1	Caixa 2	Caixa 3
vermelhas e azuis	vermelhas	azuis

CAPÍTULO 2

Porcentagem

Para começar

Quantos por cento R$ 20,00 é de R$ 10,00?

ACRÉSCIMOS E DECRÉSCIMOS

No dia a dia, utilizamos porcentagem para expressar uma quantidade como parte de um valor total.

- Imagine que o preço de um produto é R$ 50,00, mas que, em certo dia de promoção, ele estará à venda por 90% desse valor.

Para saber o valor do produto no dia da promoção, é preciso determinar quanto é 90% de 50.

$$\frac{90}{100} \cdot 50 = 0{,}9 \cdot 50 = 45$$

Portanto, o produto estará à venda por R$ 45,00 no dia da promoção.

- Se tivermos a informação de um valor, também podemos encontrar a que percentual do total esse valor corresponde. Imagine que um produto custe normalmente R$ 40,00, mas esteja à venda por R$ 30,00. Qual percentual de desconto está sendo praticado?

Para calcular o percentual, vamos dividir 30 por 40. Veja a seguir.

$$\frac{30}{40} = 0{,}75 \text{ ou } 0{,}75 = \frac{75}{100}\text{, que corresponde a 75\%}$$

A fração equivalente nos dá o percentual, que é de 75%.

- No cálculo de porcentagens, para exprimir uma quantidade, buscamos escrevê-la em uma fração cujo denominador seja 100. Por exemplo:

- 39 corresponde a que percentual aproximado de 21?

Para calcular esse percentual, vamos dividir 39 por 21.

Veja: $\frac{39}{21} = 1{,}8571428\ldots$

Arredondando esse número para a casa decimal dos centésimos, obtemos 1,86.

Daí, vem:

1,86 equivale a $\frac{186}{100}$, que equivale a 186%. Portanto, 39 é aproximadamente 186% de 21.

Pense e responda

Qual é o valor de $(10\%)^2$?

ATIVIDADES RESOLVIDAS

1 Considere que o aluguel mensal de uma residência seja R$ 1.500,00 e haja um acréscimo de 10%. Qual será o valor do novo aluguel?

RESOLUÇÃO: Para determinar esse valor, é preciso inicialmente determinar o valor de 10% de 1 500:

$$\frac{10}{100} \cdot 1500 = 0,1 \cdot 1500 = 150$$

Em seguida, esse valor deve ser adicionado ao valor original do aluguel:

$$1\,500 + 150 = 1\,650$$

Portanto, o valor do aluguel passará a ser R$ 1.650,00.

2 Uma loja está vendendo tudo com 15% de desconto. Qual será o preço a pagar por uma blusa que custava, originalmente, R$ 120,00?

RESOLUÇÃO: Primeiro, determina-se 15% de 120:

$$\frac{15}{100} \cdot 120 = 0,15 \cdot 120 = 18$$

Sabendo que o desconto é de R$ 18,00, para saber o preço a pagar é preciso subtraí-lo do preço original:

$$120 - 18 = 102$$

Logo, o preço a ser pago pela blusa será R$ 102,00.

3 Para admissão em um emprego público, Paulo fez uma prova que tinha no total 80 questões. Quantas questões ele acertou, sabendo que ele errou 40% delas?

RESOLUÇÃO: Primeiro, determina-se o total de questões que Paulo errou.

Para isso, é preciso inicialmente determinar o valor de 40% de 80:

$$\frac{40}{100} \cdot 80 = 0,4 \cdot 80 = 32$$

Em seguida, esse valor deve ser subtraído do total de questões:

$$80 - 32 = 48$$

Logo, Paulo acertou 32 questões.

ATIVIDADES

1 Em uma escola com 450 estudantes, 63 são estudantes do 8º ano. Qual é o percentual de estudantes matriculados no 8º ano nessa escola?

2 Em uma papelaria, 20% dos envelopes à venda são amarelos. Quantos são os envelopes amarelos se o total de envelopes disponíveis é 35?

3 Inscreveram-se em um concurso 2 580 candidatos. Qual é o número de aprovados, se foram reprovados 35%?

4 O quadro abaixo mostra os resultados percentuais de uma pesquisa referente à disputa a uma prefeitura em que foram consultadas 8 000 pessoas.

Candidato A	40,1%
Candidato B	38,8%
Nenhum deles	11,2%
Não sabe	9,9%

Com base nesses dados, responda.
a) Quantas pessoas preferem o candidato A?
b) Quantas pessoas não preferem nenhum dos candidatos?

5 (CMM-AM) O gráfico apresenta as vendas da sorveteria Doce Ice no mês de setembro. Qual é o sabor que representa 25% do total de vendas realizadas neste mês?

Fonte: Os dados foram retirados do jornal X.

a) Morango.
b) Chocolate.
c) Baunilha.
d) Flocos.
e) Prestígio.

6 (UEG-GO) Um comerciante vende um produto a R$ 25,00. Ele tem um gasto mensal total de R$ 6.000,00. A quantidade de produtos que ele deve vender por mês para ter um lucro mensal de 20% é:
a) 48.
b) 240.
c) 56.
d) 288.
e) 200.

7 Devido à inflação, os preços em um supermercado foram reajustados em 3% em certo mês. Qual passou a ser o preço de um pacote de arroz que custava R$ 15,00 antes do aumento?

8 O consumo de água em uma residência costumava ser de 24 m³ por mês. Participando de uma campanha de redução de consumo de água, os moradores conseguiram economizar 25% desse volume durante o mês. Qual foi o volume de água consumido nessa residência no mês da campanha?

9 Leia a notícia:

Covax deve repassar 1,6 milhão de doses da AstraZeneca até março

O Brasil receberá 1,6 milhão de doses da vacina AstraZeneca/Oxford no primeiro trimestre do ano, a serem repassados pela Covax Facility, aliança da Organização Mundial da Saúde (OMS) para distribuição igualitária de vacinas contra a covid-19 entre os países. [...]

O documento com as 337,2 milhões de doses a serem distribuídas — parte delas no segundo semestre — foi divulgado ontem e se refere às 336 milhões de doses da AstraZeneca/Oxford, das quais 240 milhões serão licenciadas pelo Instituto Serum da Índia e 1,2 milhões de doses do uso emergencial da OMS da vacina Pfizer-BioNTech. [...]

OKUMURA, Renata. Covax deve repassar 1,6 milhão de doses da AstraZeneca até março. *O Estado de S. Paulo*, São Paulo, 4 fev. 2021. Metrópole, p. A14.

Utilizando notação científica, escreva os números 1,6 milhão, 336 milhões, 337,2 milhões e 240 milhões presentes na notícia.

10 Analise o fluxograma para calcular por quanto foi vendido um sapato que custava R$ 300,00 com um desconto de 20% sobre esse preço.

Execute esse fluxograma e calcule p.

11 Um celular custava R$ 1.200,00. Em uma promoção, ele foi vendido com um desconto de 10%. Por quantos reais o celular foi vendido? Construa um fluxograma para esse resultado. Depois, execute-o.

12 (IFPI) O preço de um aparelho celular, após um desconto de 20% sobre o preço original, é igual a R$ 840,00. Qual seria o preço do aparelho após um desconto de 30% sobre o preço original?

a) R$ 730,00.
b) R$ 735,00.
c) R$ 740,00.
d) R$ 745,00.
e) R$ 750,00.

13 (IF Sudeste-MG) João tem um carro que custa R$ 24.200,00. Sabendo que seu carro desvaloriza 10% ao ano, quantos reais, aproximadamente, João pagará de IPVA daqui a 2 anos, considerando que o IPVA será 4% do valor do carro?

a) R$ 774,40.
b) R$ 784,00.
c) R$ 871,20.
d) R$ 930,00.
e) R$ 968,00.

14 (OMM-MG) João tem um barbante de 16 cm de comprimento.

a) Qual é a área do maior quadrado que João pode fazer utilizando o barbante?
b) Se João formar um novo quadrado, com um barbante 50% maior, qual será o percentual de aumento da área?

Viagem no tempo

O SÍMBOLO %

[...]

Foi a partir do século XV que este símbolo passou a ser utilizado em operações comerciais para o cálculo de juros, impostos, lucros etc. Mas foi o imperador romano Augusto quem, muito antes, criou um imposto sobre todas as mercadorias vendidas. O valor desse imposto era $\frac{1}{100}$ (além, é claro, dos já existentes $\frac{1}{20}$ e $\frac{1}{25}$, sobre compra e venda de escravos, respectivamente). Note que todas as frações eram redutíveis com facilidade a centésimos. Durante o século XV, o número 100 tornou-se a base para cálculos de percentuais. Encontram-se em documentos dessa época expressões como 20 p 100, para vinte por cento, X p cento, para dez por cento, e VI p C, para seis por cento. Depois firmaram-se cálculos comerciais na sociedade, mas o símbolo atual % pode ter sua origem ligada a um manuscrito italiano anônimo, datado de 1425, onde o autor escreveu 'P$\frac{o}{o}$. Depois, em 1650, aparece a escrita per $\frac{o}{o}$ no lugar do símbolo $\frac{o}{o}$. Mais tarde o per foi suprimido, restando apenas $\frac{o}{o}$, e daí, com o tempo, passou-se a escrever %.

[...]

Fonte: CONTADOR, Paulo Roberto Martins. *Matemática*: uma breve história. São Paulo: Editora Livraria da Física, 2012. v. 1, p. 145-146 (adaptado).

- Represente os números $\frac{1}{20}$, $\frac{1}{25}$ e $\frac{1}{100}$ usando o símbolo %.

Com a calculadora representada abaixo podemos efetuar os seguintes cálculos.

- 20% de 180   `1` `8` `0` `×` `SHIFT` `=` `%`

- Que percentual de 450 é 580.   `5` `8` `0` `÷` `4` `5` `0` `SHIFT` `=` `%`

- 1 200 mais 18%   `1` `2` `0` `0` `×` `1` `8` `SHIFT` `=` `%`

- 200 menos 7%   `2` `0` `0` `×` `7` `8` `SHIFT` `=` `%` `−`

1. Usando calculadora, faça o que se pede a seguir.

   a) Calcule:
   - 8% de 500;
   - 12% de 1 600;
   - 0,5 de 1 000.

   b) Que percentual de 300 é 370?

   c) Calcule:
   - 3 000 mais 9% de 3000;
   - 15 000 menos 1,8% de 15 000.

   d) Calcule:
   - 4 000 menos 6% de 4 000;
   - 50 000 menos 11% de 5 000.

MATEMÁTICA INTERLIGADA

A MATEMÁTICA E A SAÚDE DO CONSUMIDOR

Ao longo dos anos, os alimentos que consumimos passaram a receber diversas formas de processamento. Se antes a comida vinha direto do campo para o prato do consumidor, hoje existe um longo caminho entre a colheita do alimento, seu armazenamento, transporte e adição de substâncias para torná-lo mais atraente e aumentar sua durabilidade. Criar o hábito de conferir as embalagens dos produtos que consumimos, associado ao cálculo de nutrientes que é necessário ingerir diariamente, passou a ser essencial para manter uma alimentação balanceada.

[...]

A MATEMÁTICA e a saúde do consumidor. *UFJF Notícias*, [Juiz de Fora], 27 out. 2017. Disponível em: https://www2.ufjf.br/noticias/2017/10/27/a-matematica-e-a-saude-do-consumidor/. Acesso em: 29 jan. 2021.

É muito importante ler as informações nutricionais contidas nos rótulos na hora da escolha dos produtos.

Veja abaixo o gráfico que mostra o resultado de uma pesquisa feita com 807 mulheres com idades entre 20 e 65 anos, pelo Instituto Brasileiro de Defesa do Consumidor (Idec), sobre a frequência com que liam os rótulos dos produtos.

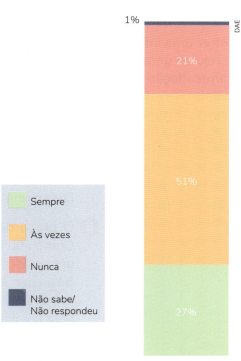

Fonte: RÓTULO nutricional ou bicho de sete cabeças? *Idec*, São Paulo, ago. 2013. Disponível em: https://idec.org.br/em-acao/revista/dificil-de-decifrar/materia.rotulo-nutricional-ou-bicho-de-sete-cabecas. Acesso em: 29 jan. 2021.

1 O que você pode concluir observando os dados do gráfico?

2 Qual teria sido sua resposta nessa pesquisa?

3 Analise o rótulo de um produto industrializado e responda: Quais informações você identificou?

MAIS ATIVIDADES

FAÇA NO CADERNO

1 Na eleição para prefeito de certo município, 85 000 pessoas votaram. O candidato que venceu recebeu 56% dos votos. O outro candidato recebeu 70% da quantidade dos votos do candidato que venceu. Os demais votos foram brancos ou nulos. Quantos votos brancos ou nulos existiram nessa eleição?

2 (Univag-MT) A *Diatraea saccharalis*, conhecida popularmente como broca da cana, afeta as lavouras brasileiras da cultura, acarretando prejuízo para os produtores. As infestações da broca da cana geram uma perda na produção que varia de 9% a 13%.

Considere uma safra prevista de 5 milhões de toneladas de cana sadia destinada exclusivamente à produção de etanol; e que uma tonelada de cana produz 85 litros de etanol, cujo litro é vendido, em média, por R$ 2,00.

Para o caso de essa safra sofrer uma infestação da broca da cana, o prejuízo gerado, em milhões de reais, na arrecadação da venda do etanol é estimado entre:

- **a)** 38,2 e 55,2.
- **b)** 153,0 e 221,0.
- **c)** 76,5 e 110,5.
- **d)** 90,2 e 139,5.
- **e)** 7,6 e 11,0.

3 Analise a promoção abaixo.

Uma por R$ 2,00.

Três por R$ 5,00.

Nessa promoção, qual é o percentual de desconto no preço de cada unidade vendida?

4 O gerente de uma loja aumentou o preço de todos os produtos em 14%.

O preço da saia aumentou R$ 4,20 e os óculos escuros tiveram um aumento de R$ 11,90. Determine a diferença entre o preço dos óculos escuros e o da saia antes do aumento.

5 Em um restaurante, foram feitas despesas nos itens bebidas, entrada e prato principal, e foram cobrados 10% de taxa de serviço sobre o consumo. A nota fiscal relativa a essas despesas apresentava alguns algarismos ilegíveis. Veja abaixo.

Item	Valor
Bebidas	16,0●
Entrada	7,●5
Prato principal	2●,99
Subtotal	●●,40
10%	●,44
Total	●●,84

Determine o valor total na nota.

6 O preço de uma televisão é R$ 2.560,00. Como vou comprá-la a prazo, o preço sofre um acréscimo de 10% sobre o preço à vista. Se eu der 30% de entrada e pagar o restante em duas prestações iguais, de quantos reais será o valor de cada prestação?

7 Em seu sítio, Marlene cultiva árvores frutíferas distribuídas como representado no gráfico a seguir.

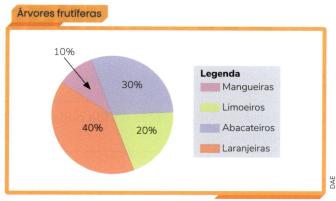

Fonte: Dados fictícios.

Sabendo que no sítio há um total de 250 árvores, elabore perguntas com base nos dados e peça a um colega que as responda. Responda às questões dele e, depois, confiram juntos as respostas.

8 (IFMS) Realizou-se uma pesquisa com 200 pessoas para saber qual a finalidade da internet no seu dia a dia. O resultado da pesquisa pode ser observado no gráfico abaixo.

De acordo com o gráfico, é correto afirmar que:

a) a maioria das pessoas utiliza a internet com a finalidade de obter informações.
b) 16% das pessoas que responderam à pesquisa utilizam a internet com a finalidade de trabalho.
c) 22% das pessoas que responderam à pesquisa utilizam a internet com a finalidade de trabalho ou estudo.
d) 27% das pessoas que responderam à pesquisa utilizam a internet com a finalidade de entretenimento.
e) 111 pessoas utilizam a internet com a finalidade de trabalho ou entretenimento.

CAPÍTULO 3

Contagem e possibilidades

Para começar

De quantas maneiras diferentes Ângela, Rosa e Cida podem sentar, cada uma num lugar, em um banco de três lugares?

PRINCÍPIO MULTIPLICATIVO DA CONTAGEM

Se uma decisão P pode ser tomada de x maneiras diferentes e, se uma vez tomada a decisão P, outra decisão Q pode ser tomada de y maneiras diferentes, então, o número de possibilidades de se tomarem as decisões P e Q é igual a x · y.

Acompanhe os exemplos a seguir.

1º exemplo

Para montar seu sanduíche, Joana tem as seguintes possibilidades:
$$\begin{cases} \text{Pão de sal} - \text{Pão de fôrma} \\ \text{Queijo coalho} - \text{Queijo branco} - \text{Requeijão} \end{cases}$$

Quantas combinações diferentes existem para Joana montar esse sanduíche?

Situações como essa podem ser resolvidas por meio do chamado princípio fundamental da contagem ou princípio multiplicativo.

Algumas situações envolvendo o princípio fundamental da contagem podem ser representadas por um **diagrama de árvore** ou árvore de possibilidades. Esse diagrama ajuda a visualizar e resumir todos os resultados possíveis. Observe como fica a representação da situação apresentada anteriormente:

Portanto, são 6 combinações (2 · 3 = 6) diferentes para montar o sanduíche.

Acompanhe também os exemplos a seguir.

2º exemplo

Uma empresa tem 15 funcionários e todos eles podem ocupar os seguintes cargos de uma comissão: **diretor**, **vice-diretor** e **tesoureiro**. Quantas comissões diferentes podem ser formadas sabendo que o mesmo funcionário não deve ocupar mais de um cargo?

Do enunciado, temos:

- **1ª etapa** — Escolha do diretor: temos 15 possibilidades, pois são 15 funcionários que podem ocupar o cargo de diretor.
- **2ª etapa** — Escolha do vice-diretor: como não pode haver repetição de funcionário, devemos ter um funcionário diferente do escolhido para diretor.

Assim, restam (15 − 1) funcionários, ou seja, 14 possibilidades.

- **3ª etapa** — Escolha do tesoureiro: devemos ter um funcionário diferente dos dois funcionários escolhidos para os cargos anteriores. Assim, restam (14 − 1) funcionários, ou seja, 13 possibilidades. O número de possibilidades para cada etapa é:

Pelo princípio multiplicativo, a escolha dos cargos da comissão pode ser feita de 15 · 14 · 13 maneiras diferentes; ou seja, são 2 730 comissões diferentes que podem ser formadas.

Pense e responda

Apesar da obrigatoriedade de uso das novas placas padrão Mercosul em todos os estados do país, as placas dos automóveis de certo município ainda são constituídas de duas letras iniciais escolhidas entre A, B, C, D e E, seguidas de quatro algarismos escolhidos entre 1, 2, 3 e 4. Nessas condições, qual é o número máximo de automóveis que o município poderá emplacar?

3º exemplo

Na emissão de um cartão de crédito, o cliente registra uma senha composta de seis algarismos, escolhidos de 0 a 9. Se a repetição de algarismos é permitida, de quantos modos pode-se escolher uma senha?

A senha deve conter seis algarismos escolhidos entre:

0	1	2	3	4	5	6	7	8	9

Como pode haver repetição de algarismos, temos dez opções de escolha para cada algarismo da senha.

45

	SENHA					
Posição do dígito	1º	2º	3º	4º	5º	6º
Número de possibilidades	10	10	10	10	10	10

Assim, usando o princípio fundamental da contagem, o número de senhas que pode ser formado é igual a: $10 \cdot 10 \cdot 10 \cdot 10 \cdot 10 \cdot 10 = 10^6 = 1\,000\,000$. Portanto, existem um milhão de senhas possíveis para escolher.

4º exemplo

Uma escola de natação tem dez alunos. Deseja-se formar uma equipe de três alunos para representá-la em uma competição. Quantas equipes poderão ser formadas?

Usando o princípio multiplicativo, temos $10 \cdot 9 \cdot 8$ equipes, ou seja, 720 equipes. Suponha que A, B e C sejam três dos alunos escolhidos entre os dez alunos da escola. Na formação das equipes, a ordem em que os alunos são escolhidos não faz diferença. Assim, a equipe formada por A, B e C e a equipe formada por C, A e B é a mesma. Nesse caso, cada equipe foi contada $3 \cdot 2 \cdot 1$ vezes, ou seja, 6 vezes.

Crianças praticando natação.

Veja:

EQUIPE	1ª	3 possibilidades
	2ª	2 possibilidades
	3ª	1 possibilidade

As equipes repetidas devem ser eliminadas da quantidade total de 720 equipes. Para isso, dividimos o total de equipes obtidas inicialmente pelo número de repetições.

$$\frac{720}{6} = 120$$

Portanto, poderão ser formadas 120 equipes.

ATIVIDADES

1 Adílson e Laís são candidatos à presidência de um clube. Juliana, Gilberto, Paulo e Kátia são candidatos à vice-presidência, separadamente. Quantos e quais podem ser os resultados da eleição?

2 Um viajante, partindo da cidade A, deve chegar à cidade D passando, obrigatoriamente, pelas cidades B e C. Para viajar de A para B, existem três estradas; de B para C, duas estradas, e de C para D, três estradas.

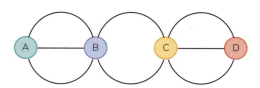

Quantas maneiras diferentes existem para o viajante ir de A para D percorrendo essas estradas?

3 Márcio foi a uma lanchonete para comer empada. Veja na ilustração abaixo as opções de tipo e sabor.

a) Construa um diagrama de árvore mostrando todas as opções de Márcio.
b) Quantas opções ele tinha?
c) Faça um novo diagrama de árvore com o acréscimo de uma possibilidade de sabor: calabresa.

4 No lançamento de um dado de forma hexaédrica, são seis possibilidades de resultado: 1, 2, 3, 4, 5 ou 6. Já no lançamento de uma moeda, são duas as possibilidades de resultado: cara ou coroa.

Dado hexaédrico.

Moeda de 1 real.

Quantas e quais são as possibilidades de resultado no lançamento simultâneo desse dado e dessa moeda?

5 Para aumentar a segurança do seu *e-mail*, Márcio mudou a senha de quatro caracteres numéricos para outra de seis caracteres numéricos. Se a repetição de algarismos é permitida em ambos os casos, em quantas vezes Márcio aumentou as possibilidades de obter senhas diferentes?

6 Uma empresa deseja criar uma senha de sete símbolos para os usuários de um sistema. A senha deverá começar por quatro letras escolhidas entre A, B, C, D e E, seguidas de três algarismos escolhidos entre 0, 1, 2, 4 e 8.

Se entre as letras puder haver repetições, mas se os algarismos forem todos distintos, quantas senhas, no máximo, poderão ser obtidas?

7 Em um quiosque de flores, há as seguintes opções de vasos e buquês:

R$ 40,00.   R$ 19,00.   R$ 30,00.

R$ 29,00.   R$ 28,00.

47

Lúcia quer comprar um vaso e um buquê de flores. Quantas opções ela tem para fazer essa compra? Em qual ela gastará mais?

8) O setor de emergência de um hospital conta com cinco ortopedistas e três anestesistas para os plantões noturnos. As equipes de plantão devem ser constituídas de três médicos: dois ortopedistas e um anestesista. Quantas equipes diferentes podem ser organizadas para o plantão noturno?

9) Quantos números de três algarismos podemos formar com os algarismos 1, 2, 3, 4, 5 e 6, sabendo que:

a) os algarismos podem ser repetidos?

b) os algarismos devem ser distintos?

10) Suponha que uma senha utilizada em uma rede de computadores seja constituída de cinco letras escolhidas entre as 26 do nosso alfabeto.

Sabendo que é possível repetir as letras, quantas senhas diferentes podem ser construídas?

11) Quantos anagramas da palavra SETOR começam com a letra T?

Lembre-se:

Um anagrama é qualquer disposição das letras de uma palavra em certa ordem, de modo a formar uma palavra com ou sem sentido. Por exemplo: ORTES, TORES etc.

12) Cristina quer colorir a figura ao lado, que está dividida em cinco partes, de acordo com as seguintes regras:

- cada parte será colorida de uma só cor;
- partes com fronteira comum não podem ter a mesma cor.

De quantos modos distintos essa figura pode ser colorida usando exatamente cinco cores?

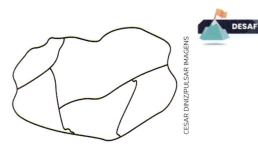

DESAFIO

13) De quantas maneiras Lorenzo pode pintar as faces do dado representado ao lado, cada uma com uma só cor, com as cores verde, azul, vermelha, amarela, preta e alaranjada?

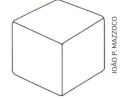

 DESAFIO

48

MATEMÁTICA INTERLIGADA

DESIGUALDADES SOCIAIS POR COR OU RAÇA NO BRASIL

Falar sobre desigualdade social no Brasil é, também, falar sobre desigualdade racial[1]. Esta afirmação é fruto das pesquisas realizadas pelo Instituto Brasileiro de Geografia e Estatística, o IBGE, que apontam que as pessoas pretas ou pardas são as que mais sofrem no país com a falta de oportunidades e a má distribuição de renda. Embora representem a maior parte da população (55,8%) e da força de trabalho brasileira (54,9%), apenas 29,9% destas pessoas ocupavam os cargos de gerência, segundo dados da Pesquisa Nacional por Amostra de Domicílios Contínua 2018. A relativa desvantagem também se aplica ao ganho mensal de cada raça ou cor. Os números apontam que o rendimento médio mensal da pessoa ocupada[2] preta ou parda gira em torno dos R$ 1.608 contra os R$ 2.796 das pessoas brancas. E esta desigualdade é mantida ainda que se leve em consideração o nível de escolaridade, pois a maior parcela das ocupações informais e da desocupação[3] é composta pela população preta ou parda, independentemente do nível de instrução que ela possua. Entre aqueles que concluíram o Ensino Superior, essa diferença tende a ser um pouco menor.

[1] Devido às restrições impostas pela baixa representação das populações indígena e amarela no total da população brasileira quando se utilizam dados amostrais, e uma vez que a maior parte das informações ora apresentadas provêm da Pesquisa Nacional por Amostra de Domicílios Contínua (PNAD Contínua), realizada pelo IBGE, as análises estão concentradas em apontar as desigualdades entre as pessoas de cor ou raça branca e as pretas ou pardas.

[2] Pessoa ocupada é aquela que possui algum ofício em determinado período de referência, sendo esse ofício remunerado, não remunerado, por conta própria ou como um empregador.

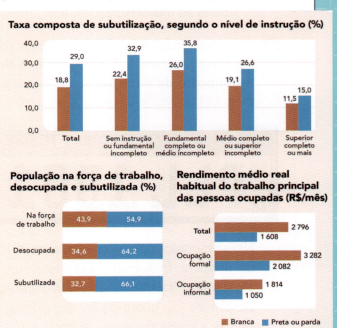

[3] Desocupação ou desemprego se refere às pessoas com idade para trabalhar que não estão trabalhando, mas estão disponíveis e tentam encontrar trabalho. É calculado pela PNAD Contínua – Pesquisa Nacional por Amostra de Domicílios Contínua.

DESIGUALDADES sociais por cor ou raça no Brasil. *IBGE Educa*, Rio de Janeiro, c2021. Disponível em: https://educa.ibge.gov.br/jovens/materias-especiais/21039-desigualdadessociais-por-cor-ou-raca-no-brasil.html. Acesso em: 10 jan. 2021

1. Sabendo que o Censo Demográfico 2021, do IBGE, estima em mais de 212 milhões de habitantes a população do Brasil, qual é a população de pessoas pretas ou pardas, de acordo com o texto?

2. Qual é a diferença percentual do rendimento médio mensal da pessoa ocupada preta ou parda em relação ao das pessoas brancas?

3. De acordo com o gráfico, qual é a diferença do rendimento médio real habitual do trabalho principal das pessoas com ocupação formal brancas em relação às pretas ou pardas?

4. Faça uma reflexão sobre a seguinte afirmação: "Embora [as pessoas pretas ou pardas] representem a maior parte da população (55,8%) e da força de trabalho brasileira (54,9%), apenas 29,9% destas pessoas ocupavam os cargos de gerência, segundo dados da Pesquisa Nacional por Amostra de Domicílios Contínua 2018". O que poderia ser feito para evitar essa diferença?

5. Qual é hoje o percentual da população de pessoas pretas ou pardas em relação à população total no seu estado? Faça uma pesquisa a esse respeito.

MAIS ATIVIDADES

1. Oito amigos, quatro mulheres e quatro homens, compraram ingressos para lugares contíguos em uma mesma fila a fim assistir a um jogo de futebol. De quantas maneiras diferentes eles podem se sentar de modo que:

   a) homens e mulheres sentem-se em lugares alternados?

   b) todos os homens se sentem juntos e todas as mulheres se sentem juntas?

2. O modelo atual de placas de veículos usado para todo o Mercosul, o que inclui o Brasil, é composto de quatro letras e três algarismos. Veja o modelo da placa abaixo.

   Nesse modelo podem ser usadas as 26 letras do alfabeto, incluindo repetições, e os dez algarismos, também incluindo repetições. Determine a quantidade de placas que podem ser criadas desse modelo.

3. Considere as placas de automóvel a seguir.

   Cada letra pode ser escolhida em um alfabeto de 26 letras, e cada algarismo pode variar de 0 a 9. Considerando essas informações, responda:

   a) Quantas placas diferentes de três números usando os mesmos algarismos podemos ter?

   b) Quantas placas diferentes de três algarismos usando as mesmas letras podemos ter?

4. Para abrir um arquivo, Ian deve digitar uma senha de quatro caracteres em certa ordem e sem repeti-los. Ele sabe quais são os caracteres, mas não conhece a ordem em que devem ser digitados. Qual é o número máximo de tentativas que ele precisará para abrir esse arquivo?

5. Telma foi a uma loja e comprou três saias, seis blusas e três sandálias, todas de modelos diferentes.

   a) De quantas maneiras diferentes ela pode se vestir compondo seu visual com uma blusa, uma saia e uma sandália dessa compra?

   b) Sabendo que Telma só usará essas roupas nos fins de semana, por quantos meses, aproximadamente, ela não precisará repetir o visual (mesma saia, mesma blusa e mesma sandália)?

6. Em uma circunferência são marcados cinco pontos, *A*, *B*, *C*, *D* e *E*. Ligando-se quaisquer dois desses pontos, obtém-se uma corda. Qual é o número total de cordas que podem ser formadas?

   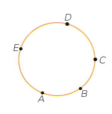

7. Suponha que o número de uma linha telefônica fixa tenha sete dígitos. Acrescenta-se a esse número mais um dígito. Qual é o aumento do número de linhas telefônicas possíveis se não considerarmos as linhas iniciadas com zero?

Lógico, é lógica!

8. A imagem a seguir mostra seis jogadores de tênis.

   Sophia Joaquim Pietra Lucas Valentina Lorenzo

   Quantas duplas podem ser formadas com esses jogadores?

50

PARA ENCERRAR

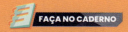

1 Determine na forma decimal o valor de $(0,888...)^2$.

2 (PUC-RJ) Assinale, entre as alternativas abaixo, a que representa o menor número.

a) $\left(-\dfrac{1}{3}\right)^2$
b) $\left(-\dfrac{1}{4}\right)^3$
c) $\left(-\dfrac{1}{5}\right)^4$
d) $\left(-\dfrac{1}{6}\right)^5$
e) $\left(-\dfrac{1}{7}\right)^6$

3 (Unisinos-RS) Dados a e b, números reais positivos, considere as afirmações:

I. $(a^x)^y = a^{xy}, \forall x, y \in \mathbb{R}$
II. $(a \cdot b)^x = a^x \cdot b^x, \forall x, y \in \mathbb{R}$
III. $a^{x+y} = a^x \cdot a^y, \forall x, y \in \mathbb{R}$

Das afirmações acima:

a) I, II e III são corretas.
b) somente II e III são corretas.
c) somente III é correta.
d) somente I e II são corretas.
e) somente II é correta.

4 (Obmep) José gosta de inventar operações matemáticas entre dois números naturais. Ele inventou uma operação ■ em que o resultado é a soma dos números seguida de tantos zeros quanto for o resultado dessa soma.

Por exemplo, 2 ■ 3 = 500 000 (5 zeros) e 7 ■ 0 = 70 000 000 (7 zeros)

Quantos zeros há no resultado da multiplicação abaixo?

(1 ■ 0) · (1 ■ 1) · (1 ■ 2) · (1 ■ 3) · (1 ■ 4)

a) 5
b) 10
c) 14
d) 16
e) 18

5 (Enem) O diagrama a seguir representa a energia solar que atinge a Terra e sua utilização na geração de eletricidade. A energia solar é responsável pela manutenção do ciclo da água, pela movimentação do ar, e pelo ciclo do carbono que ocorre através da fotossíntese dos vegetais, da decomposição e da respiração dos seres vivos, além da formação de combustíveis fósseis.

De acordo com o diagrama, a humanidade aproveita, na forma de energia elétrica, uma fração da energia recebida como radiação solar, correspondente a:

Proveniente do Sol **200 bilhões de MW**
→ aquecimento do solo
→ evaporação da água → energia potencial (chuvas) → Usinas hidroelétricas **100 000 MW**
→ aquecimento do ar → petróleo, gás e carvão → Usinas termoelétricas **400 000 MW**
→ absorção pelas plantas

Eletricidade **500 000 MW**

a) $4 \cdot 10^{-9}$.
b) $2,5 \cdot 10^{-6}$.
c) $4 \cdot 10^{-4}$.
d) $2,5 \cdot 10^{-3}$.
e) $4 \cdot 10^{-2}$.

6 (Ufac) Se $a = 81$ e $x = \dfrac{3}{4}$, o valor de a^x é:

a) 27.
b) 9.
c) 4.
d) 243.
e) 3.

7 (Enem) A gripe é uma infecção respiratória aguda de curta duração causada pelo vírus *influenza*. Ao entrar no nosso organismo pelo nariz, esse vírus multiplica-se, disseminando-se para a garganta e demais partes das vias respiratórias, incluindo os pulmões. O vírus *influenza* é uma partícula esférica que tem um diâmetro interno de 0,00011 mm.

Disponível em: www.gripenet.pt. Acesso em: 1 jan. 2020 (adaptado).

Em notação científica, o diâmetro interno do vírus *influenza*, em mm, é:

a) $1,1 \cdot 10^{-1}$.
b) $1,1 \cdot 10^{-2}$.
c) $1,1 \cdot 10^{-3}$.
d) $1,1 \cdot 10^{-4}$.
e) $1,1 \cdot 10^{-5}$.

8 (IFPE) O valor de A na expressão

$A = \sqrt{0,50 - 0,25}$ é:

a) 0,1.

b) $\sqrt{0,1}$.

c) 0,50.

d) 4^{-1}.

e) 0,125.

9 (UFSM-RS) O valor da expressão

$\sqrt[3]{\dfrac{60000 \cdot 0,00009}{0,0002}}$ é:

a) $3 \cdot 10^3$.

d) $9 \cdot 10^3$.

b) 3.

e) $27 \cdot 10^3$.

c) $3 \cdot 0$.

10 (CMR-PE) Ao entrar no Colégio Militar, todo aluno novato tem que adquirir uma variedade de itens do fardamento enxoval (calça, camisa, jaqueta, boina, uniforme de Educação Física, etc.).

Considere que um enxoval tenha sido adquirido e pago em 5 (cinco) parcelas nas condições abaixo:

CONDIÇÕES

1ª parcela de 25%, pago à vista
restante em 4 (quatro) parcelas
mensais iguais de R$ 225,00

Qual foi o valor total pago pelo enxoval?

a) R$ 800,00.

d) R$ 1.000,00.

b) R$ 825,00.

e) R$ 1.200,00.

c) R$ 900,00.

11 (CMM-AM) Marcos e Bruna receberam de mesada a mesma quantia. Marcos já gastou $\dfrac{3}{5}$ do que recebeu enquanto Bruna já gastou 50%. Juntando o que ainda resta de cada um, obtém-se uma quantia total de R$ 108,00. Que quantia Bruna já gastou?

a) R$ 48,00.

d) R$ 120,00.

b) R$ 60,00.

e) R$ 132,00.

c) R$ 72,00.

12 (IFPE) Daiana é aluna do curso de Informática para Internet no *campus* Igarassu e está estagiando no setor de testes em uma empresa que desenvolve aplicativos (*apps*) para celulares. No primeiro semestre do estágio ela já testou 44 *apps* para o sistema Android, 36 *apps* para o sistema IOS e 30 que foram feitos para ambos os sistemas. Considerando que Daiana encontrou *bugs* (erros) em 20% dos *apps* que testou, quantos estavam funcionando corretamente?

a) 110

b) 50

c) 30

d) 88

e) 40

13 (IFPE) Deseja-se cobrir o piso de um quarto retangular de 3 metros de largura por 5 metros de comprimento com cerâmicas quadradas de 40 cm de lado. Sem levar em conta a largura do rejunte, e comprando uma quantidade que forneça uma área pelo menos 10% maior (para as quinas e possíveis quebras), quantas caixas dessa cerâmica temos que comprar, sabendo que em cada caixa temos 8 cerâmicas?

a) 13

b) 12

c) 10

d) 15

e) 11

14 (Omerj) Para enfrentar a grave crise econômica enfrentada em todo Nordeste, Bruno Boneco, dono da fábrica Doce Sabor, decidiu dar dois descontos sucessivos no preço do seu principal produto: a rapadura. Ele fixou o primeiro desconto em 60% e o segundo em 50%. Em poucos meses, com a melhora das vendas e da situação do país, ele determinou que a rapadura voltasse ao valor que tinha antes dos dois descontos. Qual deve ser a taxa percentual de aumento que deve ser aplicada, de uma única vez, para que o produto volte ao seu valor inicial?

15 (CMJF-MG) Ao enviar uma carta, é preciso preencher o envelope com alguns números, chamados de CEP (Código de Endereçamento Postal).

Considere o número do CEP da carta ilustrada e observe que os três últimos algarismos do traço não aparecem.

Ao completar, depois do traço, com os algarismos 0, 1, 2, 3, sem repetição, quantos números de CEP serão criados para a identificação individual de cada local do distrito de Vila Nova Conceição?

a) 24   b) 27   c) 48   d) 64

16 (Enem) Estima-se que haja, no Acre, 209 espécies de mamíferos, distribuídas conforme a tabela abaixo.

Grupos taxonômicos	Números de espécies
Artiodáctilos	4
Carnívoros	18
Cetáceos	2
Quirópteros	103
Lagomorfos	1
Marsupiais	16
Perissodáctilos	1
Primatas	20
Roedores	33
Sirênios	1
Edentados	10
Total	209

Fonte: *T&C Amazônia*, ano 1, n. 3, dez. 2003.

Deseja-se realizar um estudo comparativo entre três dessas espécies de mamíferos – uma do grupo Cetáceos, outra do grupo Primatas e a terceira do grupo Roedores. O número de conjuntos distintos que podem ser formados com essas espécies para esse estudo é igual a:

a) 1 320.   c) 5 845.   e) 7 245.
b) 2 090.   d) 6 600.

17 (OLM-MG) Marcio esqueceu a senha de seu cofre. A senha é formada por uma sequência de uma letra e dois algarismos. Marcio se lembra que a letra M faz parte da senha e que um dos números é 7, mas não se lembra a posição deles. Qual o número mínimo de tentativas que Marcio precisará para garantir que ele abra o cofre?

a) 10   b) 30   c) 60   d) 80

18 (Obmep) Paulo tem tintas de quatro cores diferentes. Ele quer pintar cada região da figura de uma cor de modo que regiões vizinhas tenham cores diferentes. De quantas maneiras diferentes ele pode fazer isso?

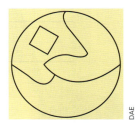

a) 16   c) 64   e) 256
b) 24   d) 72

19 (PM-ES) Sabe-se que a população de determinada cidade é de 5 000 000 habitantes, e que 35% dessa população tomou a vacina contra gripe, sendo que 60% das pessoas vacinadas eram crianças. Portanto, o número de crianças que tomaram a vacina contra gripe é igual a:

a) $1,05 \cdot 10^4$.   d) $1,75 \cdot 10^5$.
b) $1,05 \cdot 10^5$.   e) $1,75 \cdot 10^6$.
c) $1,05 \cdot 10^6$.

UNIDADE 2

ILUSTRAÇÕES: DAE

Cereais, leguminosas e oleaginosas
Grandes Regiões e Unidades da Federação: participação na produção – Dezembro de 2020

Participação (%)

28,7 | 15,9 | 10,3 | 10,3 | 8,7 | 6,2 | 4,0 | 3,9 | 2,5 | 2,1 | 2,1 | 1,9 | 1,1 | 1,0 | 0,3 | 0,3 | 0,3 | 0,1 | 0,1 | 0,0 | 0,0 | 0,0 | 0,0 | 0,0 | 0,0 | 0,0 | 0,0

MT | PR | RS | GO | MS | MG | BA | SP | SC | MA | TO | PI | PA | RO | DF | SE | CE | PE | RR | PB | AL | AC | RN | AP | ES | AM | RJ

Sul 28,8%
Sudeste 10,1%
Nordeste 8,9%
Norte 4,3%
Centro-Oeste 47,9%

Disponível em: https://agenciadenoticias.ibge.gov.br/noticia.html?id=29889. Acesso em: 15 jan. 2021.

VBP Agropecuária – Brasil

2019 | 2020

Bilhões R$

Total Lavouras: 472,14 | 543,02 — 15,01%
Total Pecuária: 251,30 | 263,61 — 4,90%
VBP Total: 723,44 | 806,63 — 11,50%

Disponível em: https://www.gov.br/agricultura/pt-br/assuntos/noticias/valor-da-producao-agropecuaria-deste-ano-e-atualizado-para-r-806-6-bilhoes . Acesso em: 15 jan. 2021.

Valor Bruto da Produção Agropecuária – VBP

Participação %

194,20 | 277,05 | 472,13 | 703,80

1989 | 1990 | 1991 | 1992 | 1993 | 1994 | 1995 | 1996 | 1997 | 1998 | 1999 | 2000 | 2001 | 2002 | 2003 | 2004 | 2005 | 2006 | 2007 | 2008 | 2009 | 2010 | 2011 | 2012 | 2013 | 2014 | 2015 | 2016 | 2017 | 2018 | 2019 | 2020

*Valores deflacionados pelo IGP-DI de maio/2020

Disponível em: https://www.gov.br/pt-br/noticias/agricultura-e-pecuaria/2020/06/valor-da-producaoagropecuaria-e-projetado-em-r-703-8-bilhoes-para-2020/VBPjun.jpg/view. Acesso em: 15 jan. 2021.

Tipos de gráfico e organização de dados em classes

Atualmente, o Brasil é um dos maiores exportadores de grãos do mundo.

O Valor Bruto da Produção Agropecuária (VBP) de 2020 é 11,5% superior ao de 2019, saltando de R$ 723,4 bilhões para R$ 806,6 bilhões. O resultado foi obtido com base nas atualizações do levantamento da produção e dos preços dos produtos agropecuários pesquisados em setembro. Em cinco anos, esse indicador aumentou em R$ 100 bilhões. "Sem dúvida, esses resultados trouxeram um aumento considerável da renda nas principais regiões do interior do país. O faturamento das lavouras aumentou 15%, atingindo R$ 543 bilhões, e a pecuária, 4,9%, alcançando R$ 263,6 bilhões", avalia José Garcia Gasques, coordenador-geral de Avaliação de Política e Informação da Secretaria de Política Agrícola, do Ministério da Agricultura, Pecuária e Abastecimento. Soja, bovinos, milho e café foram os principais responsáveis por esses resultados da agropecuária.

BRASIL. Ministério da Agricultura, Pecuária e Abastecimento. *Valor da Produção Agropecuária deste ano é atualizado para R$ 806,6 bilhões*. Brasília, DF: MAPA, 2020. Disponível em: https://www.gov.br/agricultura/pt-br/assuntos/noticias/valor-da-producao-agropecuaria-deste-ano-e-atualizado-para-r-806-6-bilhoes. Acesso em: 17 fev. 2021.

Na BNCC

Esta unidade propicia o desenvolvimento das competências e das habilidades a seguir.

Competências gerais:
5, 7 e 8

Competências específicas:
2, 4, 5, 6 e 8

Habilidades:
EF08MA04
EF08MA23
EF08MA24

Para pesquisar e aplicar

1. Você conhece os tipos de gráficos representados?
2. Que tipos de números você identifica nos gráficos?
3. A região onde você mora se destaca pela produção de algum produto agropecuário?

THIAGO LUCAS

55

CAPÍTULO 1

Tipos de gráfico

Para começar

Márcio entrevistou 70 de seus clientes para saber o nível de satisfação deles em relação ao atendimento oferecido em sua loja. O resultado foi o seguinte: 45 **muito satisfeitos**, 17 **satisfeitos**, 5 **pouco satisfeitos** e 3 **nada satisfeitos**. Ele gostaria de representar esse resultado em um gráfico, mas está em dúvida sobre qual tipo utilizar.

Fonte: Dados fictícios.

Fonte: Dados fictícios.

Fonte: Dados fictícios.

Fonte: Dados fictícios.

Fonte: Dados fictícios.

Quais tipos de gráfico você conhece? A que conclusões é possível chegar por meio deles?

56

Os gráficos são importantes ferramentas para leitura de informações, possibilitando que elas sejam interpretadas com mais facilidade e rapidez.

Neste capítulo será retomado o estudo dos gráficos de barras e de setores já trabalhado em anos anteriores, com a adição de novos elementos. Em seguida, será apresentado o gráfico de linhas.

GRÁFICO DE BARRAS

O **gráfico de barras** é muito utilizado para representar grande quantidade de dados, que podem ser divididos em grupos e representados por barras de diferentes comprimentos. Os gráficos de barras podem ser horizontais ou verticais, podendo receber, neste último caso, o nome de **gráfico de colunas**.

O gráfico de colunas e o gráfico de barras indicam, geralmente, dados categorizados em barras retangulares nas quais os retângulos correspondentes a cada categoria são proporcionais ao número de observações na respectiva categoria. Nos gráficos de colunas, os dados são indicados na posição vertical, enquanto as divisões qualitativas apresentam-se na posição horizontal; já no gráfico de barras, os dados são indicados na posição horizontal e as divisões qualitativas na posição vertical.

Observe o exemplo a seguir.

Em Nevecity é comum ver neve em certa época do ano. No gráfico abaixo estão representadas as temperaturas médias, máximas e mínimas da cidade de setembro a outubro de 2020.

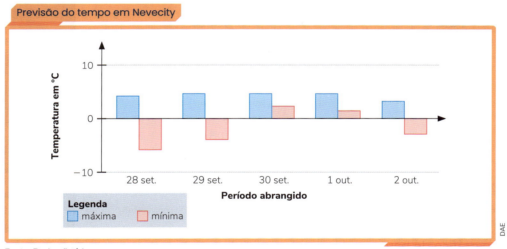

Fonte: Dados fictícios.

A vantagem desse tipo de gráfico é possibilitar a comparação direta entre os dados.

Alguns dos elementos que você precisa conhecer e não pode esquecer na hora de elaborar um gráfico de barras ou de colunas estão indicados abaixo.

- **Título**, que expressa o que o gráfico apresenta. No exemplo, temos: Previsão do tempo em Nevecity.

- **Eixos**, sendo um vertical, que no exemplo representa as temperaturas previstas, e um horizontal, que representa os dias da semana.

- **Unidade de escala**. No exemplo, usamos °C e escolhemos marcas no eixo vertical para indicar a unidade de escala de 10 em 10 graus Celsius. Em ambos os eixos, as distâncias que representam as unidades da escala devem ser rigorosamente uniformes. Por exemplo, se 1 cm representa 10 °C, 2 cm representará 20 °C, 4 cm representará 40 °C etc.

- **Barras**, que devem ser proporcionais às escalas escolhidas.

57

- **Rótulos**, que ficam ao lado de cada eixo (no gráfico anterior, os rótulos são temperatura em °C e período de tempo abrangido).
- **Legendas especiais**, que, no exemplo, são os dois quadrados à direita com cores diferentes, que indicam as temperaturas máxima e mínima.
- **Fonte**, de onde foram retiradas as informações. No caso do gráfico da página anterior, a fonte são dados fictícios.

Observe o gráfico sobre a previsão do tempo em Nevecity e responda às questões a seguir.
- Alguma temperatura prevista é maior que 10 °C? E menor que –10 °C?
- Em quais dias houve previsão de temperatura abaixo de zero grau Celsius?
- Em qual dia da semana a temperatura pode alcançar valores que representam um número simétrico?

ATIVIDADES RESOLVIDAS

1 A tabela abaixo mostra os países campeões da Taça Libertadores da América desde sua criação, em 1960, até 2020. Foram 61 edições disputadas.

QUANTIDADE DE TÍTULOS POR PAÍS	
País	**Títulos**
Argentina	25
Brasil	20
Uruguai	8
Colômbia	3
Paraguai	3
Chile	1
Equador	1

Fonte: TODOS os campeões da Libertadores – Infográfico completo. *Futdados*, [s. l.], c2020. Disponível em: https://futdados.com/libertadores-campeoes/. Acesso em: 1 fev. 2021.

Elabore o gráfico de barras correspondente à tabela acima.

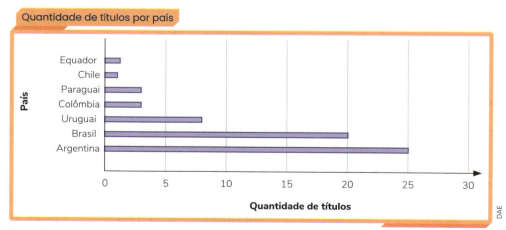

Fonte: TODOS os campeões da Libertadores – Infográfico completo. *Futdados*, [s. l.], c2020. Disponível em: https://futdados.com/libertadores-campeoes/. Acesso em: 1 fev. 2021.

ATIVIDADES

1. (Cefet-MG) A prefeitura de uma cidade no interior do Brasil publicou para sua população, em janeiro, a previsão de suas despesas para 2019, com base em seu orçamento anual, através do gráfico de barras a seguir.

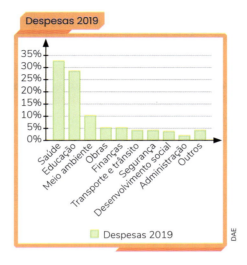

Sobre as despesas dessa prefeitura, é correto afirmar:

a) As despesas com Obras equivalem a 20% do valor gasto com saúde.

b) Saúde e Educação somadas equivalem à metade das despesas dessa prefeitura.

c) Transporte e trânsito e Segurança têm aproximadamente o mesmo valor entre as despesas dessa prefeitura.

d) Se retirarmos Saúde e Educação, as demais despesas não excedem 30% dos gastos dessa prefeitura.

2. Segundo uma pesquisa do IBGE em 2015 sobre a prática de esportes e atividades físicas, quanto mais velhas as pessoas, menor a porcentagem delas que se dedica à prática de algum esporte ou atividade física.

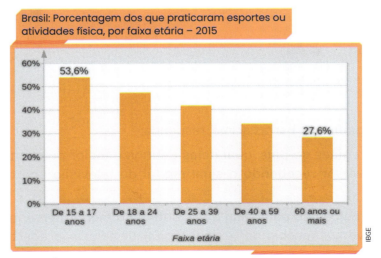

Fonte: PRÁTICA de esportes e atividades físicas. *IBGE Educa*, [Rio de Janeiro], c2021. Disponível em: https://educa.ibge.gov.br/jovens/materias-especiais/19051-pnad-esportes-2015-pratica-de-esportes-e-atividades-fisicas.html. Acesso em: 14 jan. 2021.

59

a) O que o comprimento das barras do gráfico indica?

b) Qual é a diferença de percentual entre praticantes de esportes ou atividades físicas na faixa etária de 15 a 17 anos e aqueles na faixa etária de 60 anos ou mais?

c) E você, pratica algum esporte?

3 Os lucros e os prejuízos de uma banca de revista durante a semana estão registrados no quadro a seguir.

Segunda-feira	Terça-feira	Quarta-feira	Quinta-feira	Sexta-feira	Sábado
−R$ 20,00	−R$ 20,00	−R$ 10,00	R$ 40,00	R$ 90,00	R$ 110,00

Represente esses dados em um gráfico.

4 Mesmo com a modernização dos aparelhos, em 2018 ainda havia uma grande massa de potenciais excluídos pela extinção do sinal de TV analógico, que estava sendo gradualmente substituído pelo digital.

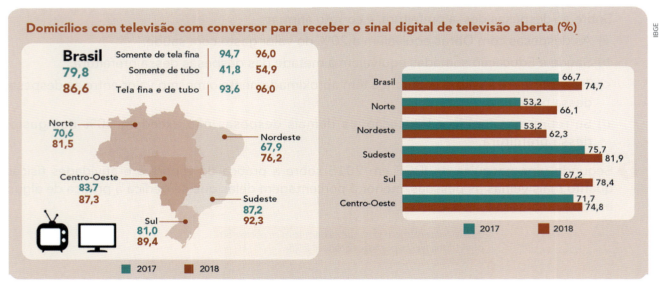

Fonte: USO de internet, televisão e celular no Brasil. *IBGE Educa*, [Rio de Janeiro], c2021.
Disponível em: https://educa.ibge.gov.br/jovens/materias-especiais/20787-uso-de-internet-televisao-e-celular-no-brasil.html.
Acesso em: 16 jan. 2021.

De acordo com o gráfico de barras acima, responda:

a) Das grandes regiões do país, qual delas detinha o maior percentual de domicílios com TVs com conversor recebendo o sinal digital de televisão aberta em 2018, e qual é esse valor?

b) Das grandes regiões do país, qual delas detinha o menor percentual de domicílios com TVs com conversor recebendo o sinal digital de televisão aberta em 2018, e qual é esse valor?

c) Qual região apresentou a maior diferença entre os percentuais de domicílios com TVs com conversor recebendo o sinal digital de televisão aberta nos anos de 2017 e 2018?

5 Analise o gráfico ao lado e, depois, responda às questões.

a) O que representa o valor de 4,2%?

b) Qual período terá a maior diferença entre a projeção do crescimento médio do PIB e do comércio no mundo?

c) Qual é a projeção do crescimento médio do PIB no mundo entre os anos de 2022 e 2026?

Fonte: PLANO Decenal de Expansão de Energia 2026. *Empresa de Pesquisa Energética*, [Brasília, DF], 2017. Disponível em: https://www.epe.gov.br/sites-pt/publicacoes-dados-abertos/publicacoes/PublicacoesArquivos/publicacao-40/PDE2026.pdf. Acesso em: 16 jan. 2021.

6 Bruna fez uma pesquisa em sua sala de aula para ver o gosto musical preferido dos colegas e, com os dados obtidos, elaborou o seguinte gráfico.

Preferência musical

- balada: 12
- reggaeton: 7
- pop: 11
- rock: 6
- eletrônica: 9

Fonte: Dados fictícios.

a) Quantos estudantes participaram da pesquisa feita por Bruna?

b) Quantos estudantes preferem *reggaeton*?

c) Quais tipos de música, juntas, representam $\frac{1}{3}$ da preferência dos estudantes?

d) E você, que tipo de música prefere?

7 O objetivo da Pesquisa Nacional por Amostra de Domicílios Contínua (Pnad Contínua), realizada pelo IBGE, é conhecer e divulgar várias características dos brasileiros e de suas moradias.

Observe o gráfico ao lado, da Pnad Contínua, sobre a posse de automóveis e motocicletas nas grandes regiões do Brasil.

a) Que região registrou o maior crescimento de carros?

b) Que região apresenta uma expansão do número de motocicletas superior ao número de carros?

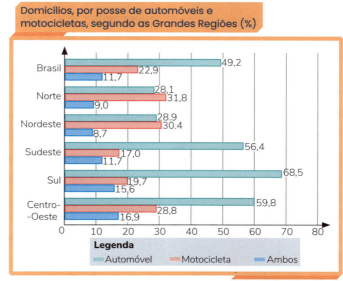

Fonte: DOMICÍLIOS brasileiros. *IBGE Educa*, [Rio de Janeiro], c2021. Disponível em: https://educa.ibge.gov.br/jovens/conheca-o-brasil/populacao/21130-domicilios-brasileiros.html. Acesso em: 15 jan. 2021.

61

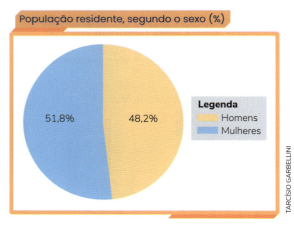

Fonte: QUANTIDADE de homens e mulheres. *IBGE Educa*, [Rio de Janeiro], c2021. Disponível em: https://educa.ibge.gov.br/jovens/conheca-o-brasil/populacao/18320-quantidade-de-homens-e-mulheres.html. Acesso em: 14 jan. 2021.

GRÁFICO DE SETORES

O **gráfico de setores**, também conhecido como gráfico circular ou gráfico de *pizza*, é muito utilizado para representar a parte (ou as partes) de um todo.

No gráfico de setores ao lado temos um exemplo de representação das partes de um todo. O gráfico apresenta o resultado da Pnad Contínua de 2019 quanto à população residente no país segundo o sexo, cuja composição nesse ano consistia em 48,2% de homens e 51,8% de mulheres.

Construção do gráfico de setores

Para construir o gráfico de setores, você precisa conhecer as informações a seguir e ficar atento a elas.

- Os dados são divididos em grupos (ou classes), e cada grupo é associado a um setor do círculo, de modo que todos os setores (ou partes) reunidos formam o círculo todo.

Assim, digamos que, em uma pesquisa para presidente de um clube social disputada por três candidatos, tenhamos a intenção de votos descrita ao lado.

Candidato A	Candidato B	Candidato C
60	40	100

- No gráfico, cada setor corresponderá a um arco de círculo proporcional à frequência de seus dados.

Fonte: Dados fictícios.

- Cada dado se enquadra em apenas um setor.

Fonte: Dados fictícios.

- Em cada setor é indicado o percentual correspondente a ele, e a soma de todos os percentuais é 100%.

Fonte: Dados fictícios.

- Em cada setor é indicado o número de graus correspondente a ele, e a soma de todos os setores é 360°.

Fonte: Dados fictícios.

Na construção do gráfico de setor, lembre-se de colocar o título, as legendas e a fonte.

Para desenhar esse gráfico, você pode se basear nos procedimentos a seguir.

1. Calcule o percentual de cada setor/parte em relação ao todo.
2. Calcule o número de graus corresponde a cada setor.
3. Com um compasso, trace uma circunferência (por exemplo, com raio de 3 cm).

4. Com um transferidor, meça os ângulos correspondentes aos graus encontrados na circunferência.

ATIVIDADES — FAÇA NO CADERNO

1) Junte-se a um ou mais colegas para fazer a atividade a seguir. **EM GRUPO**

1. Entrem no *site* do IBGE (https://www.ibge.gov.br/apps/populacao/projecao/), pesquisem a projeção mais recente da população do Brasil e vejam a quantidade de homens e de mulheres.
2. Pesquisem a projeção da população nas unidades da Federação do Brasil.
3. Elaborem uma tabela para a projeção da população atual do Brasil e de algumas unidades da Federação, conforme o modelo abaixo, e respondam às questões.

Grandes regiões	PROJEÇÃO DA POPULAÇÃO PARA O ANO DE…		
	Total	Homens	Mulheres
Brasil			
Acre			
Bahia			
Rio de Janeiro			
São Paulo			
Rio Grande do Sul			

Fonte: PROJEÇÃO da população do Brasil e das Unidades da Federação. *Portal IBGE*, [Rio de Janeiro], c2021. Disponível em: https://www.ibge.gov.br/apps/populacao/projecao/. Acesso em: 10 fev. 2021.

a) Qual é o percentual aproximado de homens no Brasil? E de mulheres?

b) Observando a tabela, como vocês podem calcular o percentual de mulheres da Bahia em relação à população total do Brasil?

4. Com base nas informações da tabela, construam dois gráficos de setores: um dos gráficos deve mostrar a distribuição da população masculina nos seis estados indicados; o outro, a população feminina desses estados.

5. Formulem algumas questões que envolvam a leitura e a interpretação dos gráficos construídos e depois peçam a outra equipe que as respondam.

2 Em uma escola, na cidade de Paraisocity, foi feita uma pesquisa sobre o meio de transporte que os estudantes utilizam para ir de casa à escola. A escola tem 1 600 estudantes, e cada um só utiliza um meio de transporte.

O gráfico mostra o percentual dos meios de transporte usados pelos estudantes.

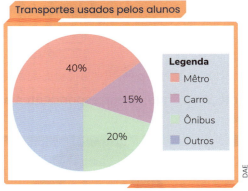

Fonte: Dados fictícios.

a) Quais são o número e o percentual de estudantes que não utilizam metrô, carro ou ônibus?

b) Quantos estudantes utilizam o metrô?

c) Qual é a diferença entre o número de estudantes que utilizam ônibus e os que usam carro?

d) Crie uma pergunta com os dados desse problema e peça a um colega que a responda. Responda também à pergunta inventada por ele.

3 Analise os dados da tabela e do gráfico e, depois, responda às questões a seguir.

Instituições de Educação Superior, por Organização Acadêmica e Categoria Administrativa – 2019

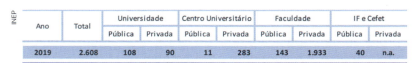

Nota: n.a. Não se aplica.

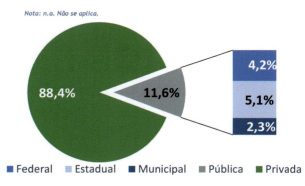

Percentual do Número de Instituições de Educação Superior, por Categoria Administrativa – 2019

Fonte: CENSO da Educação Superior. Brasília, DF: Ministério da Educação: Instituto Nacional de Estudos e Pesquisas Educacionais Anísio Teixeira, [Brasília, DF], [2020?]. Disponível em: https://download.inep.gov.br/educacao_superior/censo_superior/documentos/2020/Notas_Estatisticas_Censo_da_Educacao_Superior_2019.pdf. Acesso em: 26 jan. 2021.

a) Que número total de Instituições de Educação Superior, por Organização Acadêmica e Categoria Administrativa, corresponde a 88,4%?

b) A maioria das universidades é pública ou privada?

c) Segundo o gráfico, como estão distribuídos os percentuais das instituições públicas?

4 A Escola Book representou o desempenho de seus estudantes no curso de Inglês por meio de um gráfico de colunas e um gráfico de barras.

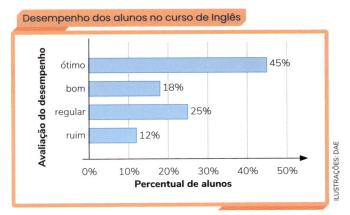

Fonte: Dados fictícios.

Fonte: Dados fictícios.

a) Que informações podemos obter desse gráfico?

b) Como foi avaliado o desempenho dos estudantes no curso de Inglês?

c) Essas informações poderiam ser representadas por meio de um gráfico de setores? Em caso positivo, desenhe o gráfico.

5 (CMRJ) O consumo de energia de uma residência, em janeiro de certo ano, está representado no gráfico ao lado.

Em fevereiro desse mesmo ano, houve uma redução no consumo de energia em 18%, 16% e 7%, referente ao uso de chuveiro elétrico, de ferro elétrico e de condicionador de ar, respectivamente, não havendo alteração no consumo dos demais equipamentos.

65

No mês de fevereiro, em relação a janeiro, a economia foi de:

a) 11,57%.

b) 14,46%.

c) 17,53%.

d) 1,50%.

e) 41,00%.

6 (CMF-CE 2019) A tabela abaixo relaciona os países que possuem maior número de usuários de internet, no ano de 2017.

Colocação	País	Quantidade (em milhões)
1º	China	705
2º	Índia	333
3º	EUA	242
4º	Brasil	120
5º	Japão	118
6º	Rússia	104
7º	Nigéria	87
8º	Alemanha	72
9º	México	72
10º	Reino Unido	59

Fonte: *Revista Exame*, 2017.

Em um gráfico de setores circulares, cada quantidade de usuários corresponde a um setor circular. Em relação aos dados da tabela acima, o ângulo do setor que representa os usuários de internet do Brasil, em graus, é um número entre:

a) 7 e 8.

b) 12 e 13.

c) 17 e 18.

d) 22 e 23.

e) 27 e 28.

7 (CMBH-MG) A tabela a seguir mostra o resultado da Pesquisa de Orçamento Familiar (POF), realizada pelo Instituto Brasileiro de Geografia e Estatística (IBGE) no ano de 2003.

Classes de rendimento mensal familiar (reais)	Avaliação da quantidade de alimento consumido pela família		
	Normalmente insuficiente	Às vezes insuficiente	Sempre suficiente
Até R$ 600,00	7,1%	13,18%	10,09%
Mais de R$ 600,00 até R$ 1.200,00	3,92%	10,53%	13,85%
Mais de R$ 1.200,00 até R$ 3.000,00	2,27%	7,15%	17,3%
Mais de R$ 3.000,00	0,54%	1,94%	12,12%
Total	13,83%	32,8%	53,36%

Segundo as classes de rendimento mensal familiar, os dados, em porcentagem, mostram a distribuição das famílias por avaliação da quantidade de alimento consumido. Das famílias com renda maior que R$ 600,00 e menor ou igual a R$ 1.200,00, assinale a opção cujo gráfico representa este intervalo de renda:

a)
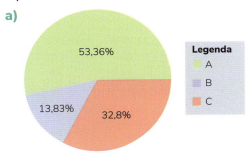

d)
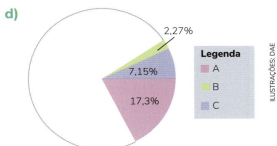

b)
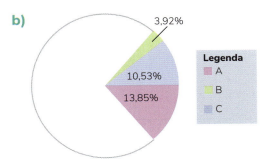

e)
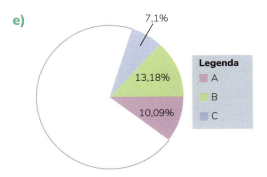

c)
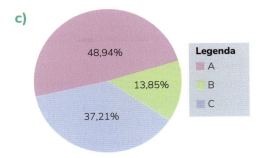

GRÁFICO DE LINHAS

O **gráfico de linhas** é um tipo de representação elementar da Matemática.

Com ele, podemos observar as variações e tendências dos dados (ou de um fenômeno) ao longo do tempo.

O gráfico de linhas é ideal para expressar variações ocorridas em uma sequência cronológica. É formado por uma linha construída pela ligação de segmentos de reta, unindo os pontos que representam os dados, normalmente divulgados em uma tabela ou planilha. O gráfico de linhas é composto de dois eixos, um vertical e outro horizontal, e de uma linha que mostra a evolução de um fenômeno ou processo, isto é, seu crescimento ou diminuição no decorrer de determinado período. Sempre que for necessário ou quando se quer elaborar um gráfico cuja variável seja cronológica – isto é, relacionada a tempo (ano, década, mês, semana, dia, hora etc.) –, o mais indicado é o gráfico de linhas.

Ao construir esse tipo de gráfico, deve-se ter um grande cuidado com a escolha da unidade da escala, verificando qual é a mais apropriada para determinada situação, pois qualquer descuido ou alteração na escala pode distorcer as informações.

Observe o gráfico a seguir.

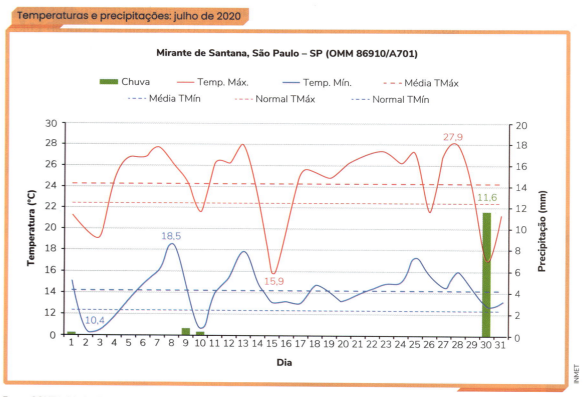

Temperaturas e precipitações: julho de 2020

Fonte: SOUZA, Marisa P. de. Balanço das condições do tempo em São Paulo-SP no mês de julho de 2020. *Instituto Nacional de Meteorologia*, Brasília, DF, 3 ago. 2020. Disponível em: https://portal.inmet.gov.br/noticias/balan%C3%A7o-das-condi%C3%A7%C3%B5es-de-tempo-em-s%C3%A3o-paulo-sp-no-m%C3%AAs-de-julho-de-2020. Acesso em: 17 jan. 2021.

Podemos observar, nesse gráfico, as temperaturas e precipitações diárias em julho de 2020 no Mirante de Santana, na capital paulista. Normalmente, no eixo horizontal são apresentadas as unidades de tempo, e no eixo vertical os valores, ou seja, as quantidades. Em cada período, o valor é representado por um ponto que apresenta a intersecção entre as retas vertical e horizontal, e esses pontos são ligados por um traço para tornar visível a variável estudada, formando o gráfico de linhas.

ATIVIDADES

FAÇA NO CADERNO

1) Existem diversos tipos de gráfico para escolher qual representa melhor os seus dados, mas nem todos podem ser usados em qualquer situação. Para chegar a essa conclusão, você precisa responder a três questões essenciais, que servirão de guia para suas escolhas:
- O que você pretende mostrar com o seu gráfico?
- Quantas variáveis, itens ou categorias seu gráfico irá mostrar?
- Quem é o público que vai ler esse gráfico?

Assim, determine em cada alternativa abaixo que gráfico melhor representaria seus dados:
a) Representar valores em um período de tempo, sendo possível identificar o comportamento dos dados ao longo desse período.
b) Comparar os dados por categorias.
c) Comparar os dados por categorias representando as **partes de um todo**.
d) Representar os dados por meio de retângulos, com o intuito de analisar as projeções no período determinado.
e) Expressar as informações em uma circunferência fracionada.
f) Comparar mudanças ao longo do mesmo período para vários grupos ou categorias.

2) A Pnad Contínua em 2020 trouxe o resultado de uma pesquisa realizada mensalmente sobre o número de desempregados no Brasil até outubro desse mesmo ano.

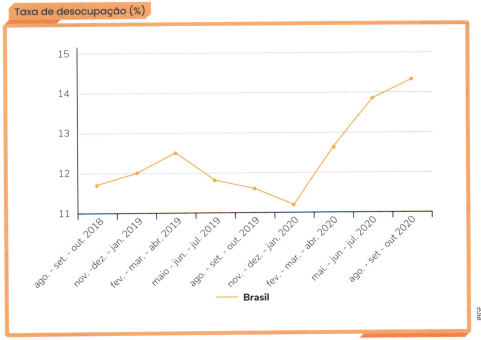

Fonte: CABRAL, Umberlândia. Número de desempregados chega a 14,1 milhões no trimestre até outubro. *Agência IBGE Notícias*, [Rio de Janeiro], 29 dez, 2020. Disponível em: https://agenciadenoticias.ibge.gov.br/agencia-noticias/2012-agencia-de-noticias/noticias/29782-numero-de-desempregados-chega-a-14-1-milhoes-no-trimestre-ate-outubro. Acesso em: 16 jan. 2021.

Depois de analisar o gráfico, responda:
a) No período retratado, em que trimestre foi maior a taxa de desocupação?
b) Em que período a taxa de desocupação esteve em queda?
c) Qual foi a taxa aproximada de desocupação no trimestre encerrado em abril de 2019?

3 Analise o gráfico para responder às questões a seguir.

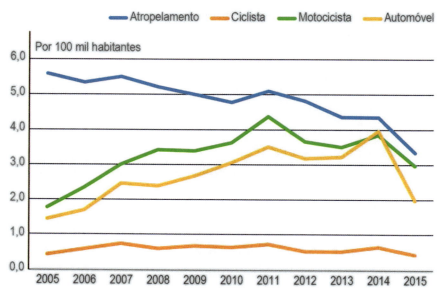

Taxas de mortalidade, segundo tipos de acidente de transporte
Estado de São Paulo – 2005-2015

Fontes: CAMARGO, Antonio B. M.; MAIA, Paulo B. Em 2015, o estado de São Paulo atingiu [...]. *SP Demográfico*, São Paulo, ano 17, n. 3, p. 8, jul. 2017. Disponível em: http://www.seade.gov.br/produtos/midia/2017/09/SPDemografico_Num-03_2017.pdf. Acesso em: 6 jan. 2021.

a) O que o gráfico está informando?

b) Que tipo de acidente de transporte apresenta a menor taxa de mortalidade?

c) O que se pode dizer sobre a taxa de acidente por atropelamento durante o período estudado?

4 (AFA-PE) O gráfico a seguir mostra a evolução da preferência dos eleitores pelos candidatos *A* e *B*.

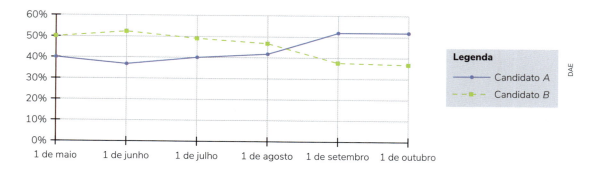

Em que mês o candidato *A* alcançou, na preferência dos eleitores, o candidato *B*?

a) Julho.

b) Agosto.

c) Setembro.

d) Outubro.

5 O gráfico ao lado mostra o desempenho por piloto em uma corrida de motovelocidade. Essa corrida teve um total de 60 voltas, e o gráfico aponta o número de voltas que cada piloto completou antes de ser dada a bandeirada de chegada ao vencedor, pois depois disso não houve mais contabilização das voltas dos outros competidores. Analise atentamente esse gráfico de colunas e responda às questões a seguir.

Fonte: Dados fictícios.

a) Qual piloto venceu a corrida?

b) Qual piloto teve menos voltas contabilizadas?

c) O piloto B completou 20 voltas a menos do que o piloto D. Quantas voltas ele completou?

d) Quantas voltas completou o piloto C?

6 O Campeonato Brasileiro já passou por alguns formatos diferentes ao longo dos anos, sendo os pontos corridos o último adotado, desde 2003. A 18ª edição está chegando ao fim e, ao longo dos anos, alguns nomes se consagraram pelo faro de gol.
O gráfico a seguir traz os dez principais artilheiros da era dos pontos corridos do Brasileirão, em ordem crescente de gols marcados, atualizado em 14 de dezembro de 2020.

Fonte: SCHMIDT, André. Gabigol entra na lista dos 15 maiores artilheiros da era dos pontos corridos. *Números da Bola*, Rio de Janeiro, 14 dez. 2020. Disponível em: https://www.lance.com.br/numeros-da-bola/gabigol-entra-lista-dos-maiores-artilheiros-era-dos-pontos-corridos.html. Acesso: 18 jan. 2021.

Após análise do gráfico anterior, responda às questões:

a) Qual foi o maior artilheiro nesses dez anos da era dos pontos corridos?

b) Sabendo que Wellington Paulista marcou 18 gols a mais que Washington nesse período, quantos gols Washington marcou?

c) Sabendo que Paulo Baier marcou 24 gols a mais que Washington, quantos gols marcou Paulo Baier?

MAIS ATIVIDADES

 FAÇA NO CADERNO

1 Segundo uma pesquisa do IBGE em 2018, a internet era utilizada em 79,1% dos domicílios brasileiros – um crescimento considerável se comparado ao ano de 2017 (74,9%). A maior parte desses domicílios fica concentrada nas áreas urbanas das grandes regiões do país, conforme mostra o gráfico a seguir.

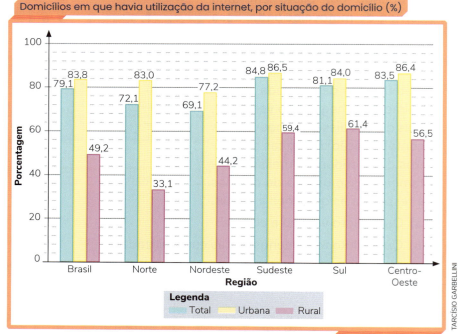

Fonte: USO de internet, televisão e celular no Brasil. *IBGE Educa*, [Rio de Janeiro], c2021. Disponível em: https://educa.ibge.gov.br/jovens/materias-especiais/20787-uso-de-internet-televisao-e-celular-no-brasil.html. Acesso em: 16 jan. 2021.

a) Qual é o percentual da população brasileira com acesso à internet? Qual é a importância desse dado para a sociedade?
b) O que o comprimento das barras do gráfico indica?
c) Qual é a diferença do percentual entre os domicílios em que havia utilização da internet nas áreas urbanas e aqueles nas áreas rurais do Brasil?
d) Qual é a diferença do percentual entre os domicílios em que havia utilização da internet nas áreas urbanas e aqueles nas áreas rurais da sua região?
e) Em qual região a diferença entre o percentual de domicílios em que havia utilização da internet nas áreas urbanas e nas áreas rurais é maior?
f) Onde se concentra a maior parte dos domicílios com acesso à internet?
g) Que percentual de acesso à internet corresponde à região onde está localizado seu domicílio?

2 Analise o gráfico a seguir para responder às questões.

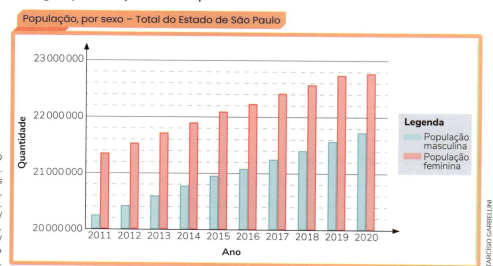

Fonte: POPULAÇÃO e estatísticas vitais. *Informações dos Municípios Paulistas*, São Paulo, [202-]. Disponível em: http://www.imp.seade.gov.br/frontend/#/dashboards. Acesso em: 19 jan. 2021.

72

a) Esse gráfico de barras é adequado para representar esse conjunto de dados?

b) Que outro gráfico poderia representar bem esse conjunto de dados?

3 Em um terreno de 1 200 m² de área, há uma plantação de abacate, de pera e de laranja, sendo 25% de abacate e 30% de pera. Com base nessas informações, faça o que se pede a seguir.

a) Esses dados podem ser representados por um gráfico de linha? Justifique sua resposta.

b) Esses dados podem ser representados por um gráfico de colunas ou de barras? Justifique sua resposta.

c) Esses dados podem ser representados por um gráfico de setores? Justifique sua resposta.

d) Desenhe o gráfico mais indicado para representar o conjunto de dados.

e) Quantos metros quadrados foram destinados à plantação de pera? E à plantação de abacate?

f) Que percentual representa a plantação de laranja? A qual área corresponde esse percentual?

g) Quais procedimentos de cálculo você utilizou para responder às questões anteriores?

4 (CMM-AM) Certa quantidade de jovens que praticam esportes participou de uma pesquisa sobre o tempo que dedicam a essas atividades. Os dados coletados estão apresentados no gráfico de barras seguinte.

Dentre os gráficos de setores a seguir, qual deles melhor representa, em amarelo, a fração de jovens que dedicam à prática de esportes no máximo 45 minutos diários?

a)   b)   c)   d)   e)

5 (Obmep) Os resultados de uma pesquisa das cores de cabelo de 1 200 pessoas são mostrados no gráfico ao lado.

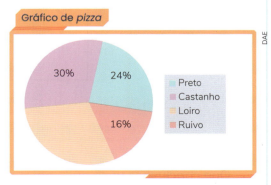

Quantas dessas pessoas possuem cabelo loiro?

a) 60
c) 360
e) 840
b) 320
d) 400

6. Joana colocou em uma tabela os dados sobre a temperatura de sua cidade em determinada semana. Ela anotou a temperatura de cada dia às 15 horas.

Segunda-feira	15 °C
Terça-feira	20 °C
Quarta-feira	15 °C
Quinta-feira	20 °C
Sexta-feira	25 °C
Sábado	23 °C
Domingo	20 °C

Fonte: Dados fictícios.

a) Qual seria o gráfico mais indicado para representar a variação de temperatura? Justifique sua escolha.
b) Em qual dia estava mais quente às 15 horas?
c) Qual foi a temperatura mais baixa às 15 horas no período retratado?
d) Qual foi a variação de temperatura das 15 horas da quarta-feira para as 15 horas da sexta-feira?

7. Observe os dados representados de uma pesquisa, realizada pelo Sindicato Nacional da Indústria de Componentes para Veículos Automotores (Sindipeças), que mostra a evolução da frota de veículos por combustível.

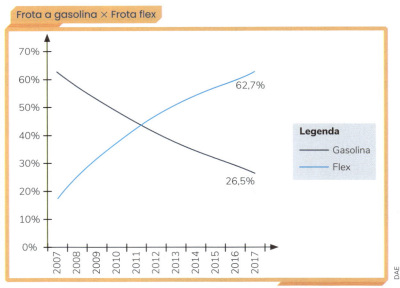

Fonte: RELATÓRIO da Frota Circulante 2018. *Sindipeças*, [s. l.], 2018. Disponível em: https://www.sindipecas.org.br/sindinews/Economia/2018/R_Frota_Circulante_2018.pdf. Acesso em: 19 jan. 2021.

Que conclusões você pode obter a respeito dessa pesquisa? Elabore um pequeno relatório.

8 A Pnad Contínua em 2018 estimou que o número de crianças (pessoas de até 12 anos de idade) no Brasil chega a 35,5 milhões, correspondente a 17,1% da população estimada nesse mesmo ano, que era de cerca de 207 milhões.

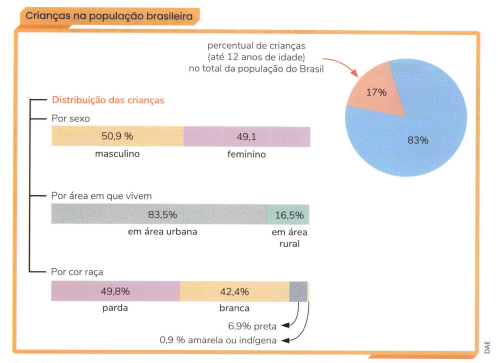

Fonte: PERFIL das crianças do Brasil. *IBGE Educa*, [Rio de Janeiro], c2021. Disponível em: https://educa.ibge.gov.br/jovens/materias-especiais/20786-perfil-das-criancas-brasileiras.html. Acesso em: 16 jan. 2021.

Elabore em grupo algumas questões relacionadas às informações dadas.

PARA CRIAR

Lógico, é lógica!

9 (TTN/Esaf) Quatro amigos, André, Beto, Caio e Dênis, obtiveram os quatro primeiros lugares em um concurso de oratória julgado por uma comissão de três juízes. Ao comunicarem a classificação final, cada juiz anunciou duas colocações, sendo uma delas verdadeira e a outra falsa: Juiz 1: "André foi o primeiro; Beto foi o segundo". Juiz 2: "André foi o segundo; Dênis foi o terceiro". Juiz 3: "Caio foi o segundo; Dênis foi o quarto". Sabendo que não houve empates, o primeiro, o segundo, o terceiro e o quarto colocados foram, respectivamente,

a) André, Caio, Beto, Dênis.
b) André, Caio, Dênis, Beto.
c) Beto, André, Dênis, Caio.
d) Beto, André, Caio, Dênis.
e) Caio, Beto, Dênis, André.

75

CAPÍTULO 2

Organização de dados em classes

Para começar

Funcionários da biblioteca municipal de uma cidade fizeram uma pesquisa com 50 de seus usuários para descobrir o tempo que eles se dedicam à leitura por lazer ou trabalho diariamente. Eles registraram os dados coletados no quadro a seguir.

DADOS COLETADOS

4h	3h	1h	7h	4h	2h30min	2h	5h	3h30min	2h
2h30min	4h	2h	4h	3h30min	3h	2h	7h	1h30min	4h
3h	1h30min	1h30min	1h30min	5h	8h	2h30min	1h30min	4h30min	2h30min
3h30min	2h	9h	1h30min	6h	5h	3h	2h	4h	3h
1h	6h	2h	3h	4h	3h30min	3h	2h30min	5h	8h

Fonte: Dados fictícios.

Analisando o quadro, como você poderia agrupar esses dados para fazer uma melhor leitura deles?

Agrupamento de dados

Quando temos uma grande quantidade de dados para organizar e analisar, é mais prático agrupá-los. O objetivo dos agrupamentos é sintetizar os dados.

Os dados coletados em uma pesquisa podem ser agrupados de algumas maneiras. Vejamos, ao lado, duas maneiras de agrupar os dados coletados pelos funcionários da biblioteca na situação anterior.

Uma leitura dessas tabelas nos informa, por exemplo, que:

TABELA 1: FREQUÊNCIA PARA DADOS AGRUPADOS

Classes (horas)	Frequência
$0 \vdash 2$	8
$2 \vdash 4$	22
$4 \vdash 6$	13
$6 \vdash 8$	4
$8 \vdash 10$	3

Fonte: Dados fictícios.

TABELA 2: FREQUÊNCIA PARA DADOS AGRUPADOS

Classes (horas)	Frequência
$0 \vdash 1$	0
$1 \vdash 2$	8
$2 \vdash 3$	12
$3 \vdash 4$	11
$4 \vdash 5$	8
$5 \vdash 6$	4
$6 \vdash 7$	2
$7 \vdash 8$	2
$8 \vdash 9$	2
$9 \vdash 10$	1

Fonte: Dados fictícios.

- na tabela 1 os dados foram agrupados em 5 classes, e na tabela 2, em 10 classes;
- ao adicionar as frequências em cada uma das duas tabelas tem-se como resultado 50, verificando, assim, o número de leitores selecionados;
- observando a tabela 2, por exemplo, verificamos que a classe $2 \vdash 3$ tem a maior frequência, isto é, 12, significando que essa é a quantidade de tempo que mais usuários da biblioteca se dedicam à leitura;
- o número de usuários da biblioteca que se dedicam entre 8 e 10 horas à leitura é 3;

76

- os dados podem ser agrupados em classes, que são identificadas por intervalos de números reais;
- podemos indicar as classes assim: 0 ⊢ 2. O tracinho vertical indica que o número nessa extremidade (0) pertence ao intervalo considerado, e o outro número (2) não pertence.

Na tabela 1, os intervalos de classe 0 ⊢ 2 e 2 ⊢ 4 são determinados seguindo as orientações a seguir.

1. Escolhe-se um número de classes, de preferência entre 5 e 20.
2. Calcula-se a amplitude do conjunto de dados numéricos, que é a diferença entre o maior e o menor número. No caso do quadro do tempo de leituras, em hora, tem-se uma amplitude de 8, pois 9 − 1 = 8.
3. Divide-se a amplitude encontrada pelo número de classes e se obtém o intervalo de cada classe. Arredonda-se para cima o valor encontrado. Por exemplo, 8 : 5 = 1,6, que deve ser arredondado para 2.
4. Deve-se ficar atento aos valores extremos das classes e designar corretamente cada dado à sua classe.
5. Começa-se a contagem pelo menor valor. Pode-se optar, ainda, pela ampliação do intervalo de dados, conforme mostra a tabela 2.
6. Considera-se que, ao ampliar ou reduzir o número de classes, a contagem dos elementos de cada classe muda (conforme mostram as tabelas 1 e 2).

ATIVIDADES

FAÇA NO CADERNO

1 Levando em conta a situação apresentada anteriormente sobre a pesquisa realizada pelos funcionários da biblioteca, faça um pequeno relatório que descreva o resultado dessa pesquisa.

2 A tabela a seguir apresenta o número de sapato de 45 estudantes do 8º ano B da Escola Crescer.

FREQUÊNCIA PARA DADOS AGRUPADOS	
Número do sapato	**Frequência**
32 ⊢ 34	3
34 ⊢ 36	7
36 ⊢ 38	18
38 ⊢ 40	12
40 ⊢ 42	5

Fonte: Alunos do 8º ano B da Escola Crescer.

Com base na tabela do número do sapato dos estudantes, faça o que se pede a seguir.

a) Em quantas classes foram agrupados os dados da tabela?
b) Obtenha a soma das frequências na tabela e verifique se corresponde ao número de estudantes pesquisados.
c) Qual classe apresenta a menor frequência? O que isso significa?
d) Quantos estudantes usam os números 36 e 37 de sapato?
e) Com base na leitura e interpretação dos dados agrupados, redija um pequeno texto que descreva a situação apresentada.

3 Os estudantes das turmas *A* e *B* do 8º ano de uma escola aderiram a uma campanha cujo desafio era comprar artigos para doação e, por isso, começaram a fazer o máximo de economia. No quadro a seguir, vemos os valores economizados individualmente pelos estudantes durante quatro semanas.

CONJUNTO DE DADOS (R$)									
10,00	15,00	32,00	25,00	21,00	22,00	17,00	24,00	15,00	25,00
12,00	20,00	20,00	20,00	10,00	10,00	19,00	11,00	21,00	15,00
10,00	10,00	15,00	16,00	34,00	22,00	14,00	16,00	10,00	13,00
13,00	34,00	19,00	25,00	25,00	17,00	20,00	20,00	10,00	15,00
30,00	15,00	17,00	10,00	25,00	20,00	20,00	22,00	20,00	15,00
10,00	11,00	15,00	20,00	20,00	10,00	20,00	25,00	30,00	20,00

Fonte: Comissão de estudantes.

a) Com base nesse conjunto de dados, elabore uma tabela de frequência para dados agrupados.

b) Em qual classe se encontra os estudantes que mais economizaram? Quantos estudantes estão nessa classe?

c) Em quantas classes você agrupou os dados? Poderia ter agrupado de forma diferente? O que isso significaria?

d) Qual é a amplitude do conjunto de dados numéricos?

e) Qual classe tem maior frequência?

f) Quantos estudantes economizaram entre R$ 15,00 e R$ 20,00?

4 A tabela ao lado mostra os anos de serviço dos enfermeiros em um determinado hospital em dezembro de 2021.

Com base nos dados da tabela, responda:

a) Qual é o valor de A?

b) O que significa o número 64 na tabela?

c) Quantos enfermeiros trabalham a 20 anos ou mais nesse hospital?

ANOS DE SERVIÇO	
Classe	**Frequência**
$0 \vdash 5$	A
$5 \vdash 10$	45
$15 \vdash 20$	64
$20 \vdash 25$	32
$25 \vdash 30$	18
Total	200

Fonte: Dados fictícios.

5 Os dados a seguir referem-se ao tempo, em horas, que 80 pacientes hospitalizados dormiram após a administração de determinado anestésico:

Tempo (horas)	Número de pacientes
$0 \vdash 4$	8
$4 \vdash 8$	15
$8 \vdash 12$	24
$12 \vdash 16$	20
$16 \vdash 20$	13

Fonte: Dados fictícios.

a) Dê a interpretação para a frequência da 2ª classe.

b) Qual o percentual de pacientes da 4ª classe?

MATEMÁTICA INTERLIGADA

SAÚDE ORIENTA SOBRE RISCOS E CUIDADOS COM CRIANÇAS E ADOLESCENTES NA ERA DIGITAL

O uso excessivo da internet por crianças e adolescentes e os riscos a ela associados preocupam pais, educadores e profissionais da saúde. Se por um lado o mundo virtual é uma ferramenta de aprendizagem e socialização para os jovens, de outro, é espaço que os deixa mais vulneráveis a conteúdos inapropriados ou, ainda, reféns da criminalidade *on-line*. [...]

SOLARSEVEN/ SHUTTERSTOCK.COM

Fonte: SAÚDE orienta sobre riscos e cuidados com crianças e adolescentes na Era Digital. *Centro Estadual de Vigilância em Saúde RS*, Porto Alegre, 8 abr. 2019. Disponível em: https://saude.rs.gov.br/saude-orienta-sobre-riscos-e-cuidados-com-criancas-e-adolescentes-na-era-digital. Acesso em: 22 jan. 2021.

Agora, faça o que se pede a seguir.

1 O que você pensa sobre a temática da reportagem?

2 Cite algumas medidas que podem ser tomadas para evitar acessos de *sites* indesejáveis.

3 Faça uma pesquisa com colegas da turma ou da escola para saber quantas horas por dia cada um fica na internet. Depois, elabore:

a) uma tabela de frequência para dados agrupados, registrando o tempo em horas;

b) um gráfico para representar os dados e, finalmente, um relatório a respeito de sua pesquisa.

MAIS ATIVIDADES

1) A medida aproximada da altura dos estudantes do 8º ano da Escola Sêneca Junior está registrada, em centímetros, no quadro ao lado.

CONJUNTO DE DADOS

150	151	153	150	160	159	163	158	161	170
175	156	162	164	169	165	168	170	159	155
167	175	174	157	165	172	158	173	166	160
172	166	162	168	159	175	168	170	169	165

Fonte: Dados da Escola Sêneca Junior.

a) Com base nesse conjunto de dados, elabore uma tabela de frequência para dados agrupados, com pelo menos cinco classes.

b) Em quantas classes você agrupou os dados? Poderia ter agrupado de forma diferente?

c) Em qual intervalo se encontra o grupo de estudantes mais altos?

d) Qual é a amplitude do conjunto de dados numéricos?

e) Qual classe tem maior frequência?

f) Elabore duas questões para a tabela construída.

2) Construam uma régua vertical. Cada estudante deve obter a medida aproximada de sua altura, em centímetros. Registrem as medidas em um quadro e depois façam uma tabela de frequência para dados agrupados.

3) A tabela a seguir apresenta a frequência de dados agrupados relativos à temperatura registrada em um observatório a cada hora de um dia da semana.

a) Elabore questões a respeito do conjunto de dados agrupados nessa tabela. Responda às questões que elaborou.

b) Obtenha a soma das frequências e verifique se correspondem ao número de horas de um dia.

c) Redija um relatório a respeito desse conjunto de dados e compartilhe suas conclusões com os colegas da turma.

FREQUÊNCIA PARA DADOS AGRUPADOS

Classes (°C)	Frequência
20 ⊢ 22	6
22 ⊢ 24	5
24 ⊢ 26	5
26 ⊢ 28	4
28 ⊢ 30	4

Fonte: Dados fictícios.

Lógico, é lógica!

4) (OMRP-SP) Cinco amigos disputaram uma corrida: Arnaldo, Bernaldo, Cernaldo, Dernaldo e Ernaldo. Sabemos que:

1. Arnaldo chegou duas posições na frente de Bernaldo.
2. Cernaldo chegou na frente de Dernaldo.
3. Ernaldo chegou três posições na frente de Dernaldo.
4. Bernaldo não chegou em último.

Qual competidor chegou na quarta posição?

a) Arnaldo   b) Bernaldo   c) Cernaldo   d) Dernaldo   e) Ernaldo

PARA ENCERRAR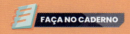

1 (PMMG) O 150º Batalhão é responsável pela 301ª CIA PM, 302ª CIA PM, 303ª CIA PM e 304ª CIA PM. Nesse Batalhão, no ano de 2017, todas as CIAS PM obtiveram redução percentual (%) nos crimes em relação ao ano de 2016. Com base nas informações contidas no gráfico a seguir, marque a alternativa CORRETA.

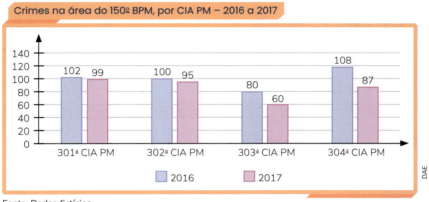

Fonte: Dados fictícios.

a) A 301ª CIA PM obteve maior redução percentual que a 304ª CIA PM.
b) A 303ª CIA PM conseguiu reduzir os crimes em 25%.
c) A 303ª CIA PM obteve menor redução percentual que a 302ª CIA PM.
d) A 302ª CIA PM conseguiu reduzir os crimes em 12%.

2 (PMSP) Para uma festa junina, foi contratada uma barraca de pastéis, que levou os seguintes tipos de recheios: carne, queijo e palmito. A tabela a seguir mostra a quantidade de pastéis vendidos na festa.

Recheios	Número de pastéis vendidos
Carne	56
Queijo	72
Palmito	32

Em relação ao número total de pastéis vendidos na festa, o gráfico que representa essas informações, em porcentagem, é:

a)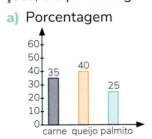

b)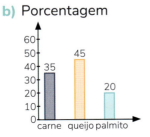

c)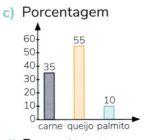

d)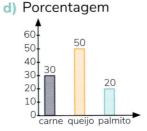

e)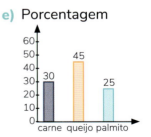

3 (Obmep) O gráfico mostra o número de casos notificados de dengue, a precipitação de chuva e a temperatura média, por semestre, dos anos de 2007 a 2010 em uma cidade brasileira. Podemos afirmar que:

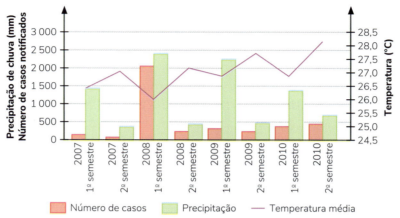

Fonte: adaptado de http://sic2011.com/sic/arq/81903267457118190326745.pdf.

a) o período de maior precipitação foi o de maior temperatura média e com o maior número de casos de dengue notificados.

b) o período com menor número de casos de dengue notificados também foi o de maior temperatura média.

c) o período de maior temperatura média foi também o de maior precipitação.

d) o período de maior precipitação não foi o de maior temperatura média e teve o maior número de casos de dengue notificados.

e) quanto maior a precipitação em um período, maior o número de casos de dengue notificados.

4 (CMM-AM) O gráfico apresenta as vendas da sorveteria "Doce Ice" no mês de setembro. Qual é o sabor que representa 25% do total de vendas realizadas neste mês?

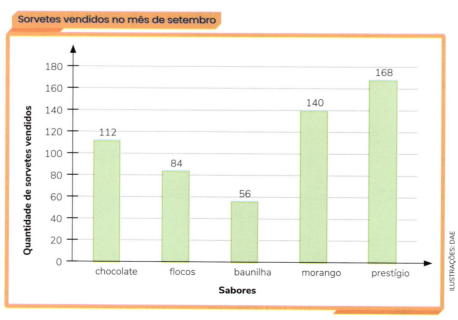

a) Morango.
b) Chocolate.
c) Baunilha.
d) Flocos.
e) Prestígio.

5 (Obmep) A figura mostra o resultado de uma pesquisa sobre a aquisição de eletrodomésticos da qual participaram 1 000 pessoas. Com base nesses dados, pode-se afirmar que o número de pessoas que possuem os dois eletrodomésticos é, no mínimo:

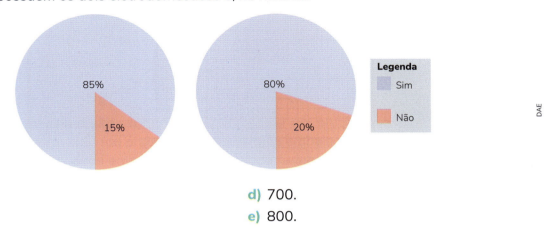

a) 500.
b) 550.
c) 650.
d) 700.
e) 800.

6 (Caderno Escolar Matemática Pernambuco) Uma empresa de cosméticos lançou no mercado 5 produtos diferentes: A, B, C, D e E. O gráfico abaixo mostra o resultado de uma pesquisa feita para verificar a preferência dos consumidores em relação a esses produtos.

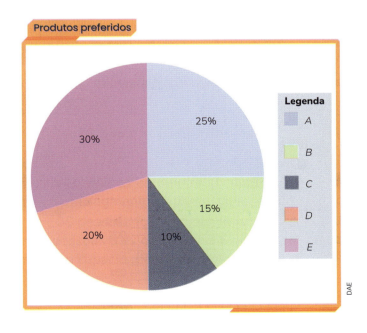

Se foram entrevistados 2 400 consumidores, podemos afirmar que preferem o produto A:

a) 1 200 consumidores.
b) 720 consumidores.
c) 600 consumidores.
d) 480 consumidores.

7 (Cemp-PE) Observando o gráfico abaixo, podemos afirmar que a produção de descarte de vidro em relação ao total de lixo produzido na cidade X é:

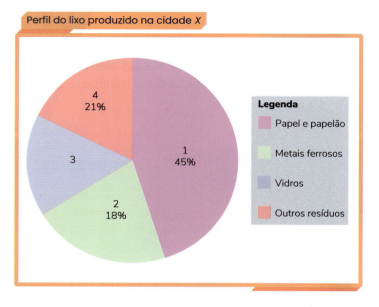

Perfil do lixo produzido na cidade X

Legenda: Papel e papelão; Metais ferrosos; Vidros; Outros resíduos

1 - 45%
2 - 18%
3
4 - 21%

a) maior que 30%.
b) equivalente a 26%.
c) equivalente a 16%.
d) menor que 10%.

8 (Concurso Público-Eletrobrás) Nos jogos Pan-Americanos de 2007 (PAN-2007), o Brasil obteve as seguintes medalhas:

Ouro 54   Prata 40   Bronze 67

O gráfico que representa a distribuição de medalhas obtidas pelo Brasil no PAN-2007 é:

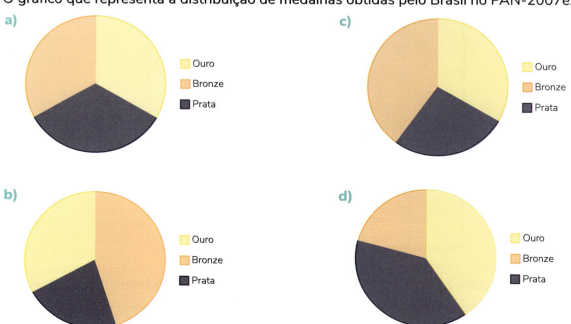

84

9 (CMM-AM) Patrícia foi visitar a casa de sua avó no município de Itacoatiara. O gráfico representa o tempo gasto por Patrícia para fazer o percurso Manaus-Itacoatiara pela distância percorrida em quilômetros. Sabendo-se que ela saiu de sua casa em Manaus às 8h da manhã e que, na primeira hora da viagem, ela percorreu 80 km, determine, analisando o gráfico, quantos quilômetros ela percorreu entre 10h e 11h.

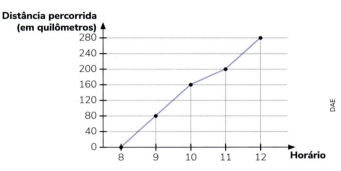

a) 270 km

b) 80 km

c) 120 km

d) 40 km

e) 200 km

10 (Enem) Rafael mora no centro de uma cidade e decidiu se mudar, por recomendações médicas, para uma das regiões: Rural, Comercial, Residencial Urbana ou Residencial Suburbana. A principal recomendação médica foi com as temperaturas das "ilhas de calor" da região, que deveriam ser inferiores a 31 °C. Tais temperaturas são apresentadas no gráfico:

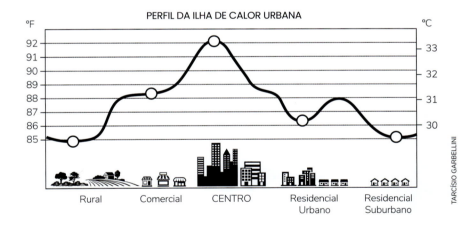

Escolhendo, aleatoriamente, uma das outras regiões para morar, a probabilidade de ele escolher uma região que seja adequada às recomendações médicas é:

a) $\frac{1}{5}$.

b) $\frac{1}{4}$.

c) $\frac{2}{5}$.

d) $\frac{3}{5}$.

e) $\frac{3}{4}$.

UNIDADE 3

Competição de "cabo de guerra" mista.

Equações e sistemas do 1º grau

A fotografia mostra uma disputa conhecida como "cabo de guerra". As duas equipes devem puxar uma corda, simultaneamente, em sentidos opostos, com o objetivo de arrastar a equipe adversária para o seu lado.

De 1900 a 1920, o "cabo de guerra" foi um esporte olímpico. A primeira participação foi na Olimpíada de 1900, na cidade de Paris, na França, e esteve presente nas quatro edições seguintes (em 1916 não houve jogos olímpicos porque os países vivenciavam a Primeira Guerra Mundial). Apesar de não fazer mais parte das Olimpíadas, é um esporte disputado nos Jogos Mundiais, uma competição organizada pelo Comitê Olímpico Internacional.

No "cabo de guerra", vence a equipe que conseguir puxar a equipe adversária até depois da linha central — o que equivale a um deslocamento de 4 metros — ou a que conseguir fazer a equipe adversária cometer uma falta, como escorregar ou cair no chão.

Na BNCC

Esta unidade propicia o desenvolvimento das competências e das habilidades a seguir.

Competência geral:
1

Competências específicas:
1, 2, 3 e 5

Habilidades de Matemática:
EF08MA06
EF08MA07
EF08MA08

Para pesquisar e aplicar

1. Quantas pessoas participam do "cabo de guerra" da foto?
2. Cite a cidade e o ano das cinco edições de jogos olímpicos em que o "cabo de guerra" foi uma das modalidades esportivas.
3. Quais critérios devem ser considerados na formação de cada equipe?

JASPERIMAGE/SHUTTERSTOCK.COM

CAPÍTULO 1
Equações do 1º grau

Para começar

Na figura seguinte, *x* e *y* são números reais não nulos que expressam as medidas indicadas em uma mesma unidade de comprimento.

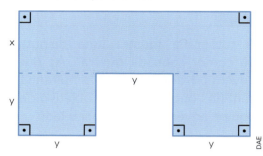

Como você representaria o perímetro da figura acima?

EXPRESSÕES ALGÉBRICAS

Observe a sequência de números inteiros pares positivos abaixo.

2, 4, 6, 8, 10, 12, 14, 16, ...

Dizemos que o número 2 é o primeiro termo, o número 4 é o segundo termo, o número 6 é terceiro termo e assim por diante.

Provavelmente você concluiria que, nessa sequência, o nono número é o 18 e o décimo, o 20.

E se quiséssemos saber o centésimo (100º) termo dessa sequência?

Para isso, buscamos características comuns entre os números da sequência. Nesse caso, todos os números são inteiros, positivos, múltiplos de 2 e estão em ordem crescente.

Analisando as características observadas, podemos considerar que qualquer número da sequência acima pode ser expresso na forma $2n$, em que *n* representa a posição do termo na sequência. Como vimos, 2 é o primeiro termo ($n = 1$), 4 é o segundo termo ($n = 2$), 6 é o terceiro termo ($n = 3$) e assim por diante.

Para saber qual é o centésimo termo da sequência considerada, substituímos *n* por 100 na expressão **2n**, com isso temos: $100 \cdot 2n = 2 \cdot 100 = 200$.

Assim, o centésimo termo dessa sequência de números inteiros pares positivos é o 200.

Pense e responda

Qual é o quinquagésimo (50º) termo da sequência dos números inteiros pares positivos?

A expressão **2n** é um exemplo de **expressão algébrica**.

Expressões algébricas são expressões matemáticas formadas por números e letras.

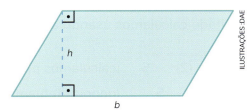

Veja outro exemplo do uso de letras para representar números ou relações numéricas.

A área da superfície de um paralelogramo é obtida pelo produto da medida do comprimento *b* de sua base pela medida de sua altura, *h*.

A expressão algébrica que representa essa área é **b · h**.

Nas expressões algébricas **2n** e **b · h**, as letras *n*, *b* e *h* são chamadas **variáveis**.

Pense e responda

Que expressão algébrica representa a área da figura a seguir?

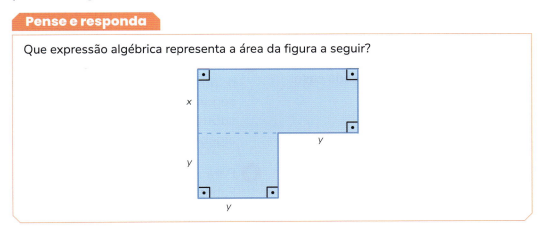

VALOR NUMÉRICO DE UMA EXPRESSÃO ALGÉBRICA

Acompanhe a situação a seguir.

Mário pensou em dois números inteiros e distintos. Multiplicou o primeiro por 3. Elevou o segundo ao quadrado. Multiplicou os resultados obtidos e subtraiu 5 desse produto. Como podemos representar essa situação?

Vamos chamar de *m* e *n* os números nos quais Mário pensou. Veja.

- Números pensados: *m* é o primeiro e *n*, o segundo.
- Multiplicamos o primeiro número por 3: $3m$.
- Elevamos o segundo número ao quadrado: n^2.
- Multiplicamos os resultados obtidos: $3m \cdot n^2$.
- Subtraímos 5 do produto: $3m \cdot n^2 - 5$.

Portanto, uma expressão algébrica que representa essa situação é $3m \cdot n^2 - 5$.

Veja, agora, como saber qual é o **valor numérico** da expressão que escrevemos acima para $m = -1$ e $n = 2$.

Substituindo os valores de m e n na expressão $3m \cdot n^2 - 5$, temos:

$$3 \cdot (-1) \cdot (2)^2 - 5$$

Note que, ao substituir os valores, obtivemos uma expressão numérica cujo resultado calculamos usando as propriedades das operações que você já conhece.

$3 \cdot (-1) \cdot (2)^2 - 5$ (calculamos primeiro a potência)

$3 \cdot (-1) \cdot 4 - 5$ (depois efetuamos as multiplicações)

$-12 - 5$ (e só depois efetuamos a subtração)

O resultado é -17.

Pense e responda

Qual é o valor numérico da expressão $3m \cdot n^2 - 5$ se considerarmos os valores $m = 1$ e $n = -1$?

ATIVIDADES

FAÇA NO CADERNO

1 Carlito e Taise estão estudando de um jeito diferente. Cada um, na sua vez, fala um comando e o outro constrói a expressão algébrica correspondente.

Observe o que Carlito disse em cada caso.

a) Um número adicionado a 7.
b) O dobro de um número.
c) Um número menos 3.
d) A terça parte de um número.

Agora, observe o que disse Taise.

e) O triplo de um número mais 5.
f) A adição de dois números diferentes.
g) O produto entre o dobro de x e a soma entre y e 1.
h) O perímetro de um quadrado de lado medindo x.

Represente com uma expressão algébrica o que Carlito e Taise disseram em cada item.

2 Calcule o valor numérico da expressão $-5ab + a - 6b$ para $a = 3$ e $b = -2$.

3 Considerando n um número natural diferente de zero, a expressão algébrica $5n + 1$ é adequada para indicar os números de uma sequência numérica. Obtenha os cinco primeiros números dessa sequência.

4 Pense em dois números inteiros. Eleve o primeiro ao quadrado e multiplique o segundo por 5. Adicione os resultados e subtraia -1 da soma obtida. Dê a expressão algébrica que corresponde a essa situação.

5 Para converter a temperatura de graus Fahrenheit em graus Celsius, podemos usar a seguinte sentença: $C = \dfrac{5}{9}(F - 32)$.

Em que F é a temperatura em grau Fahrenheit, e C é a temperatura em graus Celsius.

Determine a temperatura em graus Celsius correspondente a 77 graus Fahrenheit.

6 Calcule o valor numérico das expressões algébricas a seguir.

a) $(x + y)^2 - 2xy$, para $x = -2$ e $y = 21$
b) $m : n + n : m$, para $m = 2$ e $n = 4$
c) $3x^2 - 2yz$, para $x = 2$, $y = -11$ e $z = 4$
d) $2a^4 - 3a^3 + 5a^2 - 2a + 1$, para $a = -2$

7 Que expressão algébrica corresponde a 25% de uma quantia *x* mais 60% de um valor *y*?

8 Registre no caderno a tradução para a linguagem matemática das expressões a seguir, chamando de *n* o número desconhecido.

a) A metade do quadrado de um número.

b) O consecutivo de um número natural.

c) A adição de um número com seu triplo.

9 O índice de massa corporal, IMC, é calculado dividindo-se o peso *p* de uma pessoa (em kg) pela altura *h* (em metros) elevada ao quadrado, ou seja:

$IMC = \dfrac{P}{h^2}$. Os valores de referência IMC estão indicados na tabela abaixo.

Categoria	IMC = P/h^2
abaixo do peso	abaixo de 18,5
peso normal	18,5 – 24,9
sobrepeso	25,0 – 29,9
obesidade	30,0 – 39,9
obesidade mórbida	40,0 e acima

Obs.: Utilizamos aqui os termos "peso" e "massa" como sinônimos.

Justifique se uma pessoa com 1,60 m de altura e 60 kg de peso pertence ao grupo ideal (está com peso normal).

10 Se *i* representa a idade de Roseane hoje, como podemos indicar:

a) a idade que ela tinha há cinco anos?

b) a idade de Roseane daqui a onze anos?

c) o triplo da idade de Roseane daqui a quatro anos?

11 Na bilheteria de um cinema, há o cartaz a seguir, com o preço dos ingressos.

Para uma sessão, foi vendida uma quantidade *x* de ingressos para adultos e uma quantidade *y* de ingressos para crianças.

a) Que expressão algébrica representa o total arrecadado nessa sessão?

b) Quantos reais foram arrecadados nessa sessão, se $x = 95$ e $y = 210$?

12 Em um supermercado, o estacionamento é retangular e mede 20 metros por 10 metros. O gerente quer aumentar o comprimento e a largura em *x* metros para que a área do novo estacionamento seja de 400 metros quadrados. Traduza, em linguagem matemática, a situação apresentada.

Curiosidade

Sophie Germain nasceu em Paris em 1776 e desenvolveu profundo interesse pela matemática. Como mulher, estava impedida de matricular-se na Escola Politécnica. Não obstante, ela conseguiu as notas de aula de vários professores e, com trabalhos escritos, submetidos sob o pseudônimo masculino de M. Leblanc, ganhou rasgados elogios de [Joseph-Louis] Lagrange. Em 1816 foi agraciada com um prêmio pela Academia de Ciências da França por um artigo sobre a matemática da elasticidade [...].

EVES, Howard. *Introdução à história da matemática*. São Paulo: Editora da Unicamp, 1997. p. 524.

Sophie Germain introduziu em seus cálculos matemáticos um tipo especial de número primo, descrito a seguir.

Se **p** é um número primo e se **2p + 1** é também um número primo, então o número primo **p** é denominado primo de Germain.

- Dos números 2, 7, 11, 23 e 44, qual deles é primo de Germain? Justifique sua resposta.

EQUAÇÕES LINEARES COM UMA INCÓGNITA

Acompanhe a situação a seguir.

Duas caixas juntas têm massa de 23 kg. Qual é a massa de cada uma delas se a caixa maior tem 8 kg a mais que a menor?

Usando a linguagem algébrica, veja como podemos representar essa situação.

- Massa da caixa menor: x.
- Massa da caixa maior: $x + 8$.
- Soma das massas: 23 kg.

Representando com uma sentença matemática:

$$x + (x + 8) = 23$$

A ideia de igualdade pode ser relacionada a uma balança de dois pratos em equilíbrio. No caso da sentença matemática $x + (x + 8) = 23$, podemos imaginar a balança a seguir.

A balança de dois pratos pode ser usada como uma representação de igualdade matemática.

A sentença matemática $x + (x + 8) = 23$, expressa por uma igualdade, é um exemplo de **equação do 1º grau**, e a letra **x**, que representa o termo desconhecido, é denominada **incógnita** da equação.

Os termos localizados à esquerda do sinal de igualdade formam o **1º membro** da equação, e os termos localizados a direita formam o **2º membro**.

$$\underbrace{x + (x + 8)}_{1º \text{ membro}} = \underbrace{23}_{2º \text{ membro}}$$

Os termos que não têm incógnita são denominados **termos independentes**.

Uma equação pode se transformar em sentença numérica verdadeira ou falsa, dependendo do valor que se atribui à incógnita.

Ao resolver uma equação do 1º grau, obtemos um valor numérico para a incógnita que torna a igualdade verdadeira. Se esse valor fizer parte do conjunto de números que contém o conjunto-solução da equação, conhecido como **conjunto universo**, dizemos que esse valor é a solução da equação e é definido como sua raiz.

Neste caso, o conjunto universo foi determinado considerando-se a situação apresentada: como o valor de x representa a massa de uma caixa, o valor da incógnita que satisfaz à equação precisa ser um número real positivo.

Para determinar o conjunto-solução de uma equação, é necessário conhecer o conjunto universo, que é indicado por U.

Na equação $x + 3 = -1$, por exemplo, se tomarmos $U = \mathbb{Z}$ como conjunto universo, verificamos que o número inteiro -4 torna verdadeira a igualdade $-4 + 3 = -1$. Por isso, -4 satisfaz à equação, ou seja, é uma raiz dessa equação.

No entanto, se $U = \mathbb{N}$, não há número natural que torne essa igualdade verdadeira e, portanto, nesse universo a equação não tem raiz. Nesse caso, dizemos que o conjunto-solução é vazio: $S = \{\ \}$.

Para resolver a equação $x + (x + 8) = 23$, vamos admitir que o conjunto universo seja o conjunto dos números reais positivos e usar as propriedades da igualdade procurando **equações equivalentes**.

EQUAÇÕES EQUIVALENTES

As equações equivalentes são aquelas que têm o mesmo conjunto-solução.

Quando adicionamos ou subtraímos um mesmo número nos dois membros da igualdade, ou quando multiplicamos ou dividimos seus dois membros por um mesmo número diferente de zero, geramos uma equação equivalente.

Acompanhe a resolução da equação $x + (x + 8) = 23$ usando equações equivalentes.

$x + (x + 8) = 23$ — Eliminamos os parênteses.

$x + x + 8 = 23$ — Subtraímos 8 dos dois membros da equação.

$x + x + 8 - 8 = 23 - 8$ — Reduzimos os termos semelhantes em cada membro.

$2x = 15$ — Dividimos por 2 os dois membros da equação.

$\dfrac{2x}{2} = \dfrac{15}{2}$ — Executamos a divisão para obter o valor da incógnita x.

$x = 7{,}5$

Para conferir se o valor de x encontrado satisfaz à equação, substituímos x por $7{,}5$ na equação original e verificamos se a igualdade obtida é verdadeira.

$7{,}5 + (7{,}5 + 8) = 23 \Rightarrow 7{,}5 + 15{,}5 = 23 \Rightarrow 23 = 23$ (sentença verdadeira)

Como $7{,}5$ pertence ao conjunto universo considerado (números reais positivos), $7{,}5$ é raiz ou solução dessa equação.

Assim, se $x = 7{,}5$, a massa da caixa menor é $7{,}5$ kg, e a massa da caixa maior é $15{,}5$ kg.

ATIVIDADES

FAÇA NO CADERNO

1 Helena pagou R$ 50,00 por uma camiseta e uma calça. A calça custou R$ 20,00 a mais que a camiseta. Quantos reais custou a camiseta?

2 Diogo tem 21 anos e Renata, 5 anos. Daqui a quantos anos a idade de Diogo será o dobro da idade de Renata?

3 Três números naturais consecutivos, adicionados, resultam 36. Quais são esses números?

4 A soma de dois números naturais ímpares consecutivos é 28. Quais são esses números?

5 A soma de dois números naturais cuja razão é $\dfrac{3}{5}$ é 96. Quais são esses números?

6 A soma de 10% de R\$ 4.000,00 com 20% de certa quantia A é igual a R\$ 900,00. Calcule o valor da quantia A.

7 (IFMA) O número inteiro mais próximo da raiz da equação $\dfrac{x+4}{2} - \dfrac{x-5}{5} = 0{,}7$ é:

a) 1. b) -7. c) -5. d) -3. e) -8.

8 Um estudante gasta $\dfrac{1}{4}$ de sua mesada com lanches e $\dfrac{2}{5}$ do que sobrou com diversão. Se após esses gastos lhe restaram R\$ 225,00, qual é o valor da mesada do estudante?

9 Encontre o erro na resolução da equação e depois resolva-a corretamente.

$$2 \cdot (x - 4) + 6 = 8$$
$$2 \cdot x - 4 + 6 = 8$$
$$2 \cdot x + 2 = 8$$
$$2 \cdot x = 8 - 2$$
$$2 \cdot x = 6$$
$$x = \frac{6}{2} = 3$$

Viagem no tempo

A ÁLGEBRA, DA ANTIGUIDADE AO PRESENTE

Podemos dizer que as origens da Álgebra se situam na formalização e sistematização de certas técnicas de resolução de problemas que já são usadas na Antiguidade – no Egito, na Babilônia, na China e na Índia. Por exemplo, o célebre papiro de Amhes/Rhind é essencialmente um documento matemático com a resolução de diversos problemas, que assume já um marcado cunho algébrico.

Pouco a pouco vai-se definindo o conceito de equação e a Álgebra começa a ser entendida como o estudo da resolução de equações. Um autor da Antiguidade, por alguns considerado o fundador da Álgebra, é Diofanto (c. 200-c. 284), que desenvolve diversos métodos para a resolução de equações e sistemas de equações num estilo de linguagem conhecido como "sincopado". Deste modo, os enunciados dos problemas, que tinham começado por ser expressos em linguagem natural, passam a incluir pequenas abreviações.

O termo "Álgebra" só surge alguns séculos mais tarde, num trabalho de al-Khowarizmi (790-840), para designar a operação de "transposição de termos", essencial na resolução de uma equação. [...]

PONTE, João Pedro da; BRANCO, Neusa; MATOS, Ana. *Álgebra no Ensino Básico*. [Lisboa]: DGIDC, 2009. Disponível em: https://matematicando.net.br/wp-content/uploads/2018/08/003_Brochura_Algebra_NPMEB_Set2009.pdf. Acesso em: 4 jan. 2021.

O problema a seguir consta no papiro de Rhind.

"De uma quantidade de milho equivalente a vinte e uma medidas, um camponês deve dar ao Faraó uma porção equivalente à quinta parte da sua. Quanto lhe restará?"

A solução egípcia:

Um bocado e a sua quinta parte dão vinte e uma. Cinco mais um são seis. Para passar de seis para vinte e um, há que juntar o seu dobro e ainda a sua metade.

Temos então cinco, mais o seu dobro, dez, mais a sua metade, dois e meio. O bocado é então dezessete e meio.

PAPIRO de Rhind. *In*: UNIVERSIDADE DE LISBOA. Lisboa: ULisboa, [1999]. Disponível em: http://www.educ.fc.ul.pt/icm/icm98/icm21/papiro_de_rhind.htm. Acesso em: 8 nov. 2020.

MAIS ATIVIDADES

FAÇA NO CADERNO

1 Segundo os fisiologistas, um indivíduo sadio e em repouso apresenta um número N de batimentos cardíacos por minuto variando com a temperatura ambiente t, em graus Celsius, de acordo com a fórmula $N = \dfrac{t^2 - 40t + 900}{10}$.

Calcule o número de batimentos cardíacos por minuto de um indivíduo sadio quando a temperatura for 20 °C.

2 (Enem) O governo de uma cidade está preocupado com a possível epidemia de uma doença infectocontagiosa causada por bactéria. Para decidir que medidas tomar, deve calcular a velocidade de reprodução da bactéria. Em experiências laboratoriais de uma cultura bacteriana, inicialmente com 40 mil unidades, obteve-se a fórmula para a população: $p(t) = 40 \cdot 2^{3t}$, em que t é o tempo, em hora, e p(t) é a população, em milhares de bactérias. Em relação à quantidade inicial de bactérias, após 20 min, a população será

a) reduzida a um terço.
b) reduzida à metade.
c) reduzida a dois terços.
d) duplicada.
e) triplicada.

3 (OPM-SP) Bruno e Bernardo foram a um acampamento junto com seus professores. Nesse acampamento havia uma única barraca para todos os professores. Já os estudantes ficaram em 10 barracas, cada uma delas com o mesmo número de pessoas. Eles sabiam que o total de pessoas no acampamento era igual a 41, e observaram que a quantidade de professores era igual à quantidade de estudantes de uma das barracas aumentada em 8 (não se assuste, a barraca dos professores era bem grande!). Quantos professores havia no acampamento?

4 (IFPI) O sr. João vai repartir igualmente 180 figurinhas com algumas crianças. Se chegarem mais cinco crianças, a quantidade que cada uma vai receber será $\dfrac{2}{3}$ da quantidade da situação inicial. Quantas crianças há inicialmente nesse grupo?

a) 12
b) 10
c) 8
d) 6
e) 5

5 (OMMR-PR) Em uma corrida com 16 participantes, a quantidade de pessoas que ficaram atrás de Euclides é quatro vezes a quantidade de pessoas que ficaram à sua frente. Qual foi a posição de Euclides considerando que não houve empate em nenhuma posição?

6 (Fatec-SP) Entre as tarefas de um professor, está a elaboração de exercícios. Professores de Matemática ainda hoje se inspiram em Diofanto, matemático grego do século III, para criar desafios para seus alunos. Um exemplo de problema diofantino é: "Para o nascimento do primeiro filho, o pai esperou um sexto de sua vida; para o nascimento do segundo, a espera foi de um terço de sua vida. Quando o pai morreu, a soma das idades do pai e dos dois filhos era de 240 anos. Com quantos anos o pai morreu?"

Considerando que, quando o pai morreu, ele tinha x anos, assinale a equação matemática que permite resolver esse problema.

a) $x + \dfrac{5x}{6} + \dfrac{2x}{3} = 240$

b) $x + \dfrac{x}{6} + \dfrac{x}{3} = 240$

c) $x + \dfrac{4x}{5} + \dfrac{3x}{4} = 240$

d) $x + \dfrac{x}{6} + \dfrac{3x}{4} = 240$

e) $x + \dfrac{6x}{5} + \dfrac{3x}{4} = 240$

7 Ao completar $\frac{1}{4}$ de determinado percurso, o ônibus que Maurício dirigia apresentou problemas e parou. Se ele tivesse percorrido mais 18 km, teria cumprido exatamente a terça parte do percurso total. Quantos quilômetros Maurício percorreu no total do percurso?

8 Determine o número natural que é preciso adicionar aos termos de $\frac{4}{9}$ para se obter $\frac{3}{4}$.

9 Observe as expressões algébricas em cada quadradinho do quadro abaixo.

	A	B	C	D
4	$x + 1$	$x + 2$	$x + 3$	$x + 4$
3	$\frac{1}{2}x + 5$	$4 - 2x$	$\frac{1}{3} + x$	$1 + \frac{x}{2}$
2	$\frac{x}{4} + 6$	$1 + 3x$	$x - 2$	$\frac{1}{2}x + \frac{1}{3}x$
1	$x - 7$	$1 - \frac{4x}{5}$	$x - 5$	x

Resolva as equações.

I. A soma das expressões da coluna A é igual a 60.

II. A soma das expressões da linha 4 é igual a -10.

III. O resultado da soma das expressões de cada uma das diagonais é o mesmo.

As expressões podem ser localizadas por meio de pares ordenados. Por exemplo, em (B, 2) está a expressão $1 + 3x$. Resolva as equações.

IV. $(A, 1) + (A, 4) = 10$

V. $(B, 3) + (C, 1) = 3$

VI. $(B, 1) + (D, 2) - (D, 4) = -32$

10 Elabore o enunciado de um problema que possa ser resolvido pela equação $2(x + 1) = 40$, sendo x um número inteiro.

PARA CRIAR

Lógico, é lógica!

11 (OPM-PR) Maria, Deise, Sílvia, Isabela e Catarina estão sentadas em um banco no parque. Maria não está sentada na extrema direita. Deise não está sentada na extrema esquerda. Sílvia não está sentada nem na extrema direita nem na extrema esquerda. Catarina não está sentada do lado de Sílvia nem a Sílvia está sentada ao lado de Deise. Isabela está sentada à direita de Deise, mas não necessariamente logo do seu lado. Qual das meninas está sentada mais longe da extrema direita?

a) Isabela.
b) Sílvia.
c) Deise.
d) Catarina.
e) Não dá para saber.

CAPÍTULO 2
Sistemas de equações do 1º grau

Para começar

Como você faria para calcular o número de cada tipo de mesa em um restaurante em que há algumas mesas com 4 lugares e outras com 6 lugares, sabendo que o total de mesas é 11 e o total de lugares é 52?

EQUAÇÃO DO 1º GRAU COM DUAS INCÓGNITAS

Para resolver alguns problemas como o apresentado acima, é necessário utilizar equações do 1º grau com mais de uma incógnita. Um exemplo é a situação em que temos uma mistura de dois líquidos e conhecemos o volume resultante; nesse caso, usamos duas incógnitas diferentes para representar o volume de cada líquido.

Acompanhe a situação a seguir.

Um copo com café e leite contém 200 mL da mistura. Qual é a quantidade de café e de leite?

Para representar as quantidades de leite e de café adicionadas, vamos chamar de x o volume de café e de y o volume de leite ambos em mililitros. Assim, obtemos a equação:

$$x + y = 200$$

Dizemos que $x + y = 200$ é uma equação do 1º grau com duas incógnitas, x e y.

Denomina-se **equação do 1º grau com duas incógnitas** toda equação que pode ser reduzida à forma $ax + by = c$, em que a, b, c são números reais, com $a \neq 0$ e $b \neq 0$.

O quadro a seguir mostra alguns dos possíveis valores de x e de y, indicando cada dupla de valores como um par ordenado cuja notação é (x, y).

x	y	(x, y)
10	190	(10, 190)
20	180	(20, 180)
30	170	(30, 170)
100	100	(100, 100)
150	50	(150, 50)

Os pares ordenados (x, y) de números que satisfazem essa equação, ou seja, que tornam a igualdade verdadeira, podem ser representados graficamente em um sistema cartesiano ortogonal ou plano cartesiano.

O sistema cartesiano ortogonal consta de duas retas reais com origem comum e perpendiculares entre si. A reta real horizontal, eixo x, é chamada de **eixo das abscissas**. A reta real vertical, eixo y, é denominada **eixo das ordenadas**.

O par (x, y) são as coordenadas do ponto no plano cartesiano associado a esse par.

Veja a representação gráfica dos pares ordenados indicados no quadro da página anterior que satisfazem a equação $x + y = 200$.

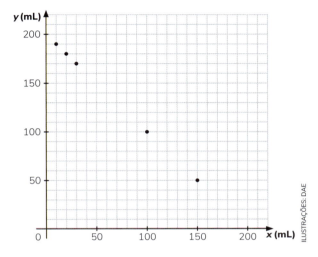

Para essa situação, podemos ainda atribuir a x qualquer valor real, desde que $x > 0$ e $x < 200$, ou seja, $0 < x < 200$. Há então infinitos valores reais possíveis para x assumir.

Pense e responda

Porque os valores de x e de y precisam ser maiores que zero e menores que 200? Na prática o que significaria $x = 0$?

Como podemos atribuir infinitos valores a x, vamos obter infinitos valores para y.

Por exemplo, se $x = 42,5$ mL, o valor de y é:

$42,5 + y = 200 \Rightarrow y = 200 - 42,5 \Rightarrow y = 157,5$ mL

Obtemos, assim, o par ordenado (42,5; 157,5).

No plano cartesiano, os infinitos pares ordenados (x, y) que satisfazem a equação $x + y = 200$ (para $0 < x < 200$) determinam um segmento de reta excluindo-se suas extremidades.

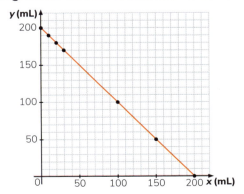

Os pares ordenados correspondentes aos pontos que pertencem a esse segmento de reta, excluindo seus pontos extremos, são as soluções da equação $x + y = 200$ e representam as quantidades de café e de leite, respectivamente.

Note que existem pares ordenados de números reais que não são soluções dessa equação (não pertencem ao segmento de reta). Por exemplo:

- (30, 110) não é solução, pois $30 + 110 = 140$, e torna $x + y = 200$ uma sentença falsa.

- (75, 180) não é solução, pois $75 + 180 = 255$, e torna $x + y = 200$ uma sentença falsa.

Curiosidade

EQUAÇÕES DIOFANTINAS

Equações diofantinas são aquelas nas quais todos os números envolvidos, incluindo aqueles das soluções, são números inteiros (que podem ser positivos ou negativos). Elas se classificam em três categorias: aquelas sem solução, aquelas com um número fixo de soluções e aquelas com número infinito de soluções.

Por exemplo:

A equação $2x + 2y = 1$ não tem soluções, porque não há valores para x e y que sejam números inteiros e que possam resultar na resposta igual a 1 (a soma de dois números pares é sempre par).

A equação $x - y = 7$ tem número infinito de soluções, pois podemos escolher números cada vez maiores para x e y.

A equação $4x = 8$ tem somente uma solução: $x = 2$.

As equações diofantinas são úteis para lidar com quantidades de coisas que não podem ser divididas, como um número de pessoas, por exemplo. Assim, se tivermos de escolher carros para levar 24 pessoas a uma viagem, alguns dos quais podem levar 4 pessoas e os outros 6 pessoas, e todos devem estar lotados, escreveríamos uma equação diofantina, já que as únicas soluções que servem atribuem números inteiros de pessoas para o número total de carros:

$4x + 6y = 24$

(Aqui há o requisito adicional de que os valores de x e de y devem ser ambos positivos.)

Problemas matemáticos como este a seguir usam equações diofantinas.

"Um garoto gastou R$ 4,96 com doces e comprou 4 bombons e 2 pirulitos. Quanto custou cada item?"

Equações diofantinas da forma

$ax + by = c$

são equações lineares (um gráfico desse tipo de equação será uma linha reta).

FLOOD, Raymond. *Os grandes matemáticos*: as descobertas e a propagação do conhecimento através das vidas dos grandes matemáticos. São Paulo: M. Books do Brasil, 2013. p. 34-35.

[...]

Diofanto de Alexandria, conhecido como o "Pai da Álgebra", viveu provavelmente no século III d.C. Pouco sabemos sobre sua vida. A sua principal contribuição para a matemática foram os 13 livros que constituem a Aritmética, nenhum dos quais sobreviveu. Ao contrário dos textos da maioria dos matemáticos gregos, essa obra era uma coletânea de problemas algébricos propostos e resolvidos. Diofanto também foi o primeiro matemático a imaginar e empregar símbolos algébricos, [...]

ROONEY, Anne. *A história da Matemática*: desde a criação das pirâmides até a exploração do infinito. São Paulo: M. Books do Brasil, 2012. p. 128-129.

ATIVIDADES RESOLVIDAS

1 Represente no plano cartesiano as seguintes equações do 1º grau com duas incógnitas, considerando que x e y são números reais quaisquer.

a) $x - 2y = -2$

b) $5x + 2y = 0$

RESOLUÇÃO: Uma equação do 1º grau com duas incógnitas, que podem assumir quaisquer valores reais, pode ser representada por uma reta no plano cartesiano. Sabemos que para determinar uma reta precisamos apenas de dois pontos que pertençam a ela.

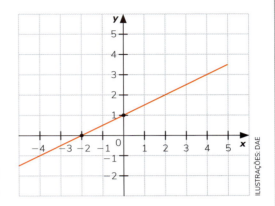

a) Equação: $x - 2y = -2$

Tomamos, por exemplo, os valores $x = 0$ e $x = -2$ e calculamos os valores correspondentes de y. Assim, obtemos:

Para $x = 0$: $0 - 2y = -2 \rightarrow -2y = -2 \rightarrow y = 1$

Para $x = -2$: $-2 - 2y = -2 \rightarrow -2y = 0 \rightarrow y = 0$

A partir dos pontos $(0, 1)$ e $(-2, 0)$ podemos desenhar a reta da equação.

b) $5x + 2y = 0$

Tomamos, por exemplo, os valores $x = 0$ e $x = 2$ e calculamos os valores correspondentes de y. Assim, obtemos:

Para $x = 0$: $5 \cdot 0 + 2y = 0 \rightarrow 2y = 0 \rightarrow y = 0$

Para $x = 2$: $5 \cdot (2) + 2y = 0 \rightarrow 2y = -10 \rightarrow y = -5$

A partir dos pontos $(0, 0)$ e $(2, -5)$ podemos desenhar a reta da equação.

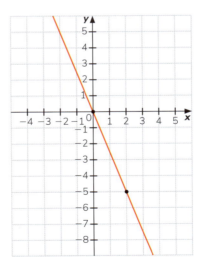

Pense e responda

Em que condições o ponto $(0, 0)$ pertence à reta da equação $ax + by = c$?

ATIVIDADES

1 Considere os pares ordenados (1, 2), (−4, 4), (8, 0) e (0, 5). Quais são soluções da equação $x + 3y = 8$?

2 Um caderno e duas canetas custam R$ 28,00.
   a) Determine uma equação correspondente ao enunciado.
   b) Com a equação acima é possível saber quanto custa um caderno? E uma caneta?

3 O perímetro do triângulo isósceles representado na figura é de 30 cm.

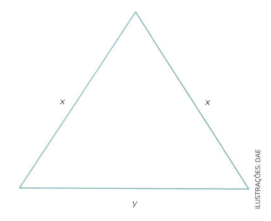

Sabendo que x e y são as medidas de seus lados:
   a) obtenha uma equação correspondente a esse problema;
   b) dê três pares ordenados que satisfaçam essa equação.

4 A diferença entre dois números é 1. Escreva no caderno uma equação que represente esse problema. Em seguida, faça a representação gráfica (ou seja, construa o gráfico).

5 Encontre três soluções para a equação $2x + 3y = 30$.

6 Considere o triângulo de vértices M, N e P representado a seguir.

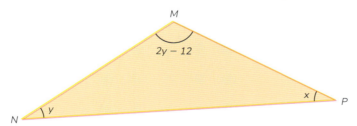

A medida do ângulo interno de vértice M é 12° menor do que o dobro da medida do ângulo interno de vértice N; e a medida do ângulo interno de vértice P é x.
   a) Escreva a equação que relaciona as medidas x e y.
   b) Escreva duas soluções da equação que você obteve. Considere que, por serem medidas de ângulos, x e y devem ser positivos e $2y - 12$ também precisa ser maior que zero.

SISTEMA DE DUAS EQUAÇÕES DO 1º GRAU COM DUAS INCÓGNITAS

A solução de alguns problemas pode conduzir a duas equações do 1º grau com duas incógnitas. Nesse caso, precisamos compor um sistema com essas duas equações.

Considere as situações a seguir.

1ª situação

Em uma série de oito jogos pelo campeonato brasileiro de futebol, um time acumulou 14 pontos. Sabendo que a cada vitória são computados 3 pontos; a cada empate, 1 ponto; e que o time não perdeu nenhum dos jogos disputados, encontre o número de vitórias e de empates.

Equacionando o problema e indicando o número de vitórias por x e o número de empates por y, temos:

- Como o time não perdeu, o total de jogos (8) é a soma do número de vitórias (x) e do número de empates (y).

Daí, formamos a equação: $x + y = 8$.

- O total de pontos ganhos (14) é obtido adicionando-se os pontos ganhos pelas vitórias, $3x$, com os pontos ganhos pelos empates, $1y$.

Daí, obtemos a equação: $3x + 1y = 14$ ou $3x + y = 14$.

As duas equações constituem um **sistema de duas equações do 1º grau com duas incógnitas**, que representamos assim:

$$\begin{cases} x + y = 8 \\ 3x + y = 14 \end{cases}$$

Veja a seguir alguns dos pares ordenados que satisfazem cada uma dessas equações, observando que, pela situação dada, x e y devem ser números naturais.

$x + y = 8$			$3x + y = 14$	
x	y		x	y
0	8		0	14
1	7		1	11
2	6		2	8
3	5		3	5
4	4		4	2

O par ordenado (x, y) que satisfaz as duas equações ao mesmo tempo é a solução do sistema. No caso, $x = 3$ e $y = 5$, ou seja, o par ordenado (3, 5) é a solução desse sistema.

Portanto, nos oito jogos disputados, o time obteve 3 vitórias e 5 empates, acumulando 14 pontos.

Esse sistema também pode ser resolvido geometricamente. Para isso, fazemos a representação gráfica de cada equação em um mesmo plano cartesiano, usando alguns dos pares ordenados já obtidos nas tabelas anteriores.

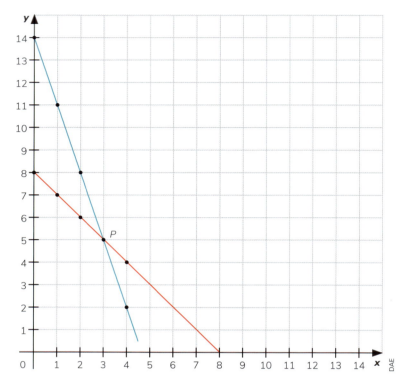

Os pontos comuns às duas retas são as soluções do sistema. Esses pontos são denominados **pontos de intersecção** das duas retas.

Note que as duas retas têm um único ponto em comum, o ponto P, onde as retas se intersectam. Assim, as coordenadas do ponto P dadas pelo par ordenado (3, 5) são a única solução do sistema.

> Quando um sistema de duas equações do 1º grau com duas incógnitas tem uma única solução, é **um sistema possível e determinado**. A representação gráfica desse sistema são duas retas que se intersectam em um único ponto. O ponto determina o par ordenado, que é solução do sistema.

2ª situação

O professor pediu aos estudantes que resolvessem o sistema que ele escreveu na lousa.

$$\begin{cases} x = 2y \\ 3x - 6y = 5 \end{cases}$$

Observando a primeira equação e considerando que procuramos uma solução comum às equações, podemos substituir x por $2y$ na segunda equação, obtendo:

$3x - 6y = 5 \rightarrow 3 \cdot 2y - 6y = 5 \rightarrow 6y - 6y = 5 \rightarrow 0 \cdot y = 5 \rightarrow 0 = 5$

Note que obtemos $0 = 5$ para qualquer valor de y colocado na equação $0 \cdot y = 5$, ou seja, $0 = 5$ é uma igualdade sempre falsa, independentemente do valor de y.

Nesse caso, a equação $0 \cdot y = 5$ não tem solução. Por essa razão, o sistema é impossível.

Veja a representação geométrica desse sistema.

x = 2y	
x	y
0	0
1	$\frac{1}{2}$
2	1

3x − 6y = 5	
x	y
0	$-\frac{5}{6}$
4	$\frac{7}{6}$
5	$\frac{5}{3}$

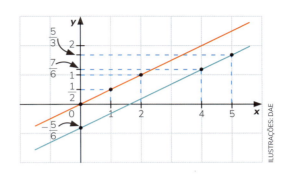

Observe que as retas que representam as equações que compõem o sistema são paralelas, não têm pontos em comum. Isso mostra que não existe um par (x, y) de números reais que satisfaça as duas equações. Logo, o sistema é impossível.

> Quando um sistema de duas equações do 1º grau com duas incógnitas **não tem solução**, é um **sistema impossível**. A representação gráfica desse sistema são duas retas que não têm nenhum ponto em comum.

3ª situação

Resolva o novo sistema que o professor escreveu na lousa.

Observando a primeira equação e considerando que procuramos uma solução comum às equações, podemos substituir o x por 2y na segunda equação, obtendo:

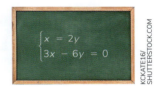

3x − 6y = 0 → 3 · 2y − 6y = 0 → 6y − 6y = 0 → 0 · y = 0

Note que obtemos 0 = 0 para qualquer valor de y colocado na equação 0 · y = 0, ou seja, **0 = 0 é uma igualdade sempre verdadeira**, independentemente do valor de y.

Nesse caso, a equação 0 · y = 0 tem infinitas soluções. Por essa razão, o sistema é chamado de **sistema possível e indeterminado**, isto é, tem infinitas soluções.

Desse modo, (8, 4) e (20, 10) são algumas das infinitas soluções do sistema. Todos os pares ordenados que satisfazem esse sistema são do tipo (2y, y), com y sendo qualquer número real.

Veja a representação geométrica desse sistema.

x = 2y	
x	y
0	0
1	$\frac{1}{2}$
2	1
−1	$-\frac{1}{2}$

3x − 6y = 0	
x	y
0	0
2	1
3	$\frac{3}{2}$
−1	$-\frac{1}{2}$

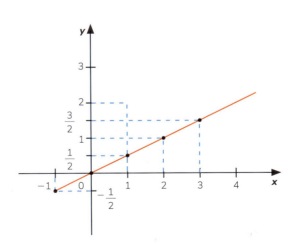

105

Nesse caso, as retas que formam as equações que compõem o sistema têm todos os pontos em comum, ou seja, as duas equações representam a mesma reta e o sistema é possível e indeterminado.

> Quando um sistema de duas equações do 1º grau com duas incógnitas apresenta **infinitas soluções**, ele é um **sistema possível e indeterminado**. A representação gráfica desse sistema são duas retas que têm todos os pontos em comum.

Quando duas retas têm todos os pontos em comum, dizemos que elas são **coincidentes**.

ATIVIDADES

1 Em uma partida de basquete, uma equipe fez, entre cestas de dois e três pontos, 40 cestas, totalizando 98 pontos. Quantas cestas de três pontos essa equipe fez?

Partida entre Joventut e Zaragoza. Espanha, 2014.

2 Determine o conjunto-solução dos sistemas a seguir, resolvendo-os graficamente. Use papel quadriculado.

a) $\begin{cases} x + y = 4 \\ x - y = 2 \end{cases}$

b) $\begin{cases} 2x + y = 3 \\ -4x + y = -3 \end{cases}$

3 Resolva os sistemas a seguir e interprete-os geometricamente.

a) $\begin{cases} x - 4y = 0 \\ 2x + 8y = 13 \end{cases}$

b) $\begin{cases} 2a + 3b = 8 \\ 4a + 6b = 16 \end{cases}$

4 Resolva os sistemas e classifique-os.

a) $\begin{cases} x + y = 7 \\ 2x - y = 8 \end{cases}$

b) $\begin{cases} a + 3b = 3 + 2(a - b) \\ 2a + 6 = 10b \end{cases}$

c) $\begin{cases} -x - 4 = 3 - y \\ y = x + 1 \end{cases}$

5 A soma de dois números é 23, e a soma do quádruplo do primeiro com o quádruplo do segundo é 7. Determine esses números.

RESOLUÇÃO ALGÉBRICA DE UM SISTEMA

No item anterior abordamos o método da substituição, que agora será mais explorado. Vamos rever também os métodos algébricos (método da adição e método da substituição) já utilizados no ano anterior para resolver sistemas de equações.

- Acompanhe a situação a seguir.

Na eleição para representante de classe do 8º ano concorreram apenas dois candidatos: Marinalva e Beto.

A classe do 8º ano tem 40 estudantes, e Marinalva recebeu 6 votos a mais que Beto. Quantos votos cada um recebeu?

Votação para representante de classe.

Chamando de x o número de votos que Marinalva obteve e de y o número de votos de Beto, podemos escrever o sistema:

$$\begin{cases} x + y = 40 \\ x - y = 6 \end{cases}$$

- Observe como resolvemos esse sistema pelo **método da substituição**.

1º passo – Escolhemos uma das equações para "isolar" uma das incógnitas no 1º membro dessa equação.

Nesse caso, vamos isolar a incógnita x da primeira equação.

$x + y = 40 \rightarrow x = 40 - y$

2º passo – Substituímos a incógnita x na segunda equação pela expressão obtida na primeira equação.

Nesse caso, substituímos x por $40 - y$.

$x - y = 6 \rightarrow (40 - y) - y = 6$

3º passo – Resolvemos a equação obtida e determinamos o valor de y.

$40 - y - y = 6 \rightarrow 40 - 2y = 6 \rightarrow 40 - 6 = 2y \rightarrow 2y = 34 \rightarrow \dfrac{2y}{2} = \dfrac{34}{2} \rightarrow y = 17$

4º passo – Usamos o valor obtido para uma incógnita para calcular a outra.

Nesse caso, substituímos y por 17 na equação $x = 40 - y$.

$x = 40 - y \rightarrow x = 40 - 17 \rightarrow x = 23$

5º passo – Verificamos se os valores encontrados, além de satisfazer as duas equações, são compatíveis com a situação descrita.

Assim, substituímos $x = 23$ e $y = 17$.

$$\begin{cases} x + y = 40 \\ x - y = 6 \end{cases} \rightarrow \begin{cases} 23 + 17 = 40 \quad \text{(igualdade verdadeira)} \\ 23 - 17 = 6 \quad \text{(igualdade verdadeira)} \end{cases}$$

A solução do sistema é o par (23, 17), uma vez que esses valores satisfazem as duas equações que compõem o sistema.

E como x e y indicam número de votos, eles devem ser números naturais. Os números 23 e 17 são naturais.

6º passo – Respondemos ao que foi solicitado.

Portanto, Marinalva obteve 23 votos. Beto obteve 17 votos.

- Observe agora a resolução de outro sistema pelo **método da adição**.

$$\begin{cases} x + 2y = 18 \\ 3x - 4y = 14 \end{cases}$$

Sendo as incógnitas números reais, vamos seguir os passos abaixo.

1º passo – Podemos adicionar, membro a membro, os termos das equações, de modo a obter uma terceira equação que tenha somente uma incógnita.

Para isso, multiplicamos cada equação por um número não nulo, de modo que os coeficientes de uma das incógnitas fiquem opostos e se anulem ao adicionarmos os termos.

Por exemplo, a incógnita x tem coeficiente 1 na primeira equação e coeficiente 3 na segunda. Assim, basta multiplicarmos a primeira equação por (-3).

$$\begin{cases} x + 2y = 18 \quad \cdot \left(-3\right) \\ 3x - 4y = 14 \end{cases} \rightarrow \begin{cases} -3x - 6y = -54 \\ 3x - 4y = 14 \end{cases}$$

Agora, adicionamos as duas equações do sistema obtido:

$$\begin{array}{r} -3x - 6y = -54 \\ 3x - 4y = 14 \\ \hline -10y = -40 \end{array}$$

2º passo – Resolvemos a equação obtida, que tem uma única incógnita.

$$-10y = -40 \rightarrow 10y = 40 \rightarrow y = 4$$

3º passo – Substituímos o valor calculado da incógnita em qualquer uma das equações do sistema inicial para obter o valor da outra incógnita. No exemplo, para determinar o valor de x substituímos o valor $y = 4$ na equação $x + 2y = 18$.

$$x + 2 \cdot 4 = 18 \rightarrow x + 8 = 18 \rightarrow x = 10$$

4º passo – Verificamos se os valores encontrados satisfazem as duas equações que compõem o sistema.

Nesse caso, substituímos $x = 10$ e $y = 4$ nas equações originais.

$$\begin{cases} x + 2y = 18 \\ 3x - 4y = 14 \end{cases} \rightarrow \begin{cases} 10 + 2 \cdot 4 = 18 \quad \text{(igualdade verdadeira)} \\ 3 \cdot 10 - 4 \cdot 4 = 14 \text{ (igualdade verdadeira)} \end{cases}$$

5º passo – Escrevemos a solução do sistema.

Como os valores encontrados são números reais e satisfazem simultaneamente as duas equações do sistema, temos que a solução do sistema é (10, 4).

Não há uma regra que defina quando utilizar o método da substituição ou o método da adição para resolver determinado sistema, mas é importante reforçar que o resultado obtido por qualquer um desses métodos será o mesmo.

É importante analisar o problema antes de começar a resolvê-lo. A escolha do método pode facilitar as etapas de resolução.

ATIVIDADES

FAÇA NO CADERNO

1 Resolva os sistemas. As incógnitas são números reais.

a) $\begin{cases} a - b = 45 \\ 3a - 2b = 50 \end{cases}$

b) $\begin{cases} 4x + 3y = 17 \\ 6x + 5y = 25 \end{cases}$

c) $\begin{cases} m + 3n = -1 \\ 2m - n = 5 \end{cases}$

d) $\begin{cases} \dfrac{1}{3}c + \dfrac{1}{2}d = 5 \\ c - \dfrac{1}{4}d = 8 \end{cases}$

2 Obtenha o par ordenado de números inteiros que seja solução do sistema.

a) $\begin{cases} 3(2x + y) + 4 = 5x - 5 \\ 2(x + y) + 3y = y + 2 \end{cases}$

b) $\begin{cases} \dfrac{a + 2}{4} - \dfrac{2b - 1}{3} = 4 \\ \dfrac{b - a}{3} + 3 = \dfrac{b + 3}{2} \end{cases}$

3 Dos pares ordenados, (8, 2) e (0, −35), determine qual satisfaz o sistema abaixo. Considere que estão escritos na forma (a, b).

$\begin{cases} a - \dfrac{a - b}{8} = \dfrac{1}{4} + \dfrac{3a}{2} \\ 5 - a = \dfrac{a - b}{7} \end{cases}$

4 Edmilson comprou um tênis e uma bola e pagou em cinco prestações iguais de R$ 61,20. A prestação do tênis é R$ 36,00 a mais do que a prestação da bola.

a) Encontre um sistema de equações para representar essa situação.

b) Calcule o preço do tênis e o da bola.

5 Há cinco anos, a idade de Vera era o triplo da idade de Ana. Daqui a cinco anos será o dobro. Determine a idade de cada uma.

6 Henrique comprou um caderno que custava R$ 5,90 e pagou com moedas de R$ 0,10 e de R$ 0,50. No total, ele utilizou 23 moedas. Quantas moedas de cada valor foram usadas?

7 Quando um copo está cheio de água, a massa correspondente é 385 gramas; quando esse copo está com $\dfrac{2}{3}$ de água, a massa correspondente é 310 gramas.

a) Qual é a massa do copo vazio?

b) Qual é a massa do copo com $\dfrac{3}{5}$ da água?

109

SOFTWARE DE GEOMETRIA DINÂMICA

Vamos calcular a solução de um sistema de equações do 1º grau com duas incógnitas utilizando um *software* de geometria dinâmica.

Como exemplo, vamos usar o sistema: $\begin{cases} x - 2y = \dfrac{1}{2} & \text{(I)} \\ 2x + 3y = 15 & \text{(II)} \end{cases}$

1º passo – Ao abrir o programa, digite na barra de entrada a equação I e, em seguida, aperte Enter. Na janela de visualização aparecerá o gráfico correspondente a essa equação.

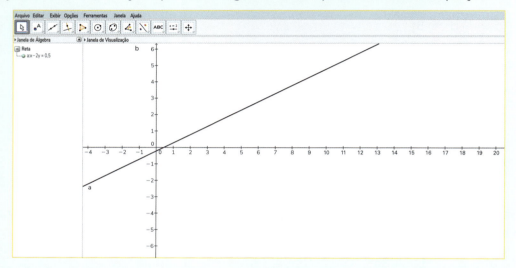

2º passo – Digite na barra de entrada a equação II e, em seguida, aperte Enter. Na janela de visualização aparecerá o gráfico correspondente a essa equação.

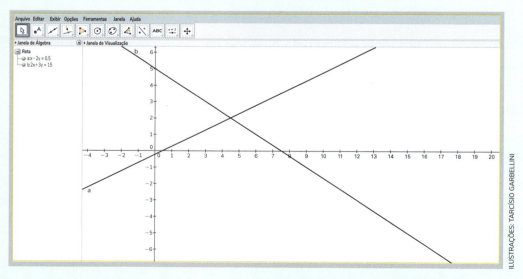

ILUSTRAÇÕES: TARCÍSIO GARBELLINI

Analisando a representação gráfica das equações, vemos que as retas se intersectam em um único ponto; ou seja, existe um ponto que é, ao mesmo tempo, solução da equação **I** e da equação **II**.

Agora vamos ver como determinar as coordenadas desse ponto comum.

3º passo – Clique na função "ponto de intersecção de dois objetos" e, com o cursor, clique sobre o ponto comum entre as duas retas. Automaticamente, na janela "Álgebra" aparecerão as coordenadas do ponto procurado.

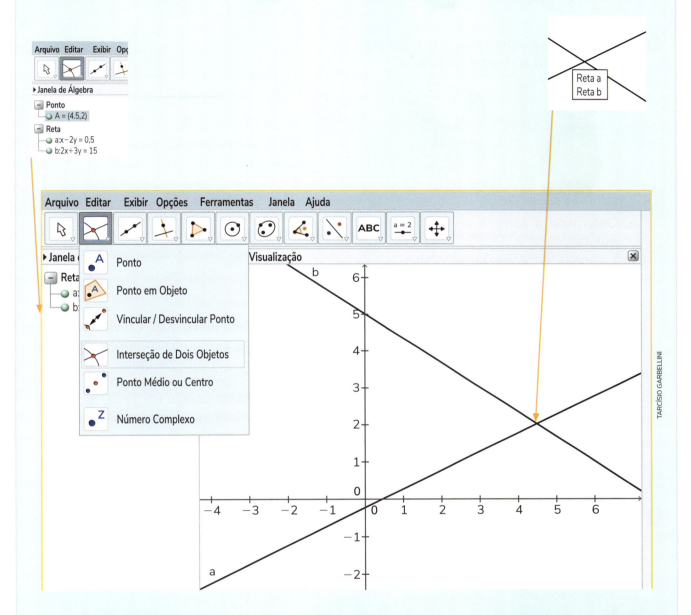

Na janela "Álgebra", vemos que o ponto encontrado tem coordenadas (4,5; 2). Isso significa que $x = 4,5$ e $y = 2$.

Utilizando esse mesmo passo a passo em um *software* de geometria dinâmica, encontre a solução do sistema a seguir.

a) $\begin{cases} 107x + 98y = 1007 \\ 35x + 41y = 392 \end{cases}$

b) $\begin{cases} 3x - 2y = -7 \\ x + 4y = -9 \end{cases}$

MAIS ATIVIDADES

1 Determine três pares ordenados de números reais que sejam soluções da equação: $x + 6y = 22$.

2 Em um quintal existem galinhas e coelhos, num total de 20 animais e 52 pés.

a) Determine o número de coelhos nesse quintal.

b) Justifique se a resolução gráfica desse sistema é a representada abaixo.

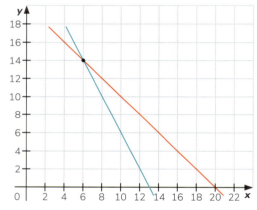

3 (IFBA) Hoje eu tenho x anos e meu irmão y anos. Há 15 anos meu irmão tinha o dobro de minha idade. Então a minha idade x, em anos, sabendo que daqui a cinco anos nossas idades somarão 70 anos, é:

a) 10.
b) 20.
c) 15.
d) 30.
e) 25.

4 (CMM-AM) O professor de Matemática lançou um desafio para a turma do 5º ano. Desenvolveu três fichas com quatro símbolos cada e atribuiu um valor numérico a cada uma das fichas, conforme a figura abaixo. O valor numérico de cada ficha corresponde à soma dos símbolos.

  16   12   10

Qual o valor numérico da ficha abaixo com 6 símbolos?

a) 21   c) 26   e) 22
b) 28   d) 23

5 Em uma loja de roupas, Giovana gastou o total de R$ 220,00 na compra de 3 bermudas, todas com preços iguais, e 4 camisetas, todas também com preços iguais. Se cada bermuda custou R$ 15,00 a mais que cada camiseta, quanto custou cada bermuda? E cada camiseta?

6 Marlene quer distribuir entre os amigos determinado número de ingressos para um parque de diversões. Se der 2 ingressos a cada amigo, sobrarão 25 ingressos; entretanto, se der 3 ingressos a cada amigo, faltarão 15 ingressos. Caso ela dê 4 ingressos a cada amigo, de quantos ingressos a mais ela precisará?

7 Uma loja vende dois tipos de camisetas: de manga curta (a) e de manga comprida (b), e tem no estoque um total de 155 peças. Se a loja vender $\frac{1}{4}$ das camisetas de manga curta e $\frac{1}{5}$ das camisetas de manga comprida, ficará no estoque o mesmo número de camisetas de cada tipo. Quantas camisetas de manga comprida a loja tem?

112

8 Lúcia foi ao supermercado duas vezes em uma mesma semana para comprar arroz e feijão. Na primeira vez, ela comprou 4 pacotes de feijão e 2 de arroz. Na segunda, ela comprou um pacote de arroz e 3 de feijão. Sabendo que os preços dos produtos não se alteraram entre uma compra e outra e que a primeira compra custou R$ 43,00 e a segunda R$ 22,00, qual foi o preço unitário do pacote de feijão? E do arroz?

9 Uma loja tem no estoque 105 lâmpadas de dois tipos, M e P, guardadas em 2 gavetas cujas etiquetas identificam o tipo de lâmpada. Se a loja vender $\frac{1}{3}$ das lâmpadas P, as 2 gavetas ficarão com o mesmo número de lâmpadas. Quantas são as lâmpadas do tipo P?

10 (Unifor-CE) Uma clínica fez um levantamento do número de copos de plástico descartáveis de tamanhos pequeno (para café) e médio (para água), usados em um determinado dia de funcionamento. O número de copos pequenos usados na parte da tarde foi igual a $\frac{1}{5}$ do número de copos pequenos usados na parte da manhã, e o total de copos médios usados nesse dia foi igual a $\frac{4}{9}$ do total de copos pequenos.

Se, nesse dia, foram usados 156 copos, então a diferença entre o número de copos pequenos usados e o de copos médios usados é igual a:

a) 60. c) 67. e) 78.
b) 64. d) 73.

11 Escreva uma equação do 1º grau com duas incógnitas e encontre três soluções diferentes. Em seguida, marque os pontos correspondentes às soluções que você obteve em um sistema cartesiano ortogonal. O ponto (1, 1) pertence à reta que você traçou?

12 Na eleição para o cargo de representante de uma escola havia dois candidatos: Ricardo e Nilson. Veja a manchete publicada no jornal da escola no dia seguinte à eleição.

Sabe-se que 1 260 pessoas votaram e 147 votos foram nulos. Elabore duas perguntas que envolvam os dados numéricos desse texto. Depois, peça a um colega que responda às perguntas que você criou. A resposta de uma das perguntas deve ser obtida por meio de um sistema de duas equações com duas incógnitas.

Lógico, é lógica!

13 Em cada figura o número do quadrado é obtido por meio de uma regra que relaciona os números do círculo com os números dos triângulos. Qual é o valor de x?

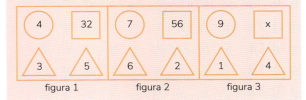

figura 1   figura 2   figura 3

PARA ENCERRAR — FAÇA NO CADERNO

1 As figuras a seguir têm o mesmo perímetro. Qual é o valor de x?

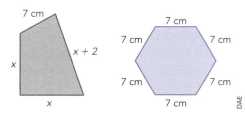

a) 8 cm
b) 10 cm
c) 11 cm
d) 4 cm
e) 13 cm

2 (OBMEP) Uma melancia média e duas melancias grandes custam o mesmo que oito melancias pequenas. Uma melancia média e uma pequena custam o mesmo que uma melancia grande. Quantas melancias pequenas podem ser compradas pelo mesmo preço de uma melancia grande?

a) 3
b) 4
c) 5
d) 6
e) 7

3 (OMRP-SP) Há 50 bolas numa caixa, sendo algumas brancas, outras azuis e outras, vermelhas. O número de bolas brancas é onze vezes o número de bolas azuis. Há menos bolas vermelhas do que brancas, mas há mais bolas vermelhas do que azuis. Há quantas bolas vermelhas a menos do que bolas brancas na caixa?

a) 2
b) 11
c) 19
d) 22
e) 30

4) (OMDF) Existem várias bolas brancas e várias bolas vermelhas sobre uma mesa. Se retirarmos uma bola vermelha e uma bola branca juntas de cada vez até que nenhuma bola vermelha seja deixada sobre a mesa, então o número de bolas brancas restantes é igual a 50. Se uma bola vermelha e três bolas brancas forem removidas juntas de cada vez até que nenhuma bola branca seja deixada sobre a mesa, então o número de bolas vermelhas restantes sobre a mesa também é igual a 50. Quantas bolas existem sobre a mesa inicialmente?

a) 240
b) 250
c) 270
d) 300
e) 330

5) (IFRJ) Gauss, um menino muito esperto, precisou resolver um problema em sua casa. Ele possuía uma balança de comparação (de pratos) sem escala, uma embalagem de arroz de 2,5 kg, um peso de referência com 2 kg, duas embalagens idênticas de farinha e uma de feijão. Seu objetivo era medir a massa (o peso) da embalagem de feijão. Depois de realizar várias tentativas frustradas, Gauss conseguiu equilibrar os pratos da balança nas duas situações descritas a seguir.

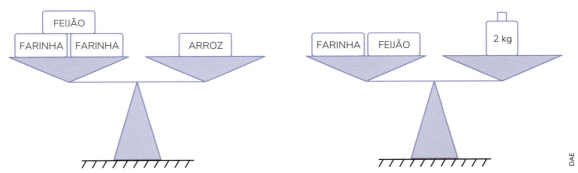

Analisando o resultado obtido, Gauss concluiu, corretamente, que o saco de feijão possui massa igual a:

a) 1,8 kg.
b) 1,5 kg.
c) 1,0 kg.
d) 0,5 kg.

6) (Unifor-CE) Um grupo de 106 pessoas foi acampar, levando consigo 28 barracas. Algumas delas tinham capacidade para 3 pessoas e as outras para 5 pessoas. Levando-se em consideração que todas elas estavam com a sua capacidade máxima atingida, quantas exatamente dessas barracas abrigavam 3 pessoas?

a) 11
b) 13
c) 15
d) 17
e) 19

UNIDADE 4

Estudo de figuras geométricas planas e construções geométricas

Origami é a arte da dobradura de papel. O vocábulo *origami* é composto de duas palavras japonesas: *ori*, que significa "dobrar" e *kami*, que significa "papel".

Com essa arte podem ser explorados assuntos que revelam a Matemática nas marcas deixadas pelas dobras do *origami*, representadas pelas linhas tracejadas. Veja a seguir exemplos de construções usando uma folha de papel sulfite.

Na BNCC

Esta unidade propicia o desenvolvimento das competências e das habilidades a seguir.

Competências gerais:
2, 3 e 5

Competências específicas:
1, 2, 3 e 5

Habilidades:
EF08MA14
EF08MA15
EF08MA16
EF08MA17

ABP é um triângulo equilátero.

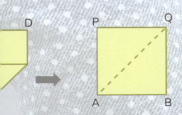

ABQP é um quadrado.

Para pesquisar e aplicar

1. Escreva o procedimento usado para construir o:
   a) triângulo equilátero;
   b) quadrado.
2. Explique com suas palavras por que *ABQP* é um quadrado.
3. Os triângulos *ABQ* e *APQ* são "iguais"?
4. Use uma folha de papel sulfite para mostrar como obter um hexágono regular fazendo dobraduras.

CAPÍTULO 1
Estudo de figuras geométricas planas

Para começar

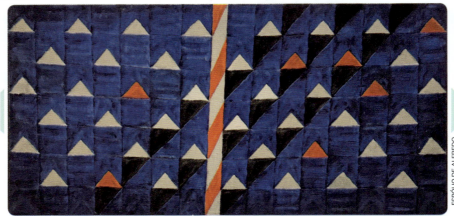

Alfredo Volpi. *Bandeirinhas estruturadas com mastro*, final de 1960 e começo de 1970. Têmpera sobre tela, 36,4 cm × 71,1 cm.

Dê o nome das figuras geométricas que você vê nessa imagem.

TRANSFORMAÇÕES GEOMÉTRICAS E CONGRUÊNCIA DE TRIÂNGULOS

Observe as figuras de triângulos a seguir. Você acha que eles podem ser sobrepostos, de modo que cada um cubra totalmente o outro? Em que condições isso pode acontecer com dois triângulos?

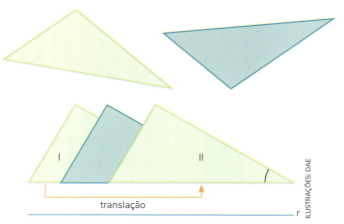

> **Glossário**
>
> **Translação:** é a transformação geométrica no plano na qual todos os pontos de uma figura são deslocados a uma mesma distância, direção e sentido.

A **translação** transforma o triângulo I no triângulo congruente II pelo deslocamento do triângulo I para o triângulo II, sem girar, na direção da reta *r*.

Veja agora como fazer o triângulo III coincidir com o triângulo IV.

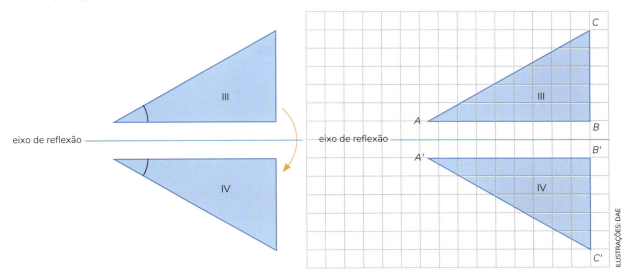

A **reflexão** é um movimento que muda a posição da figura, mantendo o tamanho original, mas inverte sua orientação. Para que ocorra reflexão, é necessário retirar a figura do plano em vez de somente deslizá-la.

Observe que o triângulo III foi refletido por um eixo para chegar à posição IV.

Pelo fato de preservarem as distâncias entre dois pontos, a reflexão dá origem a figuras congruentes. Observe na figura que:

- A' é simétrico de A em relação ao eixo de reflexão;
- B' é simétrico de B em relação ao eixo de reflexão;
- C' é simétrico de C em relação ao eixo de reflexão.

Assim, podemos concluir que o triângulo IV é congruente ao triângulo III.

Veja como fazer o triângulo V coincidir com o triângulo VI.

Glossário

> **Reflexão:** é a transformação geométrica do plano na qual uma figura é refletida em relação a um eixo, chamado eixo de reflexão.

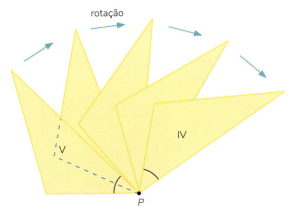

Para fazer o triângulo V coincidir com o triângulo VI, usamos o movimento de **rotação**. É como se o triângulo V girasse ao redor de um ponto, sob determinado ângulo, até ocupar a posição VI.

Os triângulos apresentados em cada caso podem ser sobrepostos ponto a ponto; portanto, são chamados de congruentes.

Pense e responda

A reflexão é uma transformação muito comum em nosso cotidiano. Onde é possível identificá-la?

Glossário

> **Rotação:** é a transformação geométrica do plano na qual uma figura é girada ao redor de um ponto ou de uma reta sob determinado ângulo.

119

Veja agora os triângulos VII e VIII.

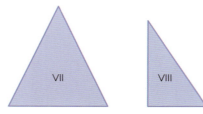

Eles não são congruentes, pois não têm o mesmo formato nem as mesmas dimensões.

Assim, não podem ser sobrepostos, de modo que coincidam ponto a ponto.

Dois triângulos são congruentes quando os lados e os ângulos de um deles são congruentes aos lados e aos ângulos correspondentes do outro.

CASOS DE CONGRUÊNCIA

Para afirmar que dois triângulos são congruentes, não precisamos verificar a congruência dos três lados e dos três ângulos. Podemos verificar a congruência de alguns de seus elementos, como veremos a seguir.

1º caso: LLL (lado – lado – lado)

Se dois triângulos têm os três lados correspondentes congruentes, então eles são congruentes.

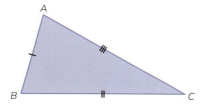
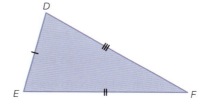

Se $\begin{cases} \overline{AB} \equiv \overline{DE} \text{ (L)} \\ \overline{BC} \equiv \overline{EF} \text{ (L)}, \text{ então, } \triangle ABC \equiv \triangle DEF. \\ \overline{AC} \equiv \overline{DF} \text{ (L)} \end{cases}$

2º caso: LAL (lado – ângulo – lado)

Se dois triângulos têm dois lados correspondentes congruentes e o ângulo formado por esses lados é congruente, então esses triângulos são congruentes.

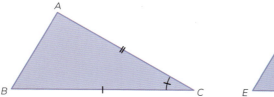
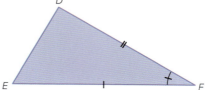

Se $\begin{cases} \overline{BC} \equiv \overline{EF} \text{ (L)} \\ \hat{C} \equiv \hat{F} \quad \text{ (A), então } \triangle ABC \equiv \triangle DEF. \\ \overline{AC} \equiv \overline{DF} \text{ (L)} \end{cases}$

Observação: Para indicar a medida de um ângulo *x* usamos, por exemplo, notação $\hat{x} = 30°$.

3º caso: ALA (ângulo – lado – ângulo)

Se dois triângulos têm um lado correspondente e os dois ângulos adjacentes a esse lado são congruentes, então esses triângulos são congruentes.

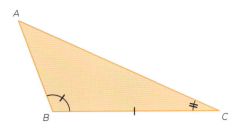 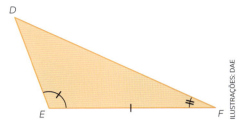

Se $\begin{cases} \hat{B} \equiv \hat{E} \quad \text{(A)} \\ \overline{BC} \equiv \overline{EF} \quad \text{(L)} \\ \hat{C} \equiv \hat{F} \quad \text{(A)} \end{cases}$, então, $\triangle ABC \equiv \triangle DEF$.

4º caso: LAAo (lado – ângulo – ângulo oposto)

Se dois triângulos têm um lado correspondente, um ângulo adjacente a esse lado e o ângulo oposto a esse mesmo lado congruentes, então esses triângulos são congruentes.

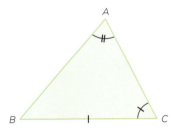 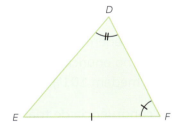

Se $\begin{cases} \overline{BC} \equiv \overline{EF} \quad \text{(L)} \\ \hat{A} \equiv \hat{D} \quad (A_o) \\ \hat{C} \equiv \hat{F} \quad \text{(A)} \end{cases}$, então, $\triangle ABC \equiv \triangle DEF$.

5º caso: (cateto – hipotenusa)

Se dois triângulos retângulos têm um cateto e a hipotenusa respectivamente congruentes, então eles são congruentes.

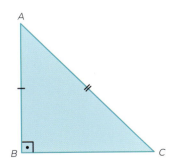 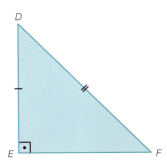

Se $\begin{cases} \overline{AB} \equiv \overline{DE} \quad \text{(cateto)} \\ \overline{AC} \equiv \overline{DF} \quad \text{(hipotenusa)} \end{cases}$, então, $\triangle ABC \equiv \triangle DEF$.

Conhecer os casos de congruência facilita bastante a resolução de exercícios, afinal, é possível suprimir algumas etapas.

Por exemplo, observando as figuras a seguir, podemos afirmar que △ABC ≡ △DEF sabendo que $\overline{BC} \equiv \overline{EF}$?

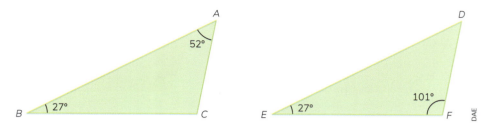

Considerando c a medida, em graus, do ângulo interno $\hat{C}$ do △ABC, temos:

$57° + 27° + c = 180°$

$79° + c = 180°$

$c = 180° - 79°$, então, $c = 101°$

Logo, o ângulo $\hat{C}$ mede 101°.

Temos, então:

Se $\begin{cases} \hat{B} \equiv \hat{E} \text{ (ambos medem 27°)} \\ \overline{BC} \equiv \overline{EF} \text{ (dado no enunciado), então, △ABC ≡ △DEF.} \\ \hat{C} \equiv \hat{F} \text{ (ambos medem 101°)} \end{cases}$

Pelo caso ALA de congruência de triângulos, concluímos que △ABC ≡ △DEF.

ATIVIDADES RESOLVIDAS

1 No quadrilátero ABCD, $\overline{AC}$ é bissetriz de $\hat{A}$ e $\hat{C}$. As medidas dos lados estão em centímetros. Calcule o valor de x.

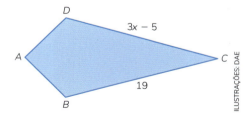

RESOLUÇÃO: Se $\overline{AC}$ é a bissetriz de $\hat{A}$ e $\hat{C}$, temos:

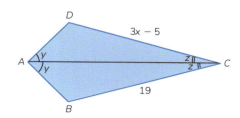

Como os triângulos ADC e ABC têm um lado em comum ($\overline{AC}$) e dois ângulos adjacentes correspondentes, eles são congruentes. Logo:

$3x - 5 = 19$

$3x = 24$; então, $x = 8$

Portanto, $x = 8$ cm.

ATIVIDADES

1 A imagem mostra dois triângulos congruentes.

Escreva as seis congruências correspondentes a esses triângulos.

2 Em cada item, verifique se os triângulos ABC e DEF são congruentes. Se a resposta for afirmativa, indique o caso de congruência.

a)
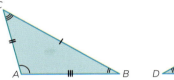
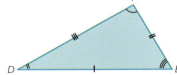

b)
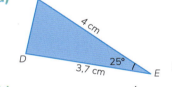
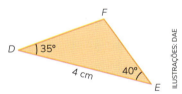

c)
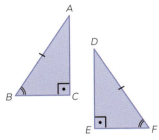

d)
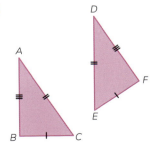

3 Podemos afirmar que os triângulos ABC e DEC são congruentes?

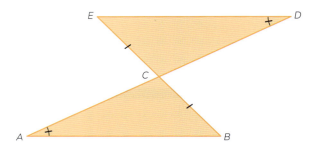

Justifique.

4 Na figura, os triângulos ABC e ADC são congruentes. Determine os valores de $\hat{x}$ e de $\hat{y}$.

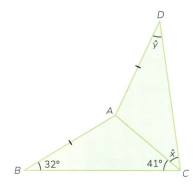

5 Os triângulos ABC e CDE representados na figura a seguir são congruentes. As medidas indicadas estão em centímetros.

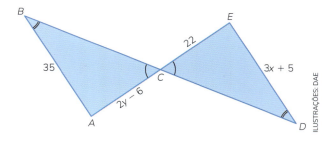

Calcule os valores de x e de y.

6 Considere as afirmações a seguir.

I. Em um triângulo, todo ângulo externo é maior do que qualquer ângulo interno.

II. Todo triângulo tem, pelo menos, dois ângulos agudos.

III. Dois triângulos são congruentes se os seus ângulos internos correspondentes são congruentes.

Quais dessas afirmações são verdadeiras?

7 Os triângulos das figuras I e II representados a seguir são congruentes.

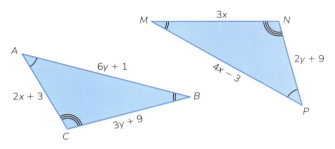

Determine:

a) os valores de x e y;

b) a medida dos lados desses triângulos.

TRIÂNGULOS ISÓSCELES E TRIÂNGULOS EQUILÁTEROS

Triângulos isósceles

Um triângulo é chamado de isósceles quando dois de seus lados são congruentes. Os lados e os ângulos de um triângulo isósceles recebem nomes específicos. Veja a seguir.

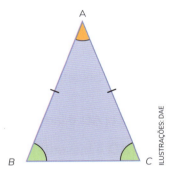

- $\overline{AB}$ e $\overline{AC}$ são os lados congruentes.
- $\overline{BC}$ é a base.
- $\hat{A}$ é o ângulo do vértice (oposto à base).
- $\hat{B}$ e $\hat{C}$ são os ângulos da base.

Propriedades dos triângulos isósceles

Em qualquer triângulo isósceles, os ângulos da base são congruentes. Observe como podemos demonstrar essa propriedade.

Consideremos o triângulo isósceles ABC, e $\overline{AD}$ a bissetriz do ângulo $\hat{A}$

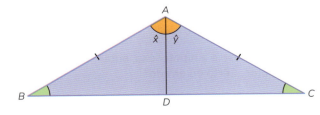

$\begin{cases} \text{hipótese: } \triangle ABC \text{ é isósceles} \left(\overline{AB} \equiv \overline{AC} \right) \\ \text{tese: } \hat{B} \equiv \hat{C} \end{cases}$

Os triângulos ABD e ACD, determinados pela $\overline{AD}$ são congruentes pelo caso LAL, pois:

$\begin{cases} \overline{AB} \equiv \overline{AC} \text{ (por hipótese, pois DABC é isósceles)} \\ \hat{x} \equiv \hat{y} \ (\overline{AD} \text{ é bissetriz}) \\ \overline{AD} \equiv \overline{AD} \ (\overline{AD} \text{ é lado comum}) \end{cases}$

Pense e responda

Quanto medem os ângulos da base de um triângulo retângulo isósceles?

Portanto, $\hat{B} \equiv \hat{C}$.

A recíproca dessa propriedade é verdadeira, ou seja, se um triângulo tem dois ângulos congruentes, então ele é isósceles.

Veja a demonstração a seguir.

Consideremos o triângulo ABC e seja $\overline{AD}$ a bissetriz relativa ao lado $\overline{BC}$.

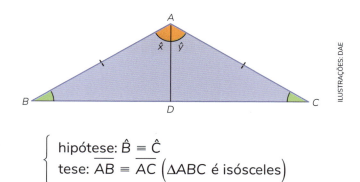

$\begin{cases} \text{hipótese: } \hat{B} \equiv \hat{C} \\ \text{tese: } \overline{AB} \equiv \overline{AC} \ (\triangle ABC \text{ é isósceles}) \end{cases}$

Os triângulos ABD e ACD, determinados pela bissetriz $\overline{AD}$ são congruentes pelo caso LAA$_o$, pois:

$\begin{cases} \overline{AD} \equiv \overline{AD} \ (\overline{AD} \text{ é lado comum}) \\ \hat{x} \equiv \hat{y} \ (\overline{AD} \text{ é bissetriz}) \\ \hat{B} \equiv \hat{C} \text{ (por hipótese)} \end{cases}$

Portanto, $\overline{AB} \equiv \overline{AC}$. Logo, o triângulo ABC é isósceles.

Outra propriedade dos triângulos isósceles é explicada a seguir.

Se em um triângulo isósceles ABC traçarmos a **altura** $\overline{AH}$ teremos que, em relação à base, ela também é a **mediana** e a **bissetriz**.

Essa propriedade, cujo enunciado está a seguir, também pode ser provada por congruência de triângulos.

Em qualquer triângulo isósceles, a mediana, a altura e a bissetriz do ângulo do vértice coincidem.

Pense e responda

Em um triângulo retângulo e isósceles, se a base é a hipotenusa, então a altura relativa a ela é a medida dos catetos. Certo ou errado?

126

TRIÂNGULO EQUILÁTERO

Um triângulo equilátero tem os três lados congruentes. Em qualquer triângulo equilátero os três ângulos são congruentes. Reciprocamente, se um triângulo tem os três ângulos congruentes, ele é equilátero.

Pense e responda

Quanto mede cada ângulo de um triângulo equilátero?

ATIVIDADES RESOLVIDAS

 Considere o triângulo isósceles de base $\overline{BC}$ representado na figura.

Sabendo que as bissetrizes dos ângulos $\hat{B}$ e $\hat{C}$ formam um ângulo cuja medida é o triplo da medida do ângulo $\hat{A}$, calcule as medidas dos ângulos internos desse triângulo.

RESOLUÇÃO: Do enunciado, temos:

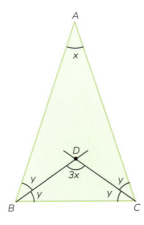

Do △ABC, vem: $x + y + y + y + + y = 180°$, então, $x + 4y = 180°$.

Do △DBC vem: $3x + y + y = 180°$, então, $3x + 2y = 180°$.

Resolvendo o sistema, temos: $\begin{cases} x + 4y = 180° \\ 3x + 2y = 180° \end{cases}$ obtemos $\begin{cases} x = 36° \\ y = 36° \end{cases}$

Logo, $2y = 72°$.

Portanto, os ângulos internos são $\hat{A} = 36°$ e $\hat{B} = \hat{C} = 72°$.

2 O triângulo ABC abaixo é equilátero e $\overline{BD} \equiv \overline{CD}$. Qual é o valor de x?

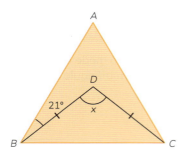

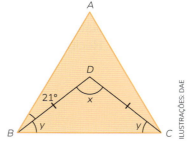

RESOLUÇÃO: Como o triângulo ABC é equilátero, seus ângulos internos medem 60°. Sendo $\overline{BD} \equiv \overline{CD}$, o triângulo BCD é isósceles e os ângulos da base são congruentes. Assim:

Como $\hat{B} = 60°$, vem: $21° + y = 60°$, então, $y = 39°$.
Do triângulo BCD, temos:
$x + 2y = 180°$
substituindo y por 39°, têm-se
$x + 2 \cdot 39° = 180°$
$x + 78° = 180°$
$x = 180° - 78°$
$x = 102°$
Portanto, o valor de x é 102°.

ATIVIDADES

1 Em um triângulo isósceles de vértices X, Y e Z, temos $\hat{X} = 68°$ e $\hat{Z} = 44°$. Quais são os lados congruentes desse triângulo?

2 A medida do ângulo do vértice de um triângulo isósceles tem 15° a mais que a medida de cada ângulo da base. Quais são as medidas dos ângulos da base?

3 Na figura abaixo, temos: AD = AE, CD = CF e BA = BC.

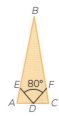

Calcule a medida do ângulo $A\hat{B}C$.

4 Na figura a seguir, $\overline{AC} \equiv \overline{CB} \equiv \overline{BD}$.

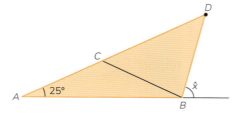

Calcule a medida em graus do $\hat{x}$.

5 Calcule os valores de x e de y, de modo que o triângulo MNP, representado a seguir, seja isósceles com 14 cm de base. Considere $\overline{NP}$ como base do triângulo.

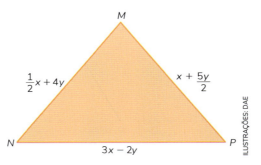

6 Na figura, o triângulo ABC é equilátero.

Determine a medida x indicada.

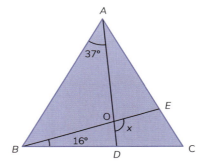

7 Analise a figura a seguir.

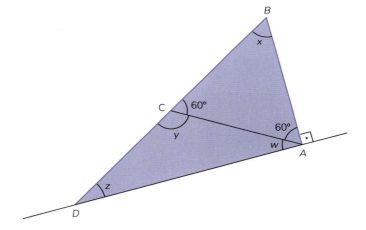

Com base nesses dados, qual das afirmativas a seguir é falsa?

   I. O triângulo ABC é equilátero.

   II. O triângulo BAD é retângulo.

   III. O triângulo ADC é isósceles.

   IV. A medida z de CÂD é 60°.

   V. A medida y de AĈD é 120°.

8 O triângulo PQS da figura abaixo é isósceles, com $\overline{PQ} \equiv \overline{QS}$, e o triângulo QRS é equilátero. Determine a medida de x, em graus, de $S\hat{P}Q$.

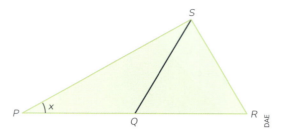

QUADRILÁTEROS

Elementos de um quadrilátero

Muitos objetos, como obras de arte, tapetes, grades e construções, têm formatos que lembram quadriláteros. Observe os exemplos a seguir.

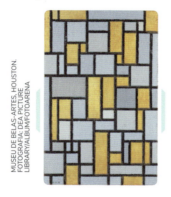

Piet Mondrian. *Composição em cinza e ocre*, 1918.

Quadriláteros são polígonos de quatro lados.

O pintor holandês Piet Mondrian (1872-1944) produziu diversas obras utilizando quadriláteros.

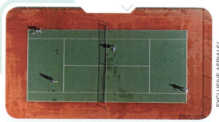

A quadra de tênis lembra o formato de um quadrilátero.

O tampo dessa mesa lembra o formato de um quadrilátero.

Nesse tapete há vários formatos de quadriláteros.

Os desenhos que formam o portão lembram quadriláteros.

Veja no quadrilátero ABCD ao lado como os elementos de um quadrilátero são nomeados.

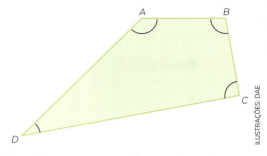

- Vértices: os pontos A, B, C e D.
- Ângulos internos: Â, B̂, Ĉ, D̂.
- Lados: $\overline{AB}$, $\overline{BC}$, $\overline{CD}$ e $\overline{DA}$.
- Diagonais: $\overline{BD}$ e $\overline{AC}$.

Os vértices, os ângulos internos e os lados podem ser considerados aos pares. Entre eles, destacamos os que estão em "oposição", sendo por isso denominados opostos. No exemplo acima, temos:

- vértices opostos: A e C, B e D;
- ângulos internos: Â e Ĉ, B̂ e D̂;
- lados opostos: $\overline{AB}$ e $\overline{CD}$, $\overline{BC}$ e $\overline{DA}$.

Em todos os quadriláteros, a soma dos ângulos internos é igual a 360°.

Alguns quadriláteros podem ser classificados em paralelogramos ou trapézios. Veja no quadro a seguir.

Paralelogramos	Trapézios
Os paralelogramos são quadriláteros que têm dois pares de lados paralelos.	Os trapézios são quadriláteros que têm apenas um par de lados paralelos.
$\overline{AB} \mathbin{/\mkern-2mu/} \overline{DC}$ e $\overline{AD} \mathbin{/\mkern-2mu/} \overline{BC}$	$\overline{AB} \mathbin{/\mkern-2mu/} \overline{CD}$
$\overline{FG} \mathbin{/\mkern-2mu/} \overline{EH}$ e $\overline{GH} \mathbin{/\mkern-2mu/} \overline{EF}$	$\overline{XZ} \mathbin{/\mkern-2mu/} \overline{YW}$
$\overline{PQ} \mathbin{/\mkern-2mu/} \overline{SR}$ e $\overline{PS} \mathbin{/\mkern-2mu/} \overline{QR}$	$\overline{QT} \mathbin{/\mkern-2mu/} \overline{RS}$
$\overline{TU} \mathbin{/\mkern-2mu/} \overline{SV}$ e $\overline{ST} \mathbin{/\mkern-2mu/} \overline{VU}$	$\overline{VX} \mathbin{/\mkern-2mu/} \overline{RT}$
$\overline{MN} \mathbin{/\mkern-2mu/} \overline{PO}$ e $\overline{MP} \mathbin{/\mkern-2mu/} \overline{NO}$	$\overline{EG} \mathbin{/\mkern-2mu/} \overline{JH}$
$\overline{IJ} \mathbin{/\mkern-2mu/} \overline{LK}$ e $\overline{IL} \mathbin{/\mkern-2mu/} \overline{JK}$	

Entre os paralelogramos, alguns recebem nomes especiais, segundo a classificação de seus lados e ângulos internos.

Retângulo	Losango	Quadrado
Os quatro ângulos internos têm a mesma medida.	Os quatro lados têm a mesma medida.	Os quatro ângulos internos têm a mesma medida e os quatro lados têm a mesma medida.

Pense e responda

Há quadriláteros que não são paralelogramos nem trapézios?

Pense e responda

Todo quadrado é um retângulo? Todo retângulo é um quadrado? Todo quadrado é um losango?

ATIVIDADES

1. As peças de um quebra-cabeça foram encaixadas e formaram um mosaico, como na figura a seguir.

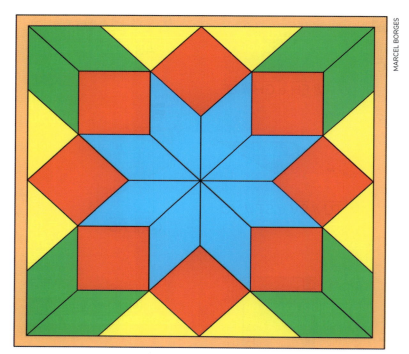

a) Quantas peças desse quebra-cabeça têm o formato de quadrilátero?
b) Qual é a cor das peças que não têm formato de quadrilátero?
c) Quais são as cores das peças em formato de paralelogramo?

2 Observe a figura seguinte. Depois, responda às perguntas.

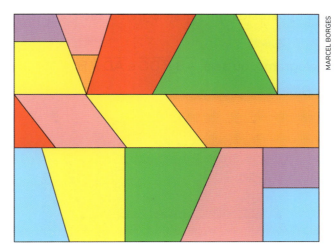

a) Há quantos quadriláteros nessa figura?
b) Quantos quadriláteros têm apenas um par de lados opostos paralelos?
c) Quantos paralelogramos há na figura?
d) E quantos trapézios?
e) Quantas figuras que não são quadriláteros fazem parte dela?

3 As faces deste sólido geométrico são quadriláteros. Identifique cada uma delas.

4 É possível construir um quadrilátero de lados com as medidas indicadas a seguir? Faça os desenhos no caderno.

a) 10 cm, 3 cm, 1 cm e 4 cm

b) 7 cm, 9 cm, 5 cm e 6 cm

5 Observe as peças que formam uma figura.

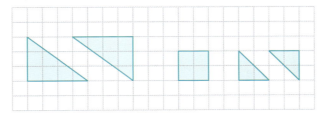

Qual das imagens a seguir corresponde à figura formada pela junção dessas peças? Registre no caderno.

a) 　　b) 　　c) 　　d)

133

PROPRIEDADES DO PARALELOGRAMO

1ª propriedade: Os lados opostos de um paralelogramo são congruentes.

Demonstração

Hipótese: ABCD é paralelogramo, ou seja, $\overline{AB}$ // $\overline{DC}$ e $\overline{AD}$ // $\overline{BC}$.

Tese: $\overline{AB} \equiv \overline{DC}$ e $\overline{AD} \equiv \overline{BC}$.

Vamos traçar a diagonal $\overline{AC}$ do paralelogramo.

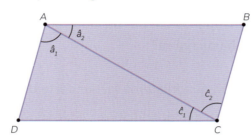

O triângulo ABC é congruente ao triângulo ACD pelo caso ALA, pois:

$\begin{cases} \hat{a}_1 \equiv \hat{c}_2 \text{ (ângulos alternos internos } \overline{AD} \text{ e } \overline{BC}) \text{ (A)} \\ \overline{AC} \text{ (lado comum)} \hspace{4em} \text{(L)} \\ \hat{a}_2 \equiv \hat{c}_1 \text{ (ângulos alternos internos } \overline{AB} \text{ e } \overline{DC}) \text{ (A)} \end{cases}$

Portanto, $\overline{AB} \equiv \overline{DC}$ e $\overline{AD} \equiv \overline{BC}$.

2ª propriedade: Em todo paralelogramo, as diagonais se cruzam no ponto médio.

Demonstração

Hipótese: ABCD é paralelogramo.

Tese: M é o ponto médio de $\overline{AC}$ e $\overline{BD}$.

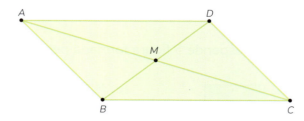

Os triângulos ABM e CDM, determinados pelas diagonais $\overline{AC}$ $\overline{BD}$, são congruentes pelo caso ALA, pois:

$\begin{cases} \hat{a}_1 \equiv \hat{c}_1 \text{ (ângulos alternos internos)} \quad\quad\quad\quad\quad\quad\quad\text{(A)} \\ \overline{AB} \equiv \overline{DC} \text{ (lados opostos de um paralelogramo)} \quad\quad\text{(L)} \\ \hat{b}_1 \equiv \hat{d}_1 \text{ (ângulos alternos internos)} \quad\quad\quad\quad\quad\quad\quad\text{(A)} \end{cases}$

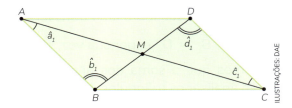

Portanto:

- $\overline{AM} \equiv \overline{MC}$ então, *M* é o ponto médio de $\overline{AC}$;
- $\overline{BM} \equiv \overline{MD}$ então, *M* é o ponto médio $\overline{BD}$.

3ª propriedade: Os ângulos opostos de um paralelogramo são congruentes.

Demonstração

Hipótese: *ABCD* é um paralelogramo.

Tese: $\hat{a} = \hat{c}$ e $\hat{d} = \hat{b}$.

Vimos que, ao traçar a $\overline{DB}$, os triângulos *ADB* e *CBD* são congruentes. Assim, seus ângulos internos também são. Logo: $\hat{a} = \hat{c}$.

Analogamente, ao traçar a diagonal $\overline{AC}$ também teremos dois triângulos congruentes:

DAC e *BAC*. Como seus ângulos também são congruentes, temos que: $\hat{d} = \hat{b}$.

4ª propriedade: Os ângulos não opostos de um paralelogramo são suplementares.

Demonstração

Hipótese: *ABCD* é um paralelogramo.

Tese: $\hat{a} + \hat{d} = \hat{d} + \hat{c} = \hat{c} + \hat{b} = \hat{b} + \hat{a} = 180°$.

Já vimos nas propriedades anteriores que os lados opostos são paralelos entre si e os ângulos opostos do paralelogramo são congruentes (3ª propriedade).

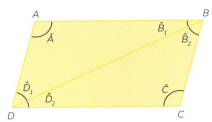

135

Vamos associar essas informações aos triângulos congruentes obtidos pela diagonal $\overline{DB}$.

Ao analisar a figura, podemos perceber que $\hat{B}_1$ e $\hat{D}_2$ são ângulos alternos internos, assim como $\hat{B}_2$ e $\hat{D}_1$, porque os lados $\overline{AD}$ e $\overline{BC}$ são paralelos e a diagonal $\overline{DB}$ está sobre uma transversal.

Portanto, $\hat{B}_1 = \hat{D}_2$ e, por sua vez, $\hat{B}_2 = \hat{D}_1$.

Sabemos que a soma dos ângulos internos de um triângulo é 180°. Assim, ao analisar os triângulos ABD e CBD, temos o que é descrito a seguir.

Triângulo ABD

$\hat{A} + \hat{B}_1 + \hat{D}_1 = 180°$

$\hat{A} + \hat{D}_2 + \hat{D}_1 = 180°$

$\hat{A} + \hat{D} = 180°$

Como $\hat{D} = \hat{B}$, pela 3ª propriedade temos que: $\hat{A} + \hat{B} = 180°$.

Triângulo CBD

$\hat{C} + \hat{D}_2 + \hat{B}_2 = 180°$

$\hat{C} + \hat{B}_1 + \hat{B}_2 = 180°$

$\hat{C} + \hat{B} = 180°$

Como $\hat{B} = \hat{D}$, pela 3ª propriedade temos que: $\hat{C} + \hat{D} = 180°$.

Como $\hat{A} + \hat{D} = \hat{D} + \hat{C} = \hat{C} + \hat{B} = \hat{B} + \hat{A} = 180°$, podemos concluir que, em um paralelogramo, os ângulos não opostos são suplementares.

PROPRIEDADES DOS PARALELOGRAMOS ESPECIAIS

Losango

O losango tem os quatro lados congruentes.

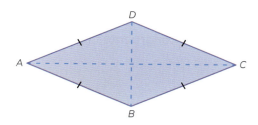

$\overline{AB} \equiv \overline{BC} \equiv \overline{CD} \equiv \overline{DA}$

Em todo losango, as diagonais são perpendiculares.

Como o losango é um paralelogramo, todas as propriedades do paralelogramo são válidas para ele. Vamos destacar as relacionadas a seguir.

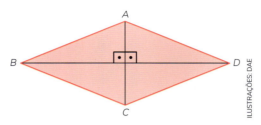

Demonstração

Hipótese: *ABCD* é losango.

Tese: $\overline{BD} \perp \overline{AC}$.

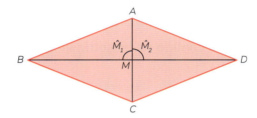

Os triângulos *ABM* e *ADM*, determinados pelas diagonais $\overline{AC}$ e $\overline{BD}$, são congruentes pelo caso LLL, pois:

$$\begin{cases} \overline{AB} \equiv \overline{AD} \text{ (lados de um losango)} & \text{(L)} \\ \overline{BM} \equiv \overline{MD} \text{ (M é ponto médio de } \overline{BD}) & \text{(L)} \\ \overline{AM} \text{ (lado comum)} & \text{(L)} \end{cases}$$

Portanto: $\hat{M}_1 \equiv \hat{M}_2$.

Como $\hat{M}_1$ e $\hat{M}_2$ são suplementares, temos: $\hat{M}_1 = \hat{M}_2 = 90°$.

Então, $\overline{BD} \perp \overline{AC}$.

Pense e responda

Se todos os lados de um quadrilátero são iguais, então todos os seus ângulos internos são iguais. Essa afirmação é verdadeira ou falsa? Justifique.

Em todo losango, as diagonais estão contidas nas bissetrizes dos ângulos internos.

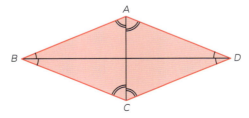

Demonstração

Hipótese: *ABCD* é losango.

137

Tese:

$\begin{cases} \text{A diagonal } \overline{BD} \text{ está contida na bissetriz de } \hat{B} \text{ e } \hat{D}. \\ \text{A diagonal } \overline{AC} \text{ está contida na bissetriz de } \hat{A} \text{ e } \hat{C}. \end{cases}$

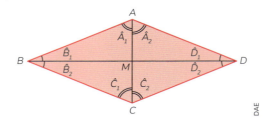

Os triângulos ABM, BCM, CDM e DAM são congruentes pelo caso LLL.

Portanto:

- $\hat{A}_1 \equiv \hat{A}_2 \equiv \hat{C}_1 \equiv \hat{C}_2 \rightarrow \overline{AC}$ está contido na bissetriz de $\hat{A}$ e $\hat{C}$;
- $\hat{B}_1 \equiv \hat{B}_2 \equiv \hat{D}_1 \equiv \hat{D}_2 \rightarrow \overline{BD}$ está contido na bissetriz de $\hat{B}$ e $\hat{D}$.

Retângulo

Como o retângulo é um paralelogramo, todas as propriedades dos paralelogramos são válidas para ele. Vamos destacar a propriedade relacionada a seguir.

As diagonais de um retângulo são congruentes.

Demonstração

Hipótese: ABCD é um retângulo.

Tese: $\overline{AC} \equiv \overline{BD}$.

Os triângulos DAB e CBA, determinados pelas diagonais $\overline{AC}$ e $\overline{BD}$, são congruentes pelo caso LAL, pois:

$\begin{cases} \overline{AD} \equiv \overline{BC} & \text{(lados de um losango)} \quad (L) \\ \hat{A} \equiv \hat{B} & \text{(ângulos retos)} \quad (A) \\ \overline{AB} & \text{(lado comum)} \quad (L) \end{cases}$

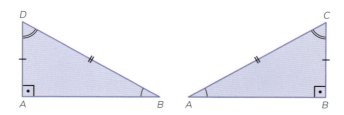

Portanto: $\overline{AC} \equiv \overline{BD}$.

Quadrado

Como todo quadrado é um paralelogramo, todas as propriedades do paralelogramo são válidas para o quadrado.

Como um quadrado também é um retângulo e um losango, ele admite todas as propriedades já mencionadas para esses outros paralelogramos especiais.

Assim, em um quadrado, as diagonais:

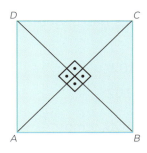

- são perpendiculares;
- estão contidas nas bissetrizes dos ângulos internos;
- são congruentes.

ATIVIDADES RESOLVIDAS

1 No quadrilátero da figura a seguir, $\overline{CE}$ e $\overline{DE}$ são as bissetrizes dos ângulos $\hat{C}$ e $\hat{D}$ respectivamente. Qual é o valor de x?

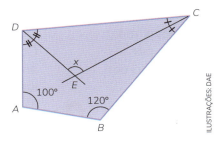

RESOLUÇÃO: Sendo $c = \text{med}(B\hat{C}D)$ e $d = \text{med}(B\hat{D}C)$ no quadrilátero $ABCD$, temos:

$c + d + 100° + 120° = 360°$, então, $c + d = 140°$ (I)

No triângulo DCE, temos:

$\dfrac{c}{2} + \dfrac{d}{2} + x = 180°$, então $\dfrac{c + d}{2} + x = 180°$ (II)

Substituindo (I) em (II):

$$\dfrac{140°}{2} + x = 180°$$

$$x = 180° - 70°, \text{ então, } x = 110°$$

Portanto, a medida do ângulo $\hat{E}$ é igual a 110°.

2 Em um losango ABCD, a diagonal $\overline{AC}$ forma um ângulo de 51° com um lado. Determine as medidas dos quatro ângulos internos do losango e identifique a diagonal maior.

RESOLUÇÃO: Desenhando o losango, temos:

Vamos indicar por a, b, c e d as medidas dos ângulos internos correspondentes aos vértices A, B, C e D, respectivamente, do losango. Lembrando que as diagonais $\overline{AC}$ e $\overline{BD}$ estão contidas nas bissetrizes dos ângulos internos, temos:

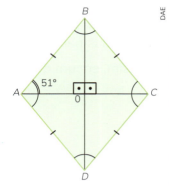

a = 2 · 51°, então, a = 102°

Logo, o ângulo $\hat{A}$ mede 102°.

Do triângulo retângulo AOB, temos: $\frac{b}{2} + 51° + 90° = 180°$

$\frac{b}{2} = 39°$, então, b = 78°

Assim, o ângulo $\hat{B}$ mede 78°.

A diagonal maior de um losango é aquela que se opõe ao ângulo obtuso.

Nesse caso, $\hat{A}$ e $\hat{C}$ são ângulos obtusos. Portanto, $\overline{BD}$ é a diagonal maior, os ângulos internos $\hat{A}$ e $\hat{C}$ medem 102°, e $\hat{B}$ e $\hat{D}$ medem 78°.

ATIVIDADES

FAÇA NO CADERNO

1 O mosaico a seguir parece ter relevo, mas, na verdade, é uma figura formada por losangos congruentes entre si que sugerem ao nosso cérebro outras interpretações.

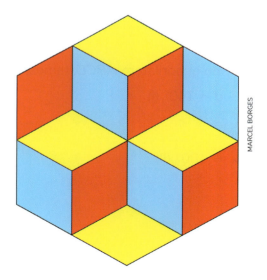

a) Você consegue ver os cubos? E a estrela?

b) Quantos losangos formam o mosaico?
c) Quais são as medidas, em graus, dos ângulos internos de cada um desses losangos?

2 Se um quadrilátero tem os quatro lados congruentes, então ele é um quadrado? Justifique sua resposta.

3 Quais das afirmações a seguir são verdadeiras? Registre no caderno.
   a) Em um paralelogramo, as diagonais cortam-se ao meio.
   b) No retângulo, as diagonais têm a mesma medida.
   c) As diagonais de um losango estão contidas nas bissetrizes de seus ângulos internos.
   d) As diagonais de qualquer losango são perpendiculares.
   e) As diagonais de qualquer paralelogramo são congruentes.

4 No quadrilátero da figura, $\overline{BE}$ é a bissetriz de $A\hat{B}C$. Determine $\hat{x}$ e $\hat{y}$.

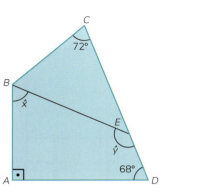

5 Na figura, os ângulos $\hat{a}$, $\hat{b}$, $\hat{c}$ e $\hat{d}$ medem, respectivamente, $\dfrac{x}{2}$, $2x$, $\dfrac{3x}{2}$ e x. O ângulo $\hat{e}$ é reto. Qual é a medida do ângulo $\hat{f}$?

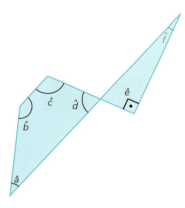

6 Dado um retângulo qualquer, se tomarmos os pontos médios de cada um de seus lados como vértices de uma figura e ligarmos esses vértices, que polígono podemos obter?

7 Considere o paralelogramo ABCD a seguir.

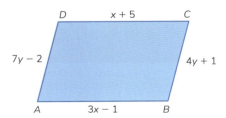

Sabendo que as medidas dos lados estão em centímetros, calcule o perímetro desse paralelogramo.

8 No paralelogramo ABCD, temos $\hat{a} = 3x$ e $\hat{c} = \dfrac{x}{2} + 40°$. Determine as medidas $\hat{a}$, $\hat{b}$, $\hat{c}$ e $\hat{d}$, dos ângulos internos desse paralelogramo.

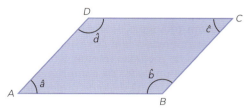

9 O quadrilátero ABCD da figura é um losango. De acordo com as indicações, determine as medidas dos ângulos desse losango.

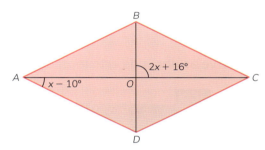

10 Calcule a medida dos lados de um paralelogramo cujo perímetro é 75 cm e a medida de um lado é igual a um quarto da medida do outro.

11 Flora é uma cachorra muito educada. Ela sempre faz suas necessidades em uma placa sanitária para cães que tem o formato de um retângulo com dimensões 60 cm de comprimento por 40 cm de largura. Qual é a área em metros quadrados dessa placa?

MATEMÁTICA INTERLIGADA

QUADRILÁTEROS E ARTE

O primeiro retângulo preenchido com quadrados sem haver superposições foi descoberto em 1925 pelo matemático polonês Zbigniew Morón (1904-1971). Ele descobriu um retângulo de dimensões 33 × 32 que podia ser pavimentado com nove quadrados diferentes com lados de medidas inteiras iguais a 1, 4, 7, 8, 9, 10, 14, 15 e 18 unidades de comprimento. Ele descobriu também um retângulo de dimensões 65 × 47 que podia ser pavimentado com dez quadrados cujos lados medem 3, 5, 6, 11, 17, 19, 22, 23, 24 e 25 unidades de comprimento.

Fonte: PICKOVER, Clifford. *O livro da Matemática*. Kerkdriel: Librero, 2011. p. 353.

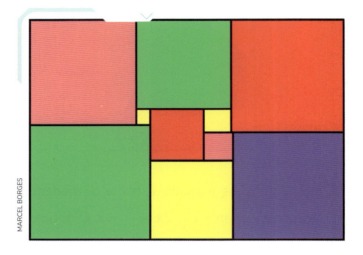

Observe as obras de arte reproduzidas a seguir.

Theo van Doesburg. *Composição*, 1920. Óleo sobre tela, 130 cm × 80 cm.

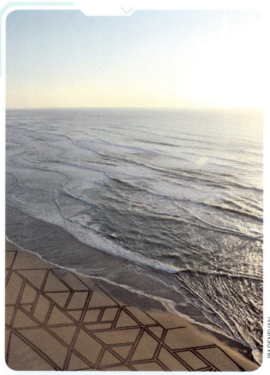

Desenho na areia feito por Jim Denevan. Tunitas Creek Beach (CA), Estados Unidos, 2008.

1. Dê o nome das figuras geométricas que podem ser vistas nessas imagens.
2. Pesquise o uso de quadriláteros em obras de arte. Depois, faça sua própria obra de arte com alguns quadriláteros.
3. Reúna-se com os colegas para organizar um mural com as obras de arte de todos da turma.

PROPRIEDADES DOS TRAPÉZIOS

Já vimos que os trapézios são quadriláteros que têm apenas um par de lados paralelos. No trapézio a seguir, $\overline{AB}$ e $\overline{CD}$ são lados paralelos, ou seja, $\overline{AB} \mathbin{/\mkern-6mu/} \overline{CD}$. Ambos os lados paralelos são chamados base: $\overline{AB}$ é a base maior, e $\overline{CD}$ a base menor.

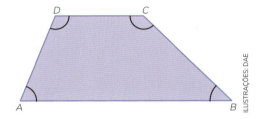

Os ângulos A e D, B e C são suplementares, por se tratar de ângulos colaterais internos formados por retas suportes dos lados $\overline{AB}$ e $\overline{CD}$ e pelas retas transversais $\overleftrightarrow{AD}$ e $\overleftrightarrow{BC}$. Temos, então:

$\hat{A} + \hat{D} = 180°$

$\hat{B} + \hat{C} = 180°$

A distância entre as bases chama-se altura do trapézio. Observe a figura a seguir.

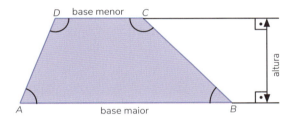

Um trapézio pode ser classificado em:

Trapézio isósceles	Trapézio retângulo	Trapézio escaleno
Os dois lados não paralelos são congruentes.	Um dos lados não paralelos é perpendicular às bases. Esse trapézio tem dois ângulos internos retos.	Os dois lados não paralelos não são congruentes.

Propriedades dos trapézios isósceles

Veremos agora duas propriedades do trapézio isósceles.

1ª propriedade: Em todo trapézio isósceles, os ângulos de uma mesma base são congruentes.

$\hat{A} \equiv \hat{B}$ e $\hat{C} \equiv \hat{D}$

Demonstração

Hipótese: ABCD é trapézio isósceles.

Tese: $\hat{A} \equiv \hat{B}$ e $\hat{C} \equiv \hat{D}$.

Os triângulos ADM e BCN, determinados pelas alturas DM e CN, são congruentes pelo caso cateto-hipotenusa.

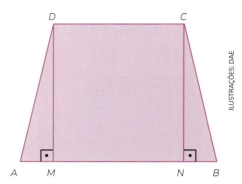

$\begin{cases} \overline{DM} \equiv \overline{CN} \text{ (alturas do trapézio)} = \text{(catetos)} \\ \overline{AD} \equiv \overline{BC} \text{ (lados não paralelos do trapézio isósceles)} = \text{(hipotenusa)} \end{cases}$

Portanto: $\hat{A} \equiv \hat{B}$.

Como tanto $\hat{A}$ e $\hat{D}$ e quanto $\hat{B}$ e $\hat{C}$ são ângulos suplementares, temos: $\hat{C} \equiv \hat{D}$.

2ª propriedade: Em todo trapézio isósceles, as diagonais são congruentes.

$\overline{AC} \equiv \overline{BD}$

Demonstração

Hipótese: ABCD é trapézio isósceles.

Tese: $\overline{AC} \equiv \overline{BD}$.

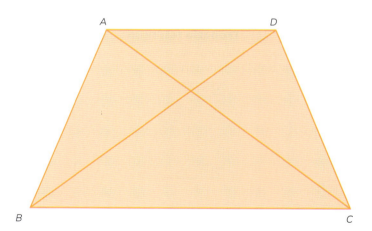

Os triângulos ABC e DCB, determinados pelas diagonais $\overline{AC}$ e $\overline{BD}$ são congruentes pelo caso LAL, pois:

$\begin{cases} \overline{AB} \equiv \overline{DC} \text{ (lados não paralelos do trapézio isósceles) (L)} \\ \hat{B} \equiv \hat{C} \text{ (ângulos da base trapézio isósceles)} \qquad \text{(A)} \\ \overline{BC} \text{ (lados comum)} \qquad\qquad\qquad\qquad\qquad\qquad \text{(L)} \end{cases}$

Portanto: $\overline{AC} \equiv \overline{BD}$.

ATIVIDADES RESOLVIDAS

1 Dois ângulos internos de um trapézio medem 44° e 109°. Quais são as medidas dos outros ângulos internos desse trapézio?

RESOLUÇÃO: Os ângulos indicados no enunciado não são suplementares. Então, os lados não paralelos do trapézio adjacentes a esses ângulos são diferentes.

Veja nas figuras a seguir as duas possibilidades de localização dos referidos ângulos.

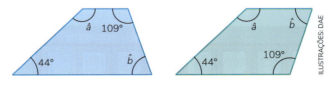

Como $a + 44°$ e $b + 109°$ são somas das medidas dos ângulos colaterais internos, temos:

$a + 44° = 180°$

$a = 180° - 44°$, então, $a = 136°$

$b + 109° = 180°$

$b = 180° - 109°$, então, $b = 71°$

Portanto, os outros ângulos internos desse trapézio medem 136° e 71°.

2 No trapézio retângulo da figura a seguir, $\overline{AP}$ e $\overline{BP}$ são as bissetrizes dos ângulos da base maior. Determine as medidas de $\hat{B}$ e $\hat{C}$.

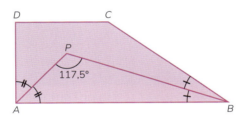

RESOLUÇÃO: Se o trapézio ABCD é retângulo e $\overline{AP}$ e $\overline{BP}$ são as bissetrizes dos ângulos da base maior $\overline{AB}$, temos:

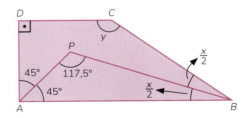

Do triângulo APB, temos: $45° + 117,5° + \dfrac{x}{2} = 180°$, então, $9° + 235° + x = 360°$. Logo, $x = 35°$.

Portanto, o ângulo $\hat{B}$ mede 35°. Do trapézio ABCD, temos:

$\hat{A} + \hat{B} + \hat{C} + \hat{D} = 360°$; então, $90° + 35° + y + 90° = 360°$. Logo, $y = 145°$.

Portanto, o ângulo $\hat{C}$ mede 145°.

Dica

Atividades e jogos com quadriláteros, de Marion Smoothey (Scipione).

Divirta-se com os jogos e as atividades desse livro, como quebra-cabeças, jogos de trilhas, labirintos e dobraduras, a partir de situações do cotidiano. Você ficará familiarizado com conceitos matemáticos como os quadriláteros, seus elementos, o nome de alguns quadriláteros especiais e seus ângulos.

ATIVIDADES

FAÇA NO CADERNO

1. Considere o trapézio a seguir para responder às questões.
   a) Quais são os lados paralelos desse trapézio?
   b) Quais são os lados não paralelos desse trapézio?
   c) Quais são os ângulos internos desse trapézio?
   d) Dos ângulos internos identificados no item anterior, quais são agudos e quais são obtusos?

2. Classifique os trapézios a seguir em isósceles, retângulo ou escaleno. Depois, use o transferidor para encontrar a medida dos ângulos internos de cada trapézio.

   a)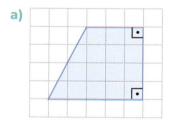

   c)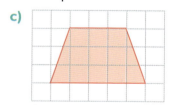

   b)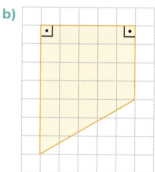

   d)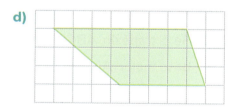

3. Considere as afirmações a seguir e diga quais são verdadeiras.
   a) Todo quadrado é um losango.
   b) Todo triângulo acutângulo é equilátero.
   c) Todo triângulo equilátero é isósceles.
   d) Todo paralelogramo é um trapézio.
   e) Todo triângulo retângulo é escaleno.

4. O trapézio PQRS a seguir é isósceles. Calcule as medidas dos ângulos internos desse trapézio.

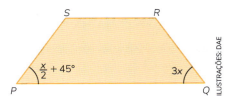

5. No trapézio retângulo representado a seguir, a medida de $\hat{S}$ é $\frac{3}{5}$ da medida de $\hat{R}$. Qual é a medida de $\hat{S}$ e de $\hat{R}$?

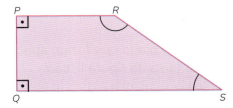

6. Qual é a medida de cada ângulo do trapézio *ABCD* representado abaixo?

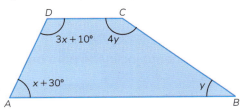

7. Na figura, *ABCD* é um trapézio de bases $\overline{AB}$ e $\overline{CD}$. Sabendo que $\overline{AE}$ é a bissetriz de $\hat{A}$, determine as medidas *x* e *y* indicadas.

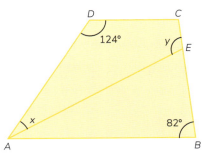

8. Utilizando régua e transferidor, construa um trapézio com as seguintes informações:
- base maior e base menor com medida, respectivamente, de 8 cm e 4 cm;
- altura com 3 cm;
- ângulos formados pela base maior e lados não paralelos com medida de 50° e 60°;
- ângulos formados pela base menor e lados não paralelos medindo 130° e 120°.

9. Em um trapézio isósceles, a base maior é a soma da base menor com o dobro da altura.

DESAFIO

a) Qual é a medida de cada ângulo desse trapézio?

b) Se a altura desse trapézio mede 2,5 cm e a base maior 8 cm, qual é a sua área?

MAIS ATIVIDADES

1 (CESPE) Observe as figuras.

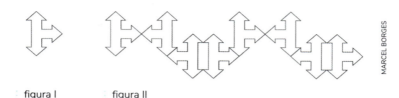

figura I   figura II

A partir da forma inicial apresentada na figura I acima, foi construída uma faixa decorativa, da qual uma parte é mostrada na figura II.

Nessa situação, as quatro simetrias do plano que foram aplicadas na figura I de modo sucessivo, para formar o padrão básico da faixa da figura II, são:

a) reflexão em um eixo vertical, rotação de 90° para a direita, reflexão em eixo vertical e rotação de 90° para a esquerda.

b) reflexão em eixo horizontal, deslizamento inclinado para baixo, reflexão em eixo horizontal e deslizamento inclinado para cima.

c) rotação de 180°, reflexão em eixo inclinado, rotação de 180° e reflexão em eixo inclinado.

d) reflexão em eixo vertical, deslizamento inclinado para baixo, reflexão em eixo vertical e deslizamento inclinado para cima.

2 (Uece) O triângulo ABC é isósceles, com base BC, e o ponto D do lado AC é tal que AD = BD = BC. Então a soma das medidas em graus dos ângulos B e C é?

a) 144°   b) 140°   c) 136°   d) 132°

3 Na figura, $\overline{AB} \equiv \overline{AC}$, $\overline{BC} \equiv \overline{CD}$ e $\hat{A} = 36°$.

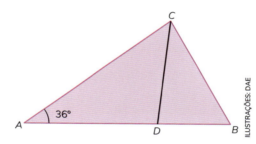

a) Calcule as medidas de $D\hat{C}B$ e $A\hat{D}C$.

b) Prove que $\overline{AD} \equiv \overline{BC}$.

4 (UFPB) Na figura abaixo está ilustrado o desenho de um portão em formato retangular, onde foram colocadas diagonais $\overline{AC}$ e $\overline{BD}$, a fim de obter-se maior rigidez para o mesmo.

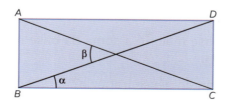

Sabendo-se que α = 20°, o valor de β é:

a) 70°   b) 60°   c) 50°   d) 40°   e) 30°

5 Observe o paralelogramo MNPQ representado a seguir.

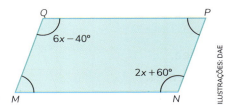

Com base nesses dados, calcule:

a) a medida de x;

b) a medida, em graus, dos ângulos agudos desse paralelogramo.

6 Analise o paralelogramo ABCD e calcule a medida de cada um dos seus ângulos internos.

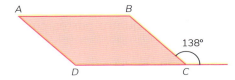

7 Um dos ângulos de um losango mede 135°. Determine a medida, em graus, de um dos ângulos agudos desse losango.

8 Observe a imagem a seguir.

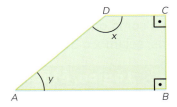

Sejam x e y as medidas de CÂD e DÂB e x − y = 100°. Calcule os valores de x e y.

9 Considere a figura a seguir.

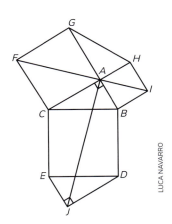

149

Sobre essa figura, sabe-se que:

I. o triângulo ABC é retângulo em A e sobre seus lados foram construídos os quadrados ABIH, ACFG e BCED;

II. o triângulo JED é retângulo em J e JE = AB, JD = AC.

Com base nos dados acima, quais afirmações a seguir são falsas?

a) IBCF e IHGF têm a mesma área.
b) IBCF e ABDJ são congruentes.
c) ABDJ e JECA têm a mesma área.
d) ABDJEC e HIBCFG são congruentes.
e) A área de BCED é igual à soma das áreas da ACFG e ABIH.

10 Considere o retângulo desenhado sobre a malha quadriculada ao lado. Traçando segmentos de reta, é possível dividir esse quadrilátero em quatro figuras que apresentam áreas com a mesma medida.

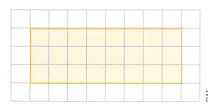

a) Em uma folha de papel quadriculado, reproduza quatro vezes o quadrilátero ao lado.

b) Divida cada um dos quadriláteros em quatro partes cujas áreas tenham a mesma medida.

c) Compare suas figuras com as de um colega e montem um cartaz com as soluções encontradas por vocês.

d) Analise os cartazes produzidos por toda a turma e anote as divisões que você considerou mais criativas.

e) Elabore um texto explicando o que chamou sua atenção nas figuras escolhidas no item anterior.

11 Desenhe o paralelogramo em que a soma das medidas de dois de seus ângulos internos consecutivos, em graus, sejam x e $3x - 90°$.

Lógico, é lógica!

12 (Concurso TRT 24ª Região 2011 – MS – FCC) São dados cinco conjuntos, cada qual com quatro palavras, três das quais têm uma relação entre si e uma única que nada tem a ver com as outras:

X = {cão, gato, galo, cavalo}
Y = {Argentina, Bolívia, Brasil, Canadá}
Z = {abacaxi, limão, chocolate, morango}
T = {violino, flauta, harpa, guitarra}
U = {Aline, Maria, Alfredo, Denise}

Em X, Y, Z, T e U, as palavras que nada têm a ver com as demais são, respectivamente:

a) cavalo, Argentina, chocolate, harpa e Aline.
b) gato, Canadá, limão, guitarra e Maria.
c) galo, Canadá, chocolate, flauta e Alfredo.
d) galo, Bolívia, abacaxi, guitarra e Alfredo.
e) cão, Canadá, morango, flauta e Denise.

CAPÍTULO 2
Construções geométricas

Para começar

Quais pontos da figura a seguir estão à mesma distância das extremidades do segmento AB?

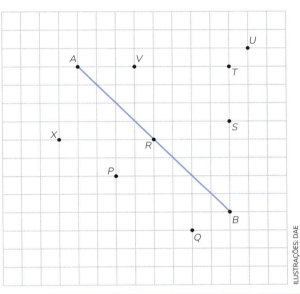

MEDIATRIZ DE UM SEGMENTO

Observe o segmento desenhado a seguir, com extremidades nos pontos A e B. Como podemos encontrar um terceiro ponto cuja distância aos pontos A e B seja 2 cm?

Para obter esses pontos podemos usar um compasso com abertura de 2 cm. Como você já sabe, se traçarmos uma circunferência de raio 2 cm com centro em A, determinamos todos os pontos cuja distância até A é de 2 cm.

O mesmo acontece se traçarmos uma circunferência com centro em B. Assim, temos:

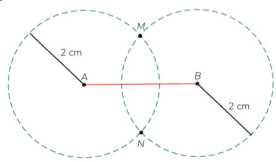

Note que as intersecções das circunferências são os únicos pontos que têm distância de 2 cm ao ponto A e **também** ao ponto B.

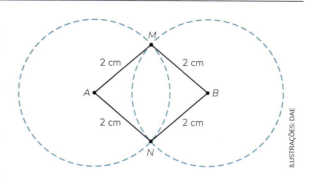

Vamos localizar outros pontos cujas distâncias aos pontos A e B sejam iguais. Por exemplo:

P e Q são os pontos cujas distâncias a A e a B medem 3 cm.

S e T são os pontos cujas distâncias a A e a B medem 4 cm.

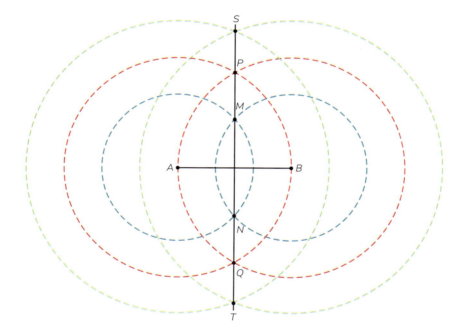

Observando o desenho, parece que os pontos equidistantes das extremidades pertencem a uma reta que é perpendicular ao segmento AB e corta $\overline{AB}$ no ponto médio; ou seja, a reta é a mediatriz do segmento AB.

Podemos demonstrar essa propriedade da mediatriz usando a congruência de triângulos.

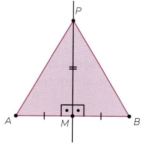

Vamos mostrar que qualquer ponto P que pertence à mediatriz r de um segmento AB é equidistante de suas extremidades.

Hipótese: P ∈ mediatriz de $\overline{AB}$.

Tese: $\overline{PA} \equiv \overline{PB}$.

$$\begin{cases} \overline{AM} \equiv \overline{MB} \text{ por construção, pois } r \text{ é mediatriz de } \overline{AB} \quad (L) \\ P\hat{M}A \equiv P\hat{M}B \text{ por construção, ambos medem } 90° \quad (A) \\ \overline{PM} \text{ é lado comum } (L) \end{cases}$$

Assim, pelo caso LAL, os triângulos PMA e PMB são congruentes; portanto, $\overline{PA} \equiv \overline{PB}$.

Mas, para provar que todos os pontos equidistantes de A e B estão na mediatriz, precisamos demonstrar também que todo ponto P que é equidistante de A e de B pertence à mediatriz.

Hipótese: $\overline{PA} \equiv \overline{PB}$.

Tese: $P \in$ mediatriz de $\overline{AB}$.

Traçamos a reta $\overleftrightarrow{PM}$ bissetriz de $A\hat{P}B$.

Assim, temos:

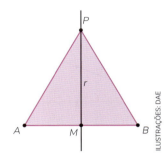

$$\begin{cases} \overline{PA} \equiv \overline{PB} \text{ (por hipótese)} \\ A\hat{P}M \equiv B\hat{P}M \text{ (por construção)} \\ \overline{PM} \text{ é lado comum} \end{cases}$$

Pelo caso LAL, o triângulo AMP é congruente ao triângulo BMP.

Portanto, $\overline{AM} \equiv \overline{MB}$ e $P\hat{M}A \equiv P\hat{M}B$, que significa que ambos são ângulos retos.

Podemos concluir que a reta $\overleftrightarrow{PM}$ é perpendicular a $\overline{AB}$ e passa por seu ponto médio, ou seja, $\overline{PM}$ é mediatriz de $\overline{AB}$.

ATIVIDADES

FAÇA NO CADERNO

1 Desenhe no caderno um segmento de reta com a medida que desejar. Trace a mediatriz desse segmento. Escolha qualquer ponto P pertencente à mediatriz e meça as distâncias do ponto até as extremidades do segmento. O que você observa?

2 Laura desenhou no caderno um segmento de medida 6 cm. Ela deseja marcar outro ponto, cuja distância às extremidades do segmento seja de 4 cm.

   a) Como ela deve fazer para encontrar esse ponto?

   b) Quantos pontos diferentes ela pode encontrar?

   c) Se a distância do ponto P até as extremidades for de 3 cm, quantos pontos ela encontrará?

3 João desenhou numa folha três pontos, A, B e C, em lugares diferentes e deseja encontrar um ponto que tenha a mesma distância aos três pontos. Isso é sempre possível? Como ele pode fazer?

4 Uma antena de telefonia deverá ser instalada sobre a reta r, à mesma distância de dois locais A e B, como mostra a figura.

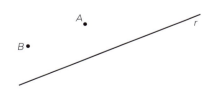

Desenhe uma construção geométrica que permita obter o ponto sobre a reta r, de acordo com a condição em que essa antena deve ser colocada, indicada na figura.

153

BISSETRIZ DE UM ÂNGULO

Bissetriz de um ângulo é a semirreta de origem no vértice desse ângulo que determina, com seus lados, dois ângulos adjacentes congruentes.

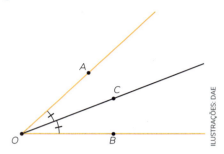

Na figura, representamos $\overrightarrow{OC}$ como a bissetriz de $A\hat{C}B$.

As bissetrizes têm outra característica especial: qualquer ponto que pertence à bissetriz tem igual distância dos dois lados do ângulo.

Isso também pode ser demonstrado usando-se a congruência de triângulos. Veja:

A semirreta OP é bissetriz do ângulo $M\hat{O}N$. Representamos os segmentos $\overline{PM}$ e $\overline{PN}$ perpendiculares aos lados do ângulo, formando os triângulos retângulos OMP e ONP.

Temos:

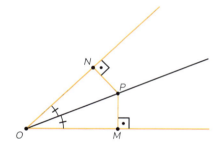

$$\begin{cases} \overline{OP} \text{ é lado comum} & (L) \\ P\hat{O}M \equiv P\hat{O}N, \text{ pois } \overrightarrow{OP} \text{ é bissetriz do ângulo } M\hat{O}N & (A) \\ O\hat{N}P \equiv O\hat{M}P, \text{ pois ambos são ângulos retos} & (A_o) \end{cases}$$

Assim, pelo caso LAA_o, os triângulos OMP e ONP são congruentes; portanto, $\overline{PM} \equiv \overline{PN}$.

Também podemos mostrar que qualquer ponto P cuja distância aos lados é sempre igual pertence à bissetriz.

Veja: se temos um ponto cuja distância até um lado é igual à distância ao outro, podemos determinar dois triângulos retângulos congruentes.

Temos:

$$\begin{cases} \overline{PM} \equiv \overline{PN} \text{ (catetos de mesma medida)} \\ \overline{OP} \text{ é lado comum (hipotenusa)} \\ P\hat{N}O \equiv P\hat{M}O \text{ (são ângulos retos)} \end{cases}$$

Assim, pelo caso cateto-hipotenusa, os triângulos OMP e ONP são congruentes; portanto, $P\hat{O}M \equiv P\hat{O}N$.

Demonstramos que a bissetriz é formada por todos os pontos que são equidistantes aos lados do ângulo.

ATIVIDADES

FAÇA NO CADERNO

1 Desenhe no caderno um ângulo agudo qualquer e trace sua bissetriz. Escolha um ponto *P* na bissetriz e, a partir dele, trace as perpendiculares a cada lado do ângulo determinando os pontos *A* e *B*. Compare as medidas de $\overline{PA}$ e $\overline{PB}$.

2 Observe o desenho a seguir. As circunferências são tangentes aos lados do ângulo. O que podemos afirmar sobre os centros das circunferências?

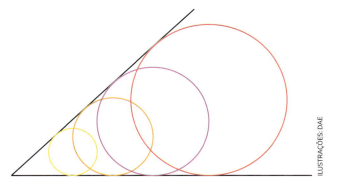

3 Calcule *x*, sabendo que a circunferência é tangente aos lados do ângulo.

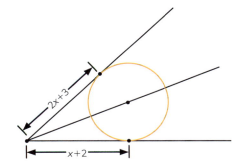

4 Siga o procedimento descrito nas etapas.

1º No caderno, desenhe um ângulo obtuso de centro *O* e trace sua bissetriz.

2º Escolha um ponto *P* sobre um dos lados.

3º Pelo ponto *P*, trace a perpendicular ao lado escolhido. A intersecção da perpendicular com a bissetriz será o ponto *Q*.

4º Pelo ponto *Q*, trace a perpendicular ao outro lado do ângulo, determinando nele o ponto *R*.

5º Compare as medidas de $\overline{OP}$ e $\overline{OR}$.

Abra o compasso com raio igual a $\overline{QP}$ e trace uma circunferência. O que você pode notar?

CONSTRUÇÕES GEOMÉTRICAS: ÂNGULOS DE 90°, 60°, 45° E 30°

Construção de um ângulo reto e de um ângulo de 45°

Para construir esses ângulos, siga os passos.

1º passo: Considere uma semirreta com origem em P, representada a seguir.

2º passo: Com o centro do compasso em P e raio qualquer, traçamos um arco que intersecte a semirreta, determinando o ponto M.

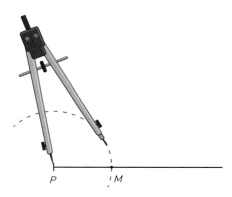

3º passo: Com o centro do compasso em M e mesmo raio, traçamos um arco que intercepta o primeiro, determinando o ponto N.

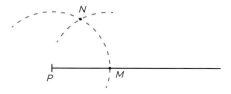

4º passo: Com o centro do compasso em N e mesmo raio, traçamos outro arco que intercepta o primeiro, determinando o ponto Q.

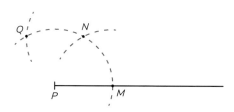

5º passo: Com o centro do compasso em N e depois em Q, com mesmo raio, traçamos dois arcos que se intersectam, determinando o ponto R.

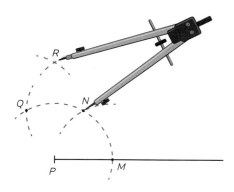

6º passo: Traçamos a semirreta $\overrightarrow{PR}$. Portanto, $M\hat{P}R$ mede 90°.

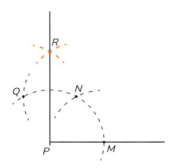

Para traçar um ângulo de medida 45°, traçamos a bissetriz do ângulo de 90° já obtido.

7º passo: Chamamos de S a intersecção da semirreta $\overrightarrow{PR}$ com o primeiro arco traçado. Com o centro do compasso em S e depois em M, com mesmo raio, traçamos dois arcos que se intersectam, determinando o ponto T.

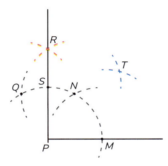

8º passo: Traçamos a semirreta $\overrightarrow{PT}$. Portanto, $M\hat{P}T$ mede 45°, assim como o ângulo $T\hat{P}R$.

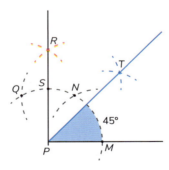

Construção de ângulos de 60° e 30°

Observe os passos descritos a seguir.

1º passo: Considere uma semirreta com origem em P, representada ao lado.

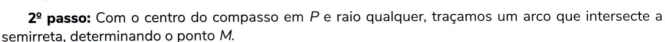

2º passo: Com o centro do compasso em P e raio qualquer, traçamos um arco que intersecte a semirreta, determinando o ponto M.

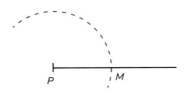

3º passo: Com o centro do compasso em M e mesmo raio, traçamos um arco que intercepta o primeiro, determinando o ponto N.

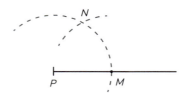

4º passo: Traçamos a semirreta $\overrightarrow{PN}$. Portanto, $M\hat{P}N$ mede 60°.

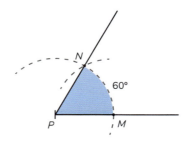

Para traçar o ângulo de 30°, basta traçar a bissetriz do ângulo $M\hat{P}N$.

5º passo: Com o centro do compasso em M e depois em N, com mesmo raio, traçamos dois arcos que se intersectam, determinando o ponto R.

6º passo: Traçamos a semirreta $\overrightarrow{PR}$. Portanto, $M\hat{P}R$ mede 30°, assim como o ângulo $R\hat{P}N$.

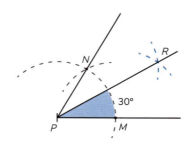

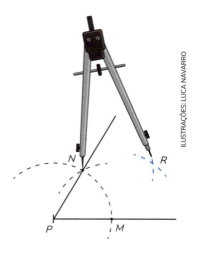

ATIVIDADES

1 Observe o 5º passo da construção do ângulo de 90°. Quanto mede o ângulo $M\hat{P}Q$?

2 Observe a descrição do procedimento a seguir: desenhamos um segmento de reta AB; com o centro do compasso em A e raio de medida AB, traçamos um arco; depois, com o centro do compasso em B e mesma abertura, traçamos outro arco que intersecta o primeiro, determinando o ponto C; unimos o ponto C ao ponto A e depois ao ponto B. Que formato geométrico foi construído com esse procedimento?

3 Construa um ângulo de 15°.

4 Construa um ângulo cuja medida seja 105°. (Dica: 105° = 60° + 45°.)

CONSTRUÇÃO DE POLÍGONOS REGULARES

Construção de um hexágono regular

Usando régua e compasso, construa um hexágono regular inscrito numa circunferência.

1º passo: Trace um segmento de reta e marque nele um ponto O, que será o centro do hexágono.

2º passo: Com o centro do compasso no ponto O, com raio qualquer, desenhe uma circunferência. Chame as intersecções da circunferência com a reta de A e B.

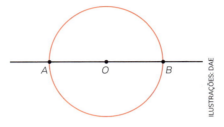

3º passo: Com o centro do compasso em A e abertura igual ao raio da circunferência, marque nela os pontos C e D. Note que o arco passa pelo centro O da circunferência.

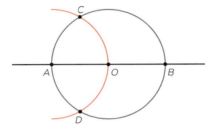

4º passo: Com o centro do compasso em B e abertura igual ao raio da circunferência, marque nela os pontos E e F. Note que o arco passa pelo centro O da circunferência.

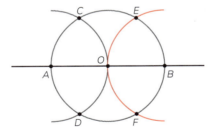

5º passo: Trace os lados do hexágono, que são $\overline{AC}$, $\overline{CE}$, $\overline{EB}$, $\overline{BF}$, $\overline{FD}$ e $\overline{DA}$.

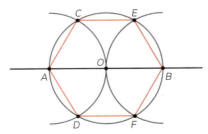

Note que o lado do hexágono construído tem a mesma medida do raio da circunferência.

Veja o fluxograma dessa construção.

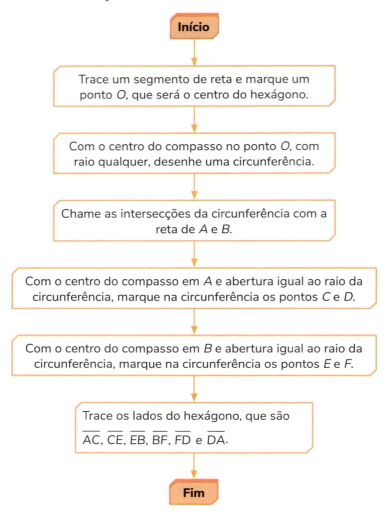

ATIVIDADES

1. Construa, usando régua e compasso, um hexágono regular cujos lados meçam 3 cm. Em seguida, trace todas as diagonais. Observe os desenhos que se formarem.

2. Observe e, em seguida, reproduza os desenhos que Milena fez usando os vértices de um hexágono regular. Depois crie seu próprio desenho artístico usando hexágonos.

MARCEL BORGES

CONSTRUÇÕES DE OUTROS POLÍGONOS REGULARES

Você aprenderá a construir alguns polígonos regulares utilizando um *software* de Geometria dinâmica.

Inicialmente, construa um triângulo equilátero.

1º passo: Selecione a ferramenta Polígono Regular, como na figura a seguir.

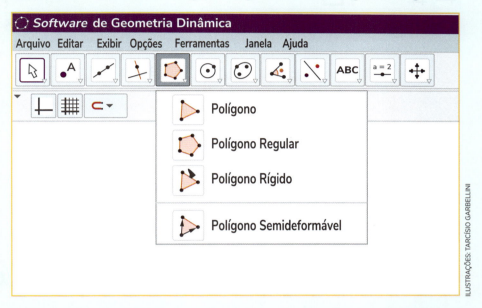

2º passo: Marque dois pontos na tela a fim de definir a medida do segmento para a construção do triângulo equilátero. Após esse procedimento, uma janela será aberta para incluir o número de vértices do polígono. Digite o número 3 e clique no botão OK.

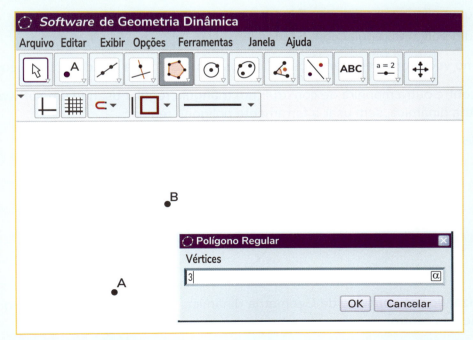

161

O resultado será o da figura abaixo.

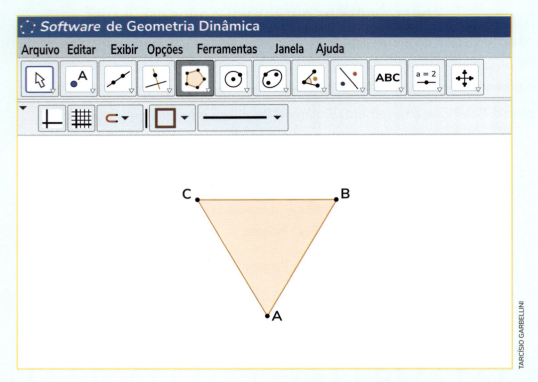

ATIVIDADES

1) Usando o passo a passo da construção de um triângulo equilátero com o *software* de geometria dinâmica, construa:

a) um polígono regular com 4 lados;

b) um polígono regular com 5 lados;

c) um polígono regular com 6 lados.

2) Como você pode verificar se os polígonos construídos na atividade 1 são equiláteros?

3) Encontre outra maneira de construir um triângulo regular usando um *software* de geometria dinâmica, sem usar a ferramenta polígono regular.

4) A figura abaixo mostra três circunferências de mesmo centro O.

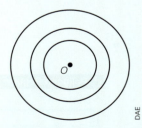

Utilizando um *software* de Geometria dinâmica, desenhe três quadrados que tenham o mesmo centro.

MAIS ATIVIDADES

1. Construa um triângulo ABC sendo $\hat{A} = 70°$, $\hat{B} = 50°$ e $BC = 9$ cm.

2. Considere o paralelogramo representado a seguir.

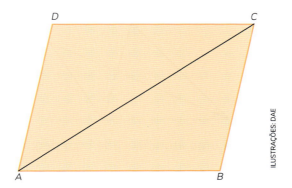

Construa esse paralelogramo sendo $C\hat{A}B = 30°$, $AB = 6$ cm e $AC = 8$ cm.

3. Construa um trapézio:

   a) retângulo, sendo conhecidas as medidas de suas bases maior (*a*), menor (*b*) e sua altura (*h*);

   b) isósceles, sendo conhecidas as medidas de sua altura (3 cm), da base maior (10 cm) e dos ângulos da base maior (45°).

4. Construa um quadrado cuja diagonal meça 8 cm.

5. (Unesp) Considere um quadrado de lado *x* cm. Um retângulo tem um perímetro igual a 106 cm, sendo que sua largura é 8 cm a menos do que o lado do quadrado, e seu comprimento é 5 cm a mais do que o triplo do lado do quadrado. O perímetro desse quadrado, em cm, é igual a:

   a) 40.
   b) 44.
   c) 48.
   d) 52.
   e) 56.

Lógico, é lógica!

6. Analise a sequência de triângulos.

O número no interior de cada triângulo é resultado de operações efetivadas com os números da parte externa. Sabendo que a sequência de operações é a mesma nos três triângulos, que número deve ser colocado no lugar de 🙂 ? Compartilhe com um colega a estratégia utilizada.

PARA ENCERRAR

1 (OBMEP) Na figura a seguir, os ângulos marcados em cinza têm a mesma medida. Do mesmo modo, os ângulos marcados em branco também têm a mesma medida. Determine a medida do ângulo b.

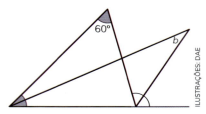

2 (Famema-SP) A figura representa uma arquibancada com degraus de mesma altura (x metros) e mesma extensão (y metros).

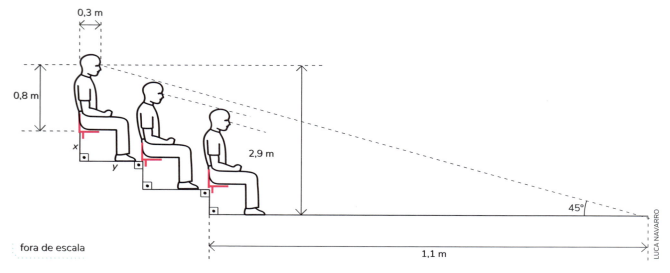

O valor de x + y será igual a

a) 1,85 m.

b) 1,80 m.

c) 1,90 m.

d) 1,75 m.

e) 1,95 m.

3 (OCM-UFCG-PB) Na figura tem-se $\hat{A} = 30°$. BD e CD são as bissetrizes dos ângulos $\hat{B}$ e $\hat{C}$, respectivamente. Qual é a medida do ângulo $B\hat{D}C$?

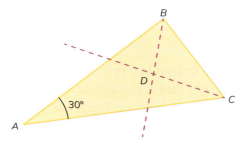

a) 90°   b) 100°   c) 105°   d) 115°   e) 125°

4 (XXIX OMRN) No desenho abaixo, temos um tabuleiro 5 × 5, onde cada casa é um quadradinho de lado com comprimento 1 m.

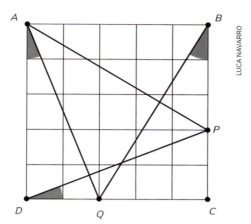

A soma dos ângulos $\angle QAP + \angle QBP + \angle QAD$ é:

a) 75°.

b) 80°

c) 90°.

d) 70°.

e) 60°.

5 (OBMEP) Na figura abaixo, ABCD é um paralelogramo. O ponto E é ponto médio de AB, e F é ponto médio de CD. Qual é a razão entre a área do triângulo GIH e a área do paralelogramo ABCD?

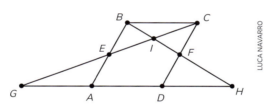

a) $\dfrac{9}{8}$

b) $\dfrac{5}{4}$

c) $\dfrac{4}{3}$

d) $\dfrac{3}{2}$

e) 2

6 (OMRP-SP) Ana Lítica desenha dois triângulos equiláteros sobre os lados com medidas iguais de um triângulo isósceles obtendo assim um pentágono, como ilustra a figura. Sabendo que o perímetro do triângulo isósceles é 18 cm e o perímetro do pentágono é 32 cm, assinale a alternativa que contém o perímetro de um dos triângulos equiláteros.

a) 28 cm

b) 25 cm

c) 24 cm

d) 21 cm

e) 20 cm

7 (EsPCEx-SP) Na figura a seguir, *ABCD* é um quadrado, *E* é o ponto médio de *BC* e *F* é o ponto médio de *DE*.

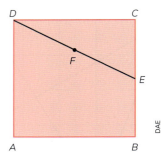

A razão entre as áreas do quadrado *ABCD* e do triângulo *AEF*, nessa ordem, é:

a) 1.
b) 2.
c) 3.
d) 4.
e) 5.

8 Como podemos construir uma circunferência que tenha raio de 2 cm e seja tangente a dois lados de um ângulo dado?

9 (CMJF-MG) Lendo o livro "Diário de um Banana", destacamos:

O fato é que o Manny não gosta de dividir os brinquedos dele. Quando as outras crianças chegam, ele se tranca no cercadinho do nosso antigo cachorro, o Chuchu, e fica lá sozinho com os brinquedos.

Fonte: KINNEY, Jeff. *Diário de um Banana*, volume: Segurando Vela. São Paulo, SP: Vergara & Riba Editora, 2013. p. 24.

Observando as figuras geométricas planas que compõem as faces laterais e o formato do cercadinho, a figura que **não** é possível visualizar é:

a) quadrado.
b) retângulo.
c) heptágono.
d) hexágono.

10 (EEAR-SP) Seja o paralelogramo ABCD. Sabendo que $\overline{AP}$ e $\overline{DP}$ são bissetrizes dos ângulos internos $\hat{A}$ e $\hat{D}$ respectivamente, o valor de x é:

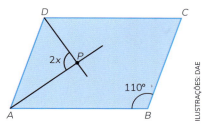

a) 55°. b) 45°. c) 30. d) 15°.

11 (Vunesp) O retângulo ABCD foi dividido em 3 regiões, conforme mostra a figura.

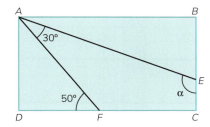

A medida do ângulo indicado por α no quadrilátero AECF é

a) 100°.
b) 110°.
c) 120°.
d) 130°.

12 (Vunesp) A capa de um livro infantil foi ilustrada com o desenho de rascunho de um barco e do Sol, como mostra a figura.

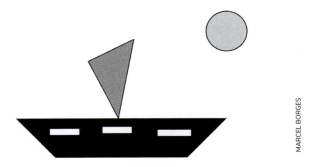

Na figura, as quatro formas geométricas identificadas são:

a) quadrado, trapézio, triângulo e círculo.
b) círculo, retângulo, cubo e triângulo.
c) trapézio, retângulo, losango e círculo.
d) triângulo, retângulo, quadrado e circunferência.
e) retângulo, trapézio, triângulo e círculo.

167

UNIDADE

5

Rafael Araujo. *Blue morpho sequence*. Desenho em tela, 45 cm × 33 cm.

Sequências e proporcionali- dade

Fibonacci (Leonardo de Pisa, c. 1170-c. 1250) foi um matemático italiano que descobriu a sequência que começa com 0 e 1 e na qual cada número, exceto os dois primeiros termos, é obtido pela adição dos dois termos imediatamente anteriores a ele. Essa sequência ficou conhecida com **sequência de Fibonacci**. Ao traçarmos uma série de quadrados cujas medidas dos lados são termos dessa sequência, obtemos a **espiral de Fibonacci**.

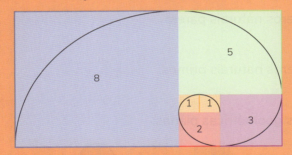

Baseando-se na sequência de Fibonacci, Rafael Araujo, arquiteto e ilustrador venezuelano, elaborou diversos desenhos trabalhando proporções e padrões naturais. Ele é um artista que usa apenas lápis, compasso, régua e transferidor para criar suas obras.

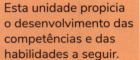

Na BNCC

Esta unidade propicia o desenvolvimento das competências e das habilidades a seguir.

Competências gerais: 1 e 3

Competências específicas: 1, 2 e 3

Habilidades:
EF08MA10
EF08MA11
EF08MA12
EF08MA13

Para pesquisar e aplicar

1. Quais são os dez primeiros termos da sequência de Fibonacci?

2. Pesquise exemplos de onde podemos encontrar a espiral de Fibonacci.

RAFAEL ARAÚJO

CAPÍTULO 1

Sequências

Para começar

A sequência de figuras representadas abaixo obedece a um padrão de formação:

Quantas  compõem a sétima figura dessa sequência?

INTRODUÇÃO

É comum observarmos no dia a dia conjuntos cujos elementos estão dispostos em certa ordem, seguindo ou não determinado padrão. Dizemos que esse conjunto corresponde a uma **sequência** ou **sucessão**.

- Sequência dos números naturais pares:

    0, 2, 4, 6, 8, ...

- Sequência dos números naturais primos:

    2, 3, 5, 7, 11, ...

- Sequência de formas geométricas planas:

- Sequência dos meses do ano:

    janeiro, fevereiro, março, ..., dezembro.

Pense e responda

Qual é o 10º número natural par?

As sequências são caracterizadas pela ordem de seus termos.

De modo geral, representa-se o termo de uma sequência por uma letra minúscula qualquer, normalmente **a**, acompanhada de um índice que indica sua posição ou ordem na sequência.

$$(a_1, a_2, a_3, a_4, a_n, ...)$$

1º termo   3º termo   enésimo termo

Por exemplo, na sequência 2, 3, 5, 7, 11, ..., o primeiro termo é $a_1 = 2$, o segundo é $a_2 = 3$ e o quinto é $a_5 = 11$.

Para representar um termo qualquer, utilizamos a_n, ou seja, o enésimo termo ou termo de ordem n, em que $n = 1, 2, 3, ...$

Por esse motivo, a_n é chamado **termo geral** da sequência.

OBTENÇÃO DOS TERMOS DE UMA SEQUÊNCIA

Os termos de uma sequência podem ser determinados por meio do **termo geral** ou por **recorrência**. Acompanhe os exemplos a seguir.

1º exemplo

Veja como Lorenzo determinou o termo geral da sequência 11, 21, 31, 41, ... para calcular seu quinquagésimo termo.

Cada termo dessa sequência, a partir do primeiro, é igual ao termo anterior adicionado a 10. Veja:

$$11, 21, 31, 41, ...$$
$$+ 10 + 10 + 10$$

Escrevendo todos os termos em função do 10 que está sendo adicionado, temos:

$$a_1 = 11 = 1 + 10 \cdot 1$$

$$a_2 = 21 = 1 + 10 \cdot 2$$

$$a_3 = 31 = 1 + 10 \cdot 3$$

$$a_4 = 41 = 1 + 10 \cdot 4$$

$$\downarrow$$

$$\cdot$$
$$\cdot$$
$$\cdot$$

$$a_n = 1 + 10 \cdot n$$

Sendo n um número natural diferente de zero, o termo geral é $a_n = 1 + 10n$. Esse termo possibilita obter qualquer termo da sequência desde que conhecida sua posição ou ordem. Fazendo $n = 50$, vamos obter o quinquagésimo termo:

$$a_{50} = 1 + 10 \cdot 50, \text{ então, } a_{50} = 1 + 500, \text{ logo } a_{50} = 501$$

Portanto, o 50º termo é 501.

2º exemplo

Vamos traçar um fluxograma que possibilite obter uma fórmula para calcular os próximos três termos da sequência: 5, −2, −9, −16, ...

Observe que cada termo dessa sequência, a partir do segundo, é igual ao termo imediatamente anterior menos 7. Daí vem:

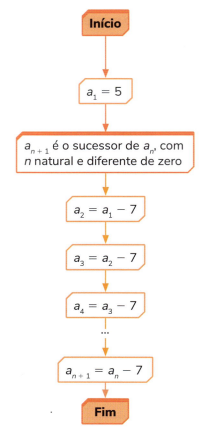

Essa sequência é dada para $a_1 = 5$ e $a_{n+1} = a_n - 7$, chamada **fórmula** ou **lei de recorrência**.

Assim, determinaremos o 5º termo com base no 4º ($a_4 = -16$), o 6º termo com base no 5º e o 7º termo com base no 6º.

$n = 4 \rightarrow a_{4+1} = a_4 - 7 \rightarrow a_5 = -16 - 7 \rightarrow a_5 = -23$

$n = 5 \rightarrow a_{5+1} = a_5 - 7 \rightarrow a_6 = -23 - 7 \rightarrow a_6 = -30$

$n = 6 \rightarrow a_{6+1} = a_6 - 7 \rightarrow a_7 = -30 - 7 \rightarrow a_7 = -37$

Portanto, os próximos três termos são -23, -30 e -37.

3º exemplo

A sequência de figuras a seguir foi obtida obedecendo a determinado padrão.

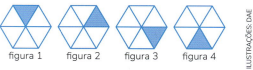

figura 1   figura 2   figura 3   figura 4

Seguindo o mesmo padrão, qual é a figura 5 dessa sequência?

Note que a figura toda foi dividida em seis partes iguais. Vamos numerar cada uma dessas partes e verificar o que ocorre com a parte azul.

figura 1   figura 2   figura 3   figura 4   figura 5

Portanto, a figura 5 é a que terá a parte 5 pintada de azul.

ATIVIDADES

1 Em uma sequência numérica, o primeiro termo é 61 e cada um dos outros termos, a partir do segundo, corresponde à soma dos quadrados dos algarismos do termo anterior.

a) Escreva os 12 primeiros termos dessa sequência.

b) O que se pode observar nessa sequência?

2 Escreva os cinco primeiros termos de cada uma das sequências a seguir.

a) $a_n = n^5 - n$, sendo n um número inteiro positivo.

b) $a_n = \dfrac{2n - 1}{2n}$, sendo n um número inteiro positivo.

3 Escreva os cinco primeiros termos da sequência definida por $a_n = 3 \cdot \left(\dfrac{2}{5}\right)^{2-n}$, sendo n um número natural maior do que zero.

4 Considere n um número inteiro positivo e escreva os seis primeiros termos de cada uma das sucessões a seguir.

a) $a_n = 1 + (-1)^n$

b) $a_n = \left(\dfrac{1}{2}\right)^{n+2}$

5 Escreva os quatro primeiros termos da sequência definida por: $\begin{cases} a_1 = -3 \\ a_{n+1} = a_n + 5 \end{cases}$, sendo n um número natural maior ou igual a 1.

6 Convide um colega para trabalhar com você. Observem as sequências a seguir.

Sequência A → 1, 9, 17, 25, 33, ...

Sequência B → −2, −7, −12, −17, −22, ...

Sequência C → $\dfrac{3}{4}$, 1, $\dfrac{5}{4}$, $\dfrac{3}{2}$, $\dfrac{7}{4}$, ...

a) Para cada uma dessas sequências, construam um fluxograma que possibilite obter seu termo geral.

b) Calculem o 40º termo de cada uma delas.

7 A sequência de figuras a seguir foi obtida obedecendo a determinado padrão.

Seguindo o mesmo padrão, desenhe a 4ª figura.

173

MATEMÁTICA INTERLIGADA

PADRÕES REPETIDOS

Quando você anda descalço na areia molhada, seus pés criam um padrão – esquerdo, direito, esquerdo, direito. Veja a figura a seguir.

No mercado, uma fileira de latas iguais em uma prateleira forma um padrão repetido, como pode ser visto na figura a seguir.

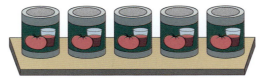

O padrão de adorno mostrado na figura encontra-se em uma bolsa de tecido dos índios ojibwas, nativos americanos das Grandes Planícies. O desenho repete-se inúmeras vezes, primeiro de um jeito e depois ao contrário.

Um desenho pode repetir-se até recobrir uma superfície inteira. A próxima figura mostra um exemplo de desenho entalhado na pedra em um templo mexicano, construído há mais de mil anos pelos índios zapotec.

ILUSTRAÇÕES: ANDRÉ MARTINS

ZASLAVSKY, Claudia. *Jogos e atividades matemáticas do mundo inteiro*. Tradução: Pedro Theobald. São Paulo: Artmed, 2000. p. 132.

Alguns padrões repetidos ocorrem na natureza. Há também os que são criados pelas pessoas e usados em objetos para decoração ou naqueles destinados a atividades práticas, como os tijolos de uma parede e os ladrilhos do piso de um banheiro. Os que descrevemos nas próximas atividades são padrões que as pessoas criaram tendo como objetivo a beleza.

1 Encontre outros exemplos de padrões repetidos em linhas ou fileiras. Procure dentro e fora de sua casa.

2 Edifícios grandes geralmente têm fileiras de janelas, todas de mesmo formato e do mesmo tamanho. Faça uma lista ou desenhos dos exemplos que você encontrar.

3 Procure desenhos que se repetem em uma superfície por inteiro. Faça uma lista ou desenhe alguns exemplos. Padrões em tecido ou em piso de azulejos são só alguns dos exemplos que você pode encontrar no banheiro e em outros lugares da casa.

MAIS ATIVIDADES

1 Considere a sequência: 1,87; 3,14; 4,41; 5,68; ...

a) Qual é o padrão de formação dos termos dessa sequência?

b) Determine o termo geral dessa sequência.

2 No desenho a seguir, percebemos uma fileira de "casas" feitas com palitos de madeira.

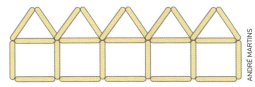

a) Se forem construídas 86 "casas", quantos palitos serão utilizados?

b) Com p palitos de madeira, foram construídas exatamente n casas. Quanto vale p, em função de n?

3 (IFPel-RS) O 8º termo da sequência definida por $a_n = 2n - 6$, com $n \in \mathbb{N}^*$ é:

a) 10.   b) 8.   c) 2.   d) 6.   e) 1.   f) I.R.

4 (OIMSF-SP) Sylvie está jogando cartas. Ela tem um maço de 32 cartas, todas diferentes e com um número inteiro entre 1 e 8 e uma das letras A, B, C ou D escrito sobre elas. Neste jogo duas cartas que tocam os lados devem ter o mesmo número ou a mesma letra sobre elas.

Sylvie já colocou 13 cartas em cima da mesa.

Copie o quadro na folha de respostas e complete com as cartas que faltam seguindo a regra do jogo.

5 A sequência de figuras duplas abaixo segue certo padrão. Qual é a quinta figura dessa sequência?

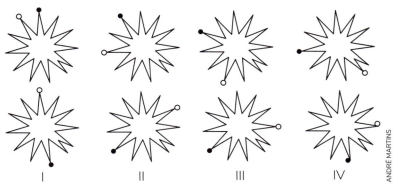

I   II   III   IV

6 A sequência de figuras representada abaixo segue o padrão lógico de um sistema de numeração.

De acordo com esse padrão, qual será a próxima figura desse sistema?

7 (TST-DF) Uma pessoa escreveu uma sequência de oito números inteiros, todos eles escolhidos de 1 a 4. A soma dos oito números escritos é 28. Apenas com essas informações, pode-se concluir que o número 4 foi escrito, no mínimo:

a) 4 vezes.   b) 5 vezes.   c) 6 vezes.   d) 7 vezes.   e) 8 vezes.

8 (Instituto Unifil-SC) Considerando a sequência {3, 6, 9, 12, ...}, analise as alternativas e assinale a que representa o próximo número da sequência.

a) 13   b) 14   c) 15   d) 16

9 (Fundep-MG) Um almoxarife, ao guardar caixas de documentos em um depósito, organizou-as em 6 filas, dispondo-as da seguinte forma:

- 1ª fila: 14 caixas;
- 2ª fila: 25 caixas;
- 3ª fila: 36 caixas.

Se em cada uma das filas ele mantiver o padrão utilizado nessas três primeiras, quantas caixas ele terá guardado ao finalizar a 6ª fila?

a) 69   b) 75   c) 180   d) 249

10 Cada uma das sequências de figuras mostrada abaixo foi elaborada seguindo determinado padrão. Mantido esse padrão, invente uma pergunta para cada item e troque o caderno com um colega para responder.

PARA CRIAR

a)

b)

ILUSTRAÇÕES: DAE

Lógico, é lógica!

11 A sequência de figuras representada abaixo está incompleta.

está para ☐ assim como ☐ está para...

A figura que está faltando, à direita, deve ter com aquela que a antecede a mesma relação que a segunda tem com a primeira. Qual das figuras abaixo representa essa figura?

a)

b)

c)

d)

CAPÍTULO 2

Proporcionalidade

Para começar

Fábio tem 24 CDs gravados. Para cada 3 CDs de música brasileira, ele tem um CD de música estrangeira. Quantos CDs de música brasileira Fábio tem?

GRANDEZAS DIRETAMENTE E INVERSAMENTE PROPORCIONAIS

Você já resolveu algumas situações envolvendo proporcionalidade.

Acompanhe agora as situações a seguir.

1ª situação

A tabela a seguir mostra o preço do feijão em função de sua quantidade.

Quantidade x (em quilograma)	1	2	3	4	6	7	10
Preço y (em real)	4,80	9,60	14,40	19,20	28,80	33,60	48,00

Note que, quando a quantidade x de feijão dobra, triplica, quadruplica etc., o preço y também dobra, triplica ou quadruplica, respectivamente. Se a quantidade de feijão diminuir pela metade, o preço a ser pago também diminuirá pela metade, e assim por diante.

Por isso, dizemos que o preço y é diretamente proporcional à quantidade x e o quociente de dois valores não nulos correspondentes é constante, isto é:

$$\frac{4,80}{1} = \frac{9,60}{2} = \frac{14,40}{3} = \ldots = \frac{48,00}{10} = 4,80$$

Em que 4,80 é a constante de proporcionalidade.

Os dados dessa tabela podem ser representados no plano cartesiano da seguinte forma:

Pense e responda

O que a constante de proporcionalidade representa nessa situação?

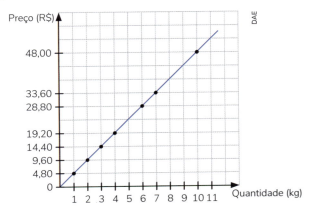

Unindo os pontos marcados, obtemos uma reta que passa pela origem do sistema cartesiano.

> Se duas grandezas *x* e *y* são **diretamente proporcionais**, temos:
> $\frac{y}{x} = k$, com *k* constante e diferente de zero, em que *k* é a **constante de proporcionalidade**.

O gráfico que representa duas grandezas diretamente proporcionais é uma **reta** que passa pela origem do sistema cartesiano.

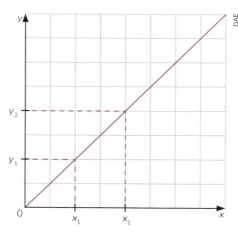

$$\frac{y_1}{x_1} = \frac{y_2}{x_2} = \frac{y_3}{x_3} = k$$

2ª situação

A tabela mostra o tempo que um motociclista leva para percorrer 120 km mantendo a mesma velocidade média.

TEMPO PARA PERCORRER 120 KM COM VELOCIDADE MÉDIA CONSTANTE					
Tempo gasto *t* (em horas)	3	4	6	12	24
Velocidade média v_m (em quilômetros por hora)	40	30	20	10	5

Fonte: Dados fictícios.

Note que, se a velocidade dobra, o tempo de percurso é reduzido à metade; se a velocidade se reduz à terça parte, o tempo de percurso é o triplo, e assim por diante.

Por isso, dizemos que a velocidade média v_m é inversamente proporcional ao tempo gasto *t* e o produto de dois valores não nulos correspondentes é constante, isto é:

$$40 \cdot 3 = 30 \cdot 4 = 20 \cdot 6 = 12 \cdot 10 = 5 \cdot 24 = 120$$

Em que 120 é a constante de proporcionalidade.

> **Pense e responda**
> O que a constante de proporcionalidade representa nesse caso?

Marcando os dados correspondentes a cada par ordenado da tabela no sistema cartesiano ortogonal e unindo-os, obtemos o gráfico:

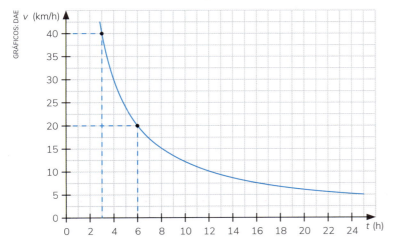

Duas grandezas *x* e *y* são **inversamente proporcionais** quando o produto de dois valores correspondentes quaisquer é constante e diferente de zero.

$x \cdot y = k$, com *k* constante e diferente de zero, em que *k* é a **constante de proporcionalidade**.

Essas sentenças matemáticas são representadas graficamente por uma curva chamada **hipérbole**.

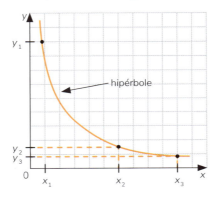

$$x_1 y_1 = x_2 y_2 = x_3 y_3 = k$$

Curiosidade

COMO SÃO DETERMINADAS AS FAIXAS DE ULTRAPASSAGEM NAS ESTRADAS DE MÃO DUPLA?

Comecemos pelo bê-á-bá: a linha contínua proíbe ultrapassagens e a tracejada libera. Os pontos de proibição são determinados de acordo com a "distância de visibilidade" – distância em que é possível avistar um veículo na pista oposta com tempo hábil para ultrapassar.

Por exemplo: se a velocidade máxima da via é de 40 km/h, a faixa contínua é pintada a 100 m da curva.

Conforme a velocidade máxima cresce, a distância entre o início da faixa contínua e a curva aumenta, conforme ilustramos ao lado:

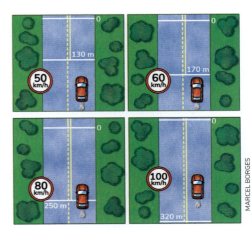

COMO são determinadas as faixas de ultrapassagem nas estradas de mão dupla? *Superinteressante*, [São Paulo], 29 maio 2018. Disponível em: https://super.abril.com.br/blog/oraculo/como-sao-determinadas-as-faixas-de-ultrapassagem-em-estradas-de-mao-dupla/. Acesso em: 12 nov. 2020.

As grandezas "velocidade máxima" e "distância de visibilidade" são proporcionais? Explique.

ATIVIDADES

1 A quantidade diária Q de peças produzidas por determinada fábrica, durante certo período t, em horas, é mostrada no gráfico a seguir.

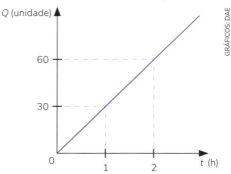

Com base no gráfico, faça o que se pede a seguir.

a) Q e t são diretamente ou inversamente proporcionais? Justifique sua resposta.

b) Determine a constante de proporcionalidade.

c) Que sentença matemática relaciona Q e t?

d) Quanto tempo essa fábrica leva para produzir 360 peças?

2 O gráfico abaixo indica os valores y, em reais, cobrados por duas pessoas, A e B, pela digitação de x páginas de trabalho escolar.

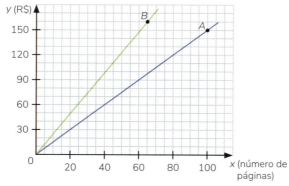

Com base no gráfico, responda:

a) O preço que cada pessoa cobra é diretamente ou inversamente proporcional ao número de páginas digitadas? Qual é a constante de proporcionalidade em cada caso e o que ela representa?

b) Escreva as sentenças matemáticas que relacionam y e x para cada pessoa.

c) Quantos reais serão cobrados pela digitação de 70 páginas por A e por B?

d) Qual é a diferença entre os preços encontrados no item **c**?

3 Reúna-se com um colega. Juntos, observem o comprimento e a largura do retângulo, em metros, indicados na figura por x e y, respectivamente.

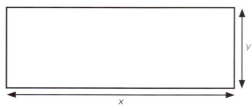

a) Escrevam a sentença matemática que relaciona x e y para um retângulo de área 64 m².

b) Reproduzam e completem a tabela abaixo indicando o comprimento e a largura de cinco retângulos diferentes com a mesma área de 64 m².

Comprimento (m)	?	?	4	?	16
Largura (m)	2	0,5	?	8	?

c) Representem no plano cartesiano os dados do item **b**.

d) Justifiquem se as variáveis x e y são diretamente ou inversamente proporcionais.

e) O que a constante de proporcionalidade representa?

4 (Ibade – IBGE) As duas sucessões numéricas a seguir são diretamente proporcionais: (8, x, y) e (12, 15, 21), onde x e y representam números inteiros desconhecidos. Quais os valores de x e y, respectivamente?

a) 10 e 12
b) 12 e 14
c) 12 e 16
d) 10 e 14
e) 14 e 16

5 Analise os gráficos a seguir.

a)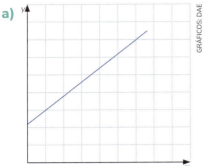

b)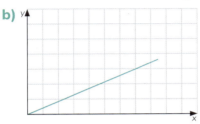

c)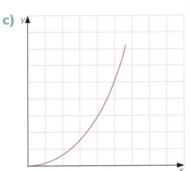

d)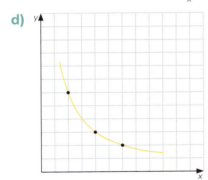

e)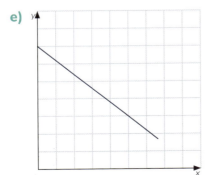

Identifique os gráficos em que as variáveis x e y indicam grandezas:
- diretamente proporcionais;
- inversamente proporcionais;
- não proporcionais.

6 No dia a dia, as pessoas se expõem à radiação solar e, consequentemente, aos raios ultravioleta (UV). Algumas das consequências da exposição excessiva ao Sol dependem do tipo de pele da pessoa. Veja a tabela a seguir.

Cor da pele	Efeito de exposição excessiva à radiação solar UV
branca	sempre queima
morena clara	bronzeia e queima
morena escura	bronzeia e às vezes queima
negra	raramente queima

O tempo máximo t, em minutos, que uma pessoa pode ficar exposta à radiação solar sem produzir eritema (pele avermelhada) pode ser calculado pela fórmula: $t = \dfrac{k}{i}$, em que i é o índice de radiação solar ultravioleta (IUV), em watts por metro quadrado, e k é um valor constante para cada tipo de pele.

O gráfico a seguir traduz essa fórmula para certo tipo de pele.

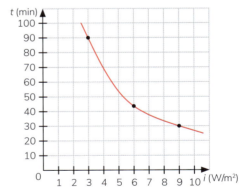

a) Que sentença matemática relaciona o tempo t e o índice i de radiação?

b) Em um local cujo índice de radiação solar ultravioleta é 7 W/m², qual é o tempo máximo que uma pessoa com esse tipo de pele poderá se expor diretamente à radiação solar sem ficar com eritema?

c) Elabore uma pergunta com base nos dados do gráfico. Troque-a com um colega e, depois, verifique se ele acertou a resposta.

7 A tabela mostra o tempo gasto y para preparar uma carne em função de sua massa x.

x	Massa (kg)	1	2	3	4	5	?
y	Tempo (h)	1	1,75	2,5	?	4	4,75

a) Existe alguma regularidade que permita identificar se x e y são proporcionais? Explique.

b) Escreva os números que faltam na tabela.

c) Faça o gráfico que representa os dados dessa tabela.

8 Considere o gráfico a seguir.

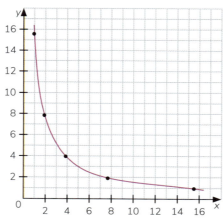

a) Faça uma tabela correspondente aos pontos assinalados no gráfico.

b) Justifique se as variáveis x e y são diretamente ou inversamente proporcionais e determine a constante de proporcionalidade.

c) Escreva a sentença que relaciona x e y.

d) Qual é o valor de y se x = 10?

e) Elabore o enunciado de um problema cuja representação gráfica corresponda ao gráfico dado.

9 Na imagem estão representados três recipientes que vão ser preenchidos com água por torneiras de mesma vazão.

Cada um dos gráficos mostra a variação da altura da água em cada um dos recipientes com relação ao tempo de enchimento.

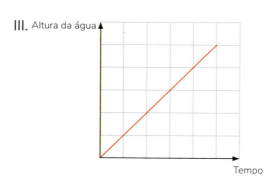

a) Associe cada gráfico ao recipiente correto.

b) Em que recipiente a altura da água é diretamente proporcional ao tempo de enchimento?

182

MATEMÁTICA INTERLIGADA

LEI DE BOYLE

Em 1660, o físico inglês Robert Boyle (1627-1691) fez uma série de experiências em que submeteu a diversos valores de pressão uma mesma massa de um gás mantida a temperatura constante contida em um cilindro. A cada valor de pressão aplicado, Boyle mediu o volume ocupado pela massa gasosa.

Analisando os resultados, Boyle observou que, ao dobrar, triplicar, quadruplicar a pressão, o volume ocupado pelo gás se reduzia à metade, à terça parte, à quarta parte e assim por diante. Assim, Boyle descobriu experimentalmente que as variáveis de estado (pressão e volume) de um gás eram inversamente proporcionais.

Dessa forma, podemos enunciar a lei de Boyle:

> Mantendo-se constante a temperatura de certa massa de gás, o volume e a pressão desse gás são inversamente proporcionais.

Os valores obtidos experimentalmente para um gás nas condições da lei de Boyle, ao serem colocados num gráfico que relaciona pressão p com volume V, fornecem uma curva que caracteriza um tipo de transformação conhecida como **isotérmica** (em grego, *iso* significa "igual", e *thermo*, "temperatura").

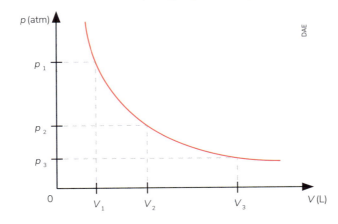

Matematicamente, assim pode ser escrita a lei de Boyle, sendo constante o produto entre a pressão exercida pelo gás e o volume ocupado por esse gás:

$$p_1 V_1 = p_2 V_2 = p_3 V_3 = ... = pV = \text{constante}$$

A tabela a seguir mostra o comportamento de um gás ideal ao sofrer pressão:

p (atm)	4	2	1	0,5
V (L)	1	2	4	8

a) Represente em um plano cartesiano os valores da tabela e una os pontos obtidos.

b) Qual sentença matemática relaciona p e V? As grandezas pressão e volume são direta ou inversamente proporcionais? Justifique sua resposta.

c) Qual é o valor de p quando $V = 10$ L?

d) Qual é o valor de V quando $p = 0,25$ atm?

REGRA DE TRÊS SIMPLES

Regra de três é um método prático para resolver problemas que envolvem grandezas proporcionais. Acredita-se que esse método tenha se originado na China, e que durante séculos essa regra era enunciada mecanicamente pelos mercadores. Seus vínculos com as proporções só foram reconhecidos no fim do século XIV.

Quando temos uma situação que trata apenas de duas grandezas proporcionais e são dados três de seus valores, usamos a regra de três simples para obter o valor desconhecido da proporção.

Existem diversos exemplos de situações cotidianas em que usamos regra de três sem nos darmos conta disso. Acompanhe:

1. Imagine que Elvira tenha comprado 3 relógios iguais para seus sobrinhos e tenha pagado por eles R$ 744,00. Quanto ela pagaria se tivesse comprado 7 relógios do mesmo tipo?

   Vamos organizar as informações apresentadas na situação em um quadro e representar a incógnita do problema usando a letra x:

   Essas grandezas são **diretamente proporcionais**, pois, ao aumentar o número de relógios, o total pago aumentará na mesma razão.

   Aplicando a propriedade fundamental das proporções, temos:

   $$\frac{3}{744} = \frac{7}{x}$$

Quantidade de relógios	Total pago (reais)
3	744
7	x

   Resolvendo:
   $3x = 7 \cdot 744 = 5\,208$; então,
   $x = 5\,208 : 3$; logo:
   $x = 1\,736$
   Assim, Elvira pagaria R$ 1.736,00 por 7 relógios.

   Pense e responda

   Quanto Elvira pagaria se tivesse comprado somente um relógio?

2. Dez trabalhadores de uma construtora fazem uma casa pré-fabricada em 90 dias. Para construir outra casa igual, no mesmo ritmo, mas em 60 dias, quantos trabalhadores seriam necessários?

   Primeiro, vamos organizar as informações em um quadro, conforme ao lado.

   Nesse caso, as grandezas são **inversamente proporcionais**, pois, para construir uma casa em menos tempo, o número de trabalhadores deverá aumentar.

Número de trabalhadores	Tempo (dias)
10	90
x	60

   Assim, o resultado do produto do número de trabalhadores pelo número de dias deve ser o mesmo:
   $10 \cdot 90 = x \cdot 60$; então:
   $60x = 900$
   Ou seja:
   $x = \frac{900}{60}$; logo:
   $x = 15$
   Portanto, para construir uma casa em 60 dias seriam necessários 15 trabalhadores.

ATIVIDADES

1 Uma loja vende botijões térmicos para bebidas em dois tamanhos.

O botijão com capacidade para 9 litros é vendido por R$ 108,00. Se o preço dos botijões for proporcional à capacidade, qual será o preço do botijão de 5 litros?

2 Os anúncios em um jornal são cobrados proporcionalmente à área que ocupam na página. Um anúncio de 2 cm por 5 cm custa R$ 40,00. Quantos reais deverá pagar uma pessoa que fizer um anúncio de 24 cm²?

3 Um equipamento de irrigação ligado durante 80 minutos consegue irrigar 2 hectares de uma plantação. Trabalhando nas mesmas condições, quantos hectares ele conseguirá irrigar em 2 horas?

4 Verifique se as duas grandezas de cada item a seguir são diretamente proporcionais, inversamente proporcionais ou não são proporcionais.

a) Velocidade do carro (em km/h) e tempo gasto para percorrer um trajeto (em h).

b) Massa (em kg) de farinha de trigo e preço (em reais) pelo quilograma da farinha.

c) Espessura de uma revista (em cm) e seu preço (em reais).

5 Um grupo de 15 operários constrói uma piscina em 16 dias. Trabalhando no mesmo ritmo, de quantos dias precisarão 12 operários para construir o mesmo tipo de piscina?

6 Uma vinícola produz 1 000 L de suco de uva com 2 000 kg de uvas. Quantos quilogramas de uvas foram utilizados em uma caixa com 12 garrafas de 700 mL desse suco?

7 Um trabalhador leva 6 horas para cercar um terreno retangular de 10 m × 25 m. Mantendo o mesmo ritmo de trabalho, quanto tempo levaria se o terreno tivesse 140 m de perímetro?

8 **DESAFIO** Para uma viagem, a capacidade de passageiros de um barco de turismo é equivalente a 30 adultos ou a 36 crianças. Se 24 crianças já estão a bordo desse barco, qual é o número máximo de adultos que ainda podem embarcar?

185

MAIS ATIVIDADES

1 O gráfico mostra a variação das quantidades Q de peças produzidas por uma máquina em certo período t de tempo.

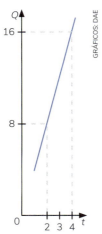

Sabe-se que Q e t são diretamente proporcionais.

a) Calcule os valores de x, y e z mostrados na tabela a seguir.

t (em horas)	2	3	4	5	z
Q	8	x	16	y	28

b) Qual é o valor da constante de proporcionalidade?

c) Escreva a sentença que relaciona Q e t.

2 O quadro a seguir mostra alguns valores das variáveis x e y.

x	2	2,5	3	?
y	90	?	64	100

Descubra se existe algum padrão que permita completar o quadro.

3 O gráfico a seguir apresenta a capacidade C de processamento de oleaginosas de uma máquina extratora de óleos vegetais em função do tempo t.

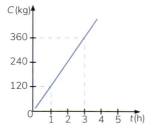

a) Explique por que motivo a relação entre C e t é uma relação de proporcionalidade direta.

b) Qual é o valor da constante de proporcionalidade entre C e t? Escreva a sentença matemática que relaciona essas variáveis.

c) Em quanto tempo essa máquina processará 900 kg de oleaginosas?

4 Um grupo de amigos pretende alugar um micro-ônibus com capacidade para 20 pessoas. O gráfico abaixo mostra o preço que cada um deverá pagar em função do número de pessoas que irão ao passeio.

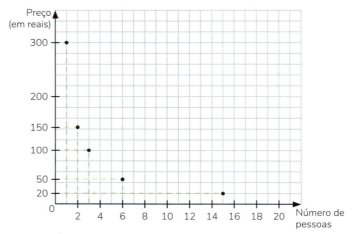

a) Defina se o preço (P) e o número de pessoas (n) são direta ou inversamente proporcionais.

b) Determine a constante de proporcionalidade e seu significado.

c) Qual sentença matemática relaciona P e n?

d) Quanto cada pessoa deverá pagar se forem 10 amigos ao passeio?

5 Em dias normais, para viajar de Sete Lagoas até Curvelo, um motorista gasta 3 horas dirigindo seu carro a uma velocidade média de 100 km/h. Entretanto, hoje está chovendo e sua velocidade média será de 75 km/h. Quanto tempo ele gastará para fazer a viagem?

6) As rodas traseiras de um trator têm um perímetro de 3,50 m, e as dianteiras têm um perímetro de 1,40 m.

Enquanto a roda menor dá 100 voltas, quantas voltas dá a roda maior?

7) Quatro operários fazem $\frac{5}{8}$ de um trabalho em 10 dias. Mantendo esse ritmo, quantos dias eles levarão para acabar o trabalho?

8) (EA CPCAr-MG) Para a reforma do Ginásio de Esportes da EPCAR foram contratados 24 operários. Eles iniciaram a reforma no dia 19 de abril de 2010 (2ª feira) e executaram 40% do trabalho em 10 dias, trabalhando 7 horas por dia. No final do 10º dia, 4 operários foram dispensados.

No dia seguinte, os operários restantes retomaram o trabalho, trabalhando 6 horas por dia e concluíram a reforma. Sabendo-se que o trabalho foi executado nos dois momentos sem folga em nenhum dia, o dia da semana correspondente ao último dia do término de todo o trabalho é:

a) domingo.
b) segunda-feira.
c) terça-feira.
d) quarta-feira.

9) Invente dois problemas que envolvam regra de três simples: um com grandezas diretamente proporcionais e outro com grandezas inversamente proporcionais.

Em seguida, troque de caderno com um colega. Depois que cada um tiver resolvido o problema do outro, troquem novamente os cadernos para corrigirem as resoluções.

PARA CRIAR

10) (CPCon/UEPB) Na bula de um frasco de simeticona com 15 ml, de um determinado laboratório, é informado que cada ml corresponde a 12 gotas. Se um médico receitou para um paciente 10 gotas 3 vezes ao dia, um frasco deste medicamento será suficiente para exatamente:

a) 30 dias.   c) 15 dias.   e) 6 dias.
b) 12 dias.   d) 18 dias.

11) (PMSB-MG) Para pintar 3 peças, um artesão demora 4 horas e 30 minutos. Quanto tempo o mesmo artesão leva para pintar 5 peças?

a) 5 horas e 30 minutos
b) 6 horas
c) 6 horas e 30 minutos
d) 7 horas e 30 minutos

Lógico, é lógica!

12) (Vunesp-TJ-SP) Em um edifício com apartamentos somente nos andares de 1º ao 4º, moram 4 meninas, em andares distintos: Joana, Yara, Kelly e Bete, não necessariamente nessa ordem. Cada uma delas tem um animal de estimação diferente: gato, cachorro, passarinho e tartaruga, não necessariamente nessa ordem. Bete vive reclamando do barulho feito pelo cachorro, no andar imediatamente acima do seu. Joana, que não mora no 4º, mora um andar acima do de Kelly, que tem o passarinho e não mora no 2º andar. Quem mora no 3º andar tem uma tartaruga. Sendo assim, é correto afirmar que:

a) Kelly não mora no 1º andar.
b) Bete tem um gato.
c) Joana mora no 3º andar e tem um gato.
d) o gato é o animal de estimação da menina que mora no 1º andar.
e) Yara mora no 4º andar e tem um cachorro.

PARA ENCERRAR

1 (OMRP-SP) Todos os números de quatro algarismos que "terminam" em 17 são escritos em ordem crescente. Em qual posição nessa sequência está situado o número 2 017? (Atenção: o primeiro algarismo à esquerda não pode ser zero.)

a) 9ª b) 11ª c) 13ª d) 15ª e) 18ª

2 (OMDF) Laura convidou suas amigas, Amanda, Bruna, Clara, Daniela e Eliane, para jogarem um jogo, com as seguintes regras:

I. Laura deveria pensar em 10 números naturais.

II. Em cada rodada, Amanda iniciaria escolhendo um número natural e ganharia 1 ponto se esse fosse um dos números pensados por Laura. Em seguida, Bruna escolheria outro número natural e também ganharia 1 ponto se esse fosse um dos números pensados por Laura. Em seguida, seria Clara e assim sucessivamente, procedendo em ordem alfabética.

III. O jogo acabaria quando todos os números pensados por Laura tivessem sido escolhidos. Assim, ao final de uma rodada, se ainda não tivessem sido escolhidos todos os números pensados por Laura, elas iniciariam uma nova rodada. Sabendo que:

- Laura pensou nos números da forma $201 \cdot n + 17$, com $n = 1, 2, 3, 4, 5, 6, 7, 8, 9$ e 10.
- Amanda iniciou a primeira rodada escolhendo o número 1.
- O jogo procedeu de forma que, se um jogador escolhesse o número n, o próximo jogador escolheria o número $n + 1$.

a) Determine todos os números pensados por Laura.
b) Em qual rodada o jogo acabou?
c) Ao final do jogo, quantos pontos foram obtidos por cada jogadora?

3 (IFRJ) As Artes Plásticas são diversas em suas formas, cores e representações tendo o poder de transmitir uma mensagem sem precisar usar palavras. Pensando nisso, um artista criou um tapete a partir da repetição de uma única figura e alternou quatro cores, segundo a seguinte sequência: 1-vermelho, 2-amarelo, 3-azul, 4-verde, 5-vermelho, 6-amarelo, 7-azul, 8-verde e assim, sucessivamente, conforme esta figura.

Então, a cor da figura de número 1 045 será o:

a) vermelho. b) amarelo. c) azul. d) verde.

4 (Enem) Jogar baralho é uma atividade que estimula o raciocínio. Um jogo tradicional é a Paciência, que utiliza 52 cartas. Inicialmente são formadas sete colunas com as cartas. A primeira coluna tem uma carta, a segunda tem duas cartas, a terceira tem três cartas, a quarta tem quatro cartas, e assim sucessivamente até a sétima coluna, a qual tem sete cartas, e o que sobra forma o monte, que são as cartas não utilizadas nas colunas. A quantidade de cartas que forma o monte é:

a) 21. b) 24. c) 26. d) 28. e) 31.

5 (OMM e Região-PR) João rasgou um pedaço de papel em 7 pedaços. Depois ele pegou um dos pedaços e o rasgou em 7 pedaços novamente.

a) Quantos pedaços ele obteve?

b) Se ele continuar fazendo esse procedimento, isto é, escolhendo um dos pedaços de papel e rasgando em 7 pedaços menores, quantos pedaços ele terá depois de fazer o procedimento pela décima vez?

c) Quantas vezes ele terá que executar o procedimento para ter 2 017 pedaços?

6 (PUCC-SP) Para fazer a digitalização de 30 páginas, um estagiário leva 28 minutos. Se o estagiário trabalhar durante suas 4 horas e 40 minutos de expediente com o dobro dessa velocidade de digitalização, nesse expediente de trabalho, ele será capaz de digitalizar um total de páginas igual a:

a) 300.   b) 480.   c) 600.   d) 680.   e) 750.

7 (IFMG) O carro de Paula percorre 65 km com 5 litros de combustível. Quantos litros desse combustível serão necessários para Paula percorrer 156 km?

a) 9   b) 10   c) 11   d) 12

8 (CMPA-RS) Às 6h, o relógio muito bem ajustado da Igreja Santa Terezinha levou 30 segundos para dar as seis badaladas. Sendo assim, pode-se concluir que o tempo, em segundos, necessário para esse relógio dar as doze badaladas correspondentes às 12h é igual a:

a) 64.   b) 58.   c) 66.   d) 62.   e) 60.

9 (Enem) Um ciclista quer montar um sistema de marchas usando dois discos dentados na parte traseira de sua bicicleta, chamados catracas. A coroa é o disco dentado que é movimentado pelos pedais da bicicleta, sendo que a corrente transmite esse movimento às catracas, que ficam posicionadas na roda traseira da bicicleta.

As diferentes marchas ficam definidas pelos diferentes diâmetros das catracas, que são medidos conforme indicação na figura.

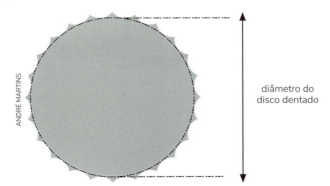

O ciclista já dispõe de uma catraca com 7 cm de diâmetro e pretende incluir uma segunda catraca, de modo que, à medida que a corrente passe por ela, a bicicleta avance 50% a mais do que avançaria se a corrente passasse pela primeira catraca, a cada volta completa dos pedais.

O valor mais próximo da medida do diâmetro da segunda catraca, em centímetro e com uma casa decimal, é:

a) 2,3.   b) 3,5.   c) 4,7.   d) 5,3.   e) 10,5.

UNIDADE

6

Planta baixa da casa.

Equação polinomial do 2º grau e probabilidade

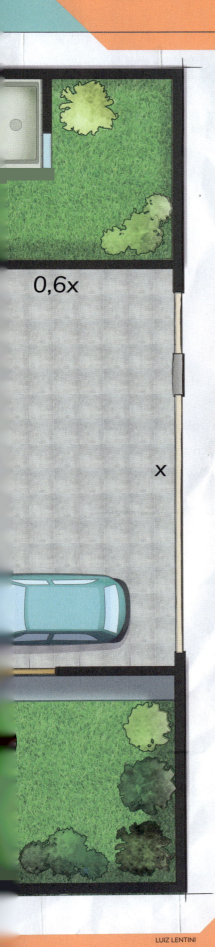

LUIZ LENTINI

A imagem mostra a planta baixa de uma construção em um terreno de forma aproximadamente quadrada, cuja área é de 400 m². As dimensões do terreno e da garagem ainda não são conhecidas; sabemos apenas que x representa a medida do comprimento da garagem e que $0{,}6x$ representa a medida da largura.

Engenheiros, arquitetos e outros profissionais aplicam seus conhecimentos de equações do 2º grau para determinar as dimensões em situações como essa.

Na BNCC

Esta unidade propicia o desenvolvimento das competências e das habilidades a seguir.

Competência geral:
1 e 6

Competência específica:
1

Habilidades:
EF08MA03
EF08MA09
EF08MA22

Para pesquisar e aplicar

1. Quais formas geométricas estão representadas na imagem?
2. Qual é a medida, em metros, do lado do terreno?
3. Estime o valor de x.
4. Quais são as dimensões aproximadas da garagem?

Equação polinomial do 2º grau com uma incógnita

Para começar

Que sentença matemática corresponde à primeira frase a seguir?

A soma do triplo do quadrado de um número inteiro positivo e 4 é igual a 79.

Qual é esse número inteiro?

O QUE É UMA EQUAÇÃO POLINOMIAL DO 2º GRAU

Já vimos que equações são sentenças matemáticas expressas por igualdades em que há pelo menos uma letra que representa um número desconhecido, chamado **incógnita**.

Quando o maior expoente das incógnitas é 1, a equação é chamada **equação polinomial do 1º grau**.

Relembre alguns exemplos de equações polinomiais do 1º grau com uma incógnita e resolva-os.

$x - 8 = 3$ $\quad\quad\quad -4y + 7 = 0 \quad\quad\quad \dfrac{a}{2} + 5 = \dfrac{a}{3} + 8$

Quando o maior expoente das incógnitas é 2, a equação é chamada equação polinomial do 2º grau. Acompanhe alguns exemplos.

- $2x^2 + x = 0 \rightarrow$ A soma do dobro do quadrado de um número e o próprio número é igual a zero.
- $x^2 - 25 = 0 \rightarrow$ A diferença entre o quadrado de um número e vinte e cinco é igual a zero.
- $\dfrac{1}{4}x^2 = 0 \rightarrow$ A quarta parte do quadrado de um número é igual a zero.
- $4x^2 + x = 21 \rightarrow$ A soma do quádruplo do quadrado de um número com o próprio número é igual a vinte e um.

Chama-se **equação polinomial do 2º grau** em x toda equação redutível à forma $ax^2 + bx + c = 0$, em que x é a incógnita, a, b e c são números reais e $a \neq 0$.

Curiosidade

As equações surgiram por necessidades práticas. Na Antiguidade, matemáticos egípcios já resolviam equações do 1º grau com uma incógnita, e os babilônios, além dessas, sabiam resolver equações do 2º grau com uma incógnita.

Pense e responda

Que equação representa a sentença: Um número elevado ao quadrado é igual a $\dfrac{1}{9}$?

TERMOS E COEFICIENTES DE UMA EQUAÇÃO POLINOMIAL DO 2º GRAU

A igualdade $ax^2 + bx + c = 0$ é chamada **forma reduzida** ou **forma canônica** de uma equação polinomial do 2º grau com uma incógnita, com $a \neq 0$ e incógnita x.

Por exemplo, a equação polinomial do 2º grau $2x^2 + 3x + 5 = 0$ está escrita na forma reduzida; a equação polinomial do 2º grau $x^2 - 2x = 10$ não está escrita na forma reduzida.

A equação $ax^2 + bx + c = 0$, com $a \neq 0$, tem três termos:

- $ax^2 \rightarrow$ termo em x^2;
- $bx \rightarrow$ termo em x;
- $c \rightarrow$ termo independente.

Os valores a, b e c são os **coeficientes**:

- a é o coeficiente de x^2;
- b é o coeficiente de x;
- c é o coeficiente de x^0, ou seja, do termo independente de x.

> **Lembre-se:**
>
> $x^0 = 1$, se $x \neq 0$

As equações polinomiais do 2º grau $ax^2 + bx + c = 0$ em que b e c são diferentes de zero são equações completas. Já aquelas em que $b = 0$, $c = 0$ ou $b = c = 0$ são equações incompletas.

Veja exemplos de valores de a, b e c nas equações do 2º grau a seguir.

$x^2 + 9x - 136 = 0 \rightarrow \begin{cases} a = 1 \\ b = 9 \\ c = -136 \end{cases}$	Equação completa, pois não há coeficientes nulos.
$-4x^2 + 16 = 0 \rightarrow \begin{cases} a = -4 \\ b = 0 \\ c = 16 \end{cases}$	Equação incompleta: o coeficiente de x é zero.
$\dfrac{1}{2}x^2 + 8x = 0 \rightarrow \begin{cases} a = \dfrac{1}{2} \\ b = 8 \\ c = 0 \end{cases}$	Equação incompleta: o termo independente é nulo.
$15x^2 = 0 \rightarrow \begin{cases} a = 15 \\ b = 0 \\ c = 0 \end{cases}$	Equação incompleta: o coeficiente de x e o termo independente são nulos.

ATIVIDADES

1 Identifique quais das equações a seguir são polinomiais do 2º grau.

a) $2x^2 + x - 1 = 0$
b) $4x - 1 = x + 3$
c) $x = x^2 + 5$
d) $\dfrac{2x}{3} + x^2 = x^2 + 4$
e) $-x^3 + 1 = -x^3 + 2x + x^2$

2 Identifique os coeficientes das equações polinomiais do 2º grau.

a) $5x^2 + 13x - 10 = 0$
b) $-8x^2 - 800 = 0$
c) $x^2 = 0$
d) $\dfrac{x^2}{2} + \dfrac{x}{9} = 0$

3 Escreva na forma reduzida a equação polinomial do 2º grau cujos coeficientes estão indicados.

a) $a = 3$, $b = -1$ e $c = 2$
b) $a = -\dfrac{1}{4}$, $b = 0$ e $c = 8$
c) $a = \sqrt{2}$, $b = 4$ e $c = 0$

RAÍZES OU SOLUÇÕES DE UMA EQUAÇÃO POLINOMIAL DO 2º GRAU

Resolver uma equação é determinar os valores da incógnita que tornam a igualdade verdadeira. Esses valores são chamados **raízes** da equação ou **soluções** da equação.

Existem algumas técnicas ou fórmulas para determinar as raízes de uma equação polinomial do 2º grau com uma incógnita. A primeira técnica que vamos estudar é a **por tentativa**: são atribuídos valores à incógnita até obter igualdades verdadeiras.

Vamos analisar a seguinte frase: O quadrado de um número real adicionado a 3 é igual a 28.

A equação que pode representar a situação descrita é $x^2 + 3 = 28$.

Podemos considerar o conjunto dos números reais como **conjunto universo** dessa equação, ou seja, as soluções dessa equação devem ser números reais.

Substituindo a incógnita x da equação por alguns números reais, a equação pode se transformar em uma sentença verdadeira ou falsa. Veja alguns exemplos.

- Para $x = 0$, temos: $0^2 + 3 = 28$, e $3 = 28$ é uma sentença falsa.
- Para $x = -5$, temos: $(-5)^2 + 3 = 28$, e $28 = 28$ é uma sentença verdadeira.
- Para $x = \sqrt{2}$, temos: $\left(\sqrt{2}\right)^2 + 3 = 28$, e $5 = 28$ é uma sentença falsa.
- Para $x = 5$, temos: $5^2 + 3 = 28$, e $28 = 28$ é uma sentença verdadeira.
- Para $x = 10$, temos: $(10)^2 + 3 = 28$, e $103 = 28$ é uma sentença falsa.

Assim, os números -5 e 5 transformam a equação $x^2 + 3 = 28$ em sentença verdadeira quando estão no lugar da incógnita.

Como −5 e 5 são números reais, ou seja, pertencem ao conjunto universo, dizemos que eles são raízes ou soluções da equação $x^2 + 3 = 28$.

Observações

- Se considerarmos como conjunto universo o conjunto dos números naturais, temos que 5 é solução da equação $x^2 + 3 = 28$, mas −5 não é solução, pois não é um número natural.

- Uma equação do 1º grau com uma incógnita pode ter, no máximo, uma raiz, enquanto uma equação do 2º grau com uma incógnita pode ter, no máximo, duas raízes. Isso significa que uma equação do 2º grau com uma incógnita pode não ter solução, pode ter apenas uma solução ou pode ter duas soluções (raízes distintas ou raízes duplas), dependendo do conjunto universo considerado.

Pense e responda

Quais são as raízes da equação polinomial do 2º grau $x^2 + 5 = 21$?

ATIVIDADES

1. Considerando o conjunto universo dos números reais, ℝ, verifique quais números nos quadros a seguir são raízes de cada equação.

    a) $x^2 - 6x + 5 = 0$ 5   3   −1   1

    b) $2x^2 - 3x = 0$ −1   2   0   1,5

    c) $-2x^2 + x + 1 = 0$ 1 $-\frac{1}{2}$ 2   −2

    d) $x^2 - 8 = 0$ $-2\sqrt{2}$ $2\sqrt{3}$ $3\sqrt{2}$ $2\sqrt{2}$

2. Sabendo que 3 é raiz da equação $x^2 - 55x + m = 0$, calcule o valor de m.

3. O quíntuplo de um número é igual a seu quadrado diminuído de 6 unidades.

    Quais dos números a seguir podem ser esse número?

    4   6   3   −1   0

4. Calcule o valor de k para que, na equação $x^2 - 8x + k - 4 = 0$, apenas uma das raízes seja nula.

5. Existem valores de p e q tal que $-\frac{1}{2}$ e 2 sejam raízes da equação do 2º grau $px^2 - \frac{1}{2}x + q = 0$?

    Se sim, quais são esses valores?

Assim também se aprende

As mil e uma equações, de Ernesto Rosa Neto (Ática).

Explorando conceitos sobre equações, o autor descreve como três jovens conseguem salvar o emir de ladrões assassinos. Você é forte e inteligente? Então venha participar da disputa para tirar o vilão da jogada!

RESOLUÇÃO DE EQUAÇÕES POLINOMIAIS DO 2° GRAU DA FORMA $AX^2 + C = 0$

Acompanhe os casos a seguir.

1° exemplo

Resolva a equação polinomiais do 2° grau, sendo x um número real.

$x^2 - 16 = 0$

Podemos usar as propriedades das igualdades ou das operações inversas.

$x^2 - 16 = 0$

$x^2 - 16 + 16 = 0 + 16 \leftarrow$ adicionamos 16 aos dois membros da equação $x^2 = 16$

$x^2 = 16$

$x = \pm\sqrt{16} \leftarrow$ extraímos a raiz quadrada do 1° e do 2° membro.

$x = +\sqrt{16} = 4$ ou $x = -\sqrt{16} = -4$

Portanto, as raízes dessa equação são -4 e 4.

> **Pense e responda**
>
> Resolva as equações polinomiais do 2° grau, sendo x um número real.
>
> **a)** $2x^2 - 68 = 4$ **b)** $5x^2 + 14 = 4$

2° exemplo

Daqui a três anos, o quadrado da idade de Rildo será igual a 324. Qual é a idade atual de Rildo?

Chamando de x a idade atual de Rildo, daqui a três anos sua idade será $(x + 3)$ anos.

Como o quadrado dessa idade é igual a 324, temos a equação:

$$(x + 3)^2 = 324$$

Para resolvê-la, fazemos $x + 3 = y$ e solucionamos a equação obtida:

$$(x + 3)^2 = 324 \rightarrow y^2 = 324$$

Assim, é necessário determinar que o número y elevado ao quadrado é igual a 324.

$$y^2 = 324 \rightarrow y = \pm\sqrt{324} \rightarrow y = \pm 18$$

Substituindo esses valores em $x + 3 = y$, obtemos:

$$x + 3 = 18 \rightarrow x = 18 - 3 \rightarrow x = 15$$

$$x + 3 = -18 \rightarrow x = -18 - 3 \rightarrow x = -21$$

Como a idade de Rildo é um valor positivo, desprezamos o valor negativo obtido da resolução da equação do 2° grau. Portanto, a idade atual de Rildo é 15 anos.

3° exemplo

Resolva a equação $3x^2 = 0$ em $\mathbb{R}$.

$3x^2 = 0 \rightarrow x^2 = \dfrac{0}{3} \rightarrow x^2 = 0 \rightarrow x = +\sqrt{0}$ ou $x = -\sqrt{0}$

Como $+0$ e -0 indicam o mesmo número, podemos dizer que essa equação tem duas raízes reais iguais a zero.

ATIVIDADES

1 Calcule as raízes das equações polinomiais do 2º grau, sendo x um número real.

a) $6x^2 - 54 = 0$

b) $5x^2 - 20 = 0$

2 Resolva as equações considerando a incógnita um número real.

a) $-3x^2 + 108 = 0$

b) $49a^2 - 1 = 0$

c) $12p^2 - 3 = 0$

d) $4x^2 + 9 = 0$

e) $3n^2 = 18$

f) $-2x^2 - 20 = 8$

g) $6a^2 - 25 = 125$

h) $\dfrac{q^2}{4} + 5 = 21$

3 A soma de 4 com o quadrado de um número é igual 53. Calcule esse número.

4 O quadrado de um número natural diminuído de 1 é igual a 143. Determine esse número.

5 Há 6 anos, o quadrado da idade de Aparecida era igual a 196. Qual é a idade atual de Aparecida?

Viagem no tempo

O NASCIMENTO DA ÁLGEBRA

Com o desenvolvimento do sistema numérico indo-arábico e a adoção do zero, foi possível a criação de um sistema que se aproxima da álgebra moderna. Os matemáticos árabes, juntando o melhor da Matemática dos hindus e gregos e ampliando-o, lançaram os fundamentos de um sistema algébrico próprio e até nos proporcionaram o termo **álgebra**. Para eles, a álgebra era mais atraente do que para os gregos; havia também um incentivo ao seu desenvolvimento dentro da sua própria sociedade. As leis incrivelmente complexas de herança, por exemplo, tornaram o cálculo de proporções e frações uma necessidade tediosa. No topo disso tudo, a constante necessidade de encontrar a direção de Meca tornou a álgebra, assim como a geometria, ferramentas importantes de serem desenvolvidas.

AL JABR WA-L-MUQABALA

A palavra **álgebra** é derivada do título de um tratado escrito pelo matemático persa e membro da House of Wisdom, uhammad ibn Musa al-Khwarismi, chamado *Aj-Kitab al-Jabr wa'l-Muqabala* (*The Compendious Book on Calculation by Completion and Balancing*). Esse tratado apresentava métodos sistemáticos para resolver equações lineares e quadráticas. A palavra moderna **algarismo** também veio do sobrenome do matemático (al-Khwarizmi). Nesse livro ele apresenta métodos para resolver equações dos tipos $ax^2 = bx$, $ax^2 = c$, $bx = c$, $ax^2 + bx = c$, $ax^2 + c = bx$, e $bx + c = ax^2$ (na notação moderna). Assim como Diofanto, ele considerava apenas números inteiros nas equações e suas soluções; para ele, havia também o requisito adicional de que os números devem ser positivos, enquanto Diofanto permitia números negativos.

Al-Khwarizmi escreveu todos os problemas e soluções em palavras e não tinha notação simbólica; escreveu todos os números por extenso. Contudo, ironicamente, seu trabalho leva o crédito por ter introduzido os numerais indo-arábicos na Europa.

Após mostrar como lidar com equações, al-Khwarizmi passou a usar o trabalho de Euclides para fazer demonstrações usando geometria. As proposições de Euclides eram inteiramente geométricas, e alKhwarizmi foi o primeiro a aplicá-las às equações quadráticas.

ROONEY, Anne. *A história da Matemática*. São Paulo: M. Books, 2012. p. 130-131.

a) Qual é o número inteiro que, elevado ao quadrado, é igual a 4?

b) Ao adicionarmos 1 ao quadrado da idade de Juliano, obtemos 145. Qual é a idade de juliano?

c) Pesquise quem foi Diofanto de Alexandria.

MAIS ATIVIDADES

1 Siga os passos dos fluxogramas para resolver, em ℝ, as equações polinomiais do 2º grau.

a)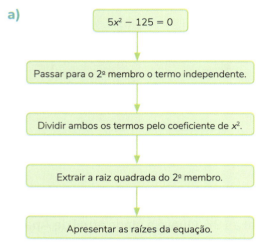

b)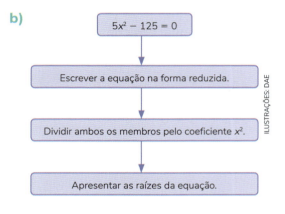

2 Considere em ℝ as soluções da equação $\frac{1}{2}(4x - 1)^2 = 50$. As raízes dessa equação são:

a) $\frac{1}{2}$ e $\frac{3}{4}$.

b) -10 e 10.

c) $-\frac{9}{4}$ e $\frac{11}{4}$.

d) -5 e 25.

e) $-\frac{1}{4}$ e $\frac{1}{4}$.

3 A maior raiz da equação $(x - 12)^2 - 441 = 0$ é:

a) 45.   b) 33.   c) 50.   d) -10.   e) 30.

4 Resolva, em ℝ, a equação $-3x^2 + 6 = -6$.

5 No quadro a seguir, as expressões $10x^2 + 2$ e -3 estão localizadas nas posições $(C, 4)$ e $(D, 2)$, respectivamente. Obtenha o valor de x seguindo os critérios de cada um dos itens.

$x^2 - 6$	4	$10x^2 + 2$	$6 - 2x^2$	4
$x^2 - 1$	$5 - 3x^2$	8	x^2	3
$1 - x^2$	$3 + 2x^2$	$x^2 + 1$	-3	2
$4 + 5x^2$	-10	-10	$x^2 - 9$	1
A	B	C	D	

a) A soma das expressões da linha 1 é igual a -26.

b) A soma das expressões da coluna B é igual a 0 (zero).

c) $(A, 1) + (B, 2) + (C, 3) + (D, 4) = 21$.

6 Escreva o enunciado de um problema que possa ser representado pela equação polinomial do 2º grau $2x^2 + 5 = 21$.

PARA CRIAR

7 (Fundep-MG) Uma empresa de turismo faz passeios em ônibus fretados para um número x de passageiros, com o limite máximo de 50 passageiros. O cálculo do valor da passagem que cada passageiro terá de pagar é dado por $V = 100 + 10(50 - x)$; já o custo total da empresa é de $C = 1\,000 + 20x$.

O lucro L da empresa é o resultado do valor de sua receita R (dada pelo produto entre o número de passageiros x e o valor V da passagem que cada um pagará), subtraindo-se o custo total C para realização da viagem. Em outras palavras, $L = V \cdot x - C$.

Qual expressão algébrica a seguir equivale ao valor do lucro L da empresa?

a) $-10x^2 + 580x - 1\,000$

b) $-10x^2 + 620x + 1\,000$

c) $10x^2 + 620x - 1\,000$

d) $10x^2 + 580x + 1\,000$

8 (Instituto Consulplan-SP) Se -2 é uma das raízes da equação $\dfrac{-x^2 - k}{5x + 8} = 0$, então o valor de k é:

a) 2.

b) -2.

c) -10.

d) -30.

9 (GUALIMP RJ – 2019) Qual é o quadrado da maior raiz da equação quadrática abaixo?

$$4 + 2(-2x - 2)^2 = 6$$

a) $-\dfrac{9}{4}$

b) $-\dfrac{1}{4}$

c) $\dfrac{9}{4}$

d) $\dfrac{1}{4}$

10 Mario pergunta a seu irmão Beto que número ele está pensando naquele momento. Beto disse: Como posso adivinhar? Me dá uma dica. Mário então diz: É um número negativo tal que o triplo do quadrado da soma desse número a dois subtraído de cinco é igual a sete.

11 (Fundatec-RS) Se $x = 2$ é uma raiz da equação do segundo grau $x^2 + ax + 8 = 0$, então o valor de a^2 será:

a) -6.
b) 0.
c) 36.
d) 70.
e) 100.

12 As medidas, em metros, dos lados do retângulo representado a seguir são $\frac{x}{2}$ e $8x$.

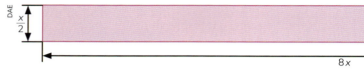

Calcule o valor de x sabendo que a área desse retângulo é igual a 100 m^2.

13 Resolva as equações considerando o conjunto dos números reais.

a) $7x^2 = 0$

b) $\frac{4}{5}x^2 = 0$

c) $-\frac{1}{2}x^2 = 0$

d) $\sqrt{2}\,x^2 = 0$

e) $(x - 1)^2 = 0$

f) $-4(x - 2)^2 = 0$

Reúna-se com um colega para resolver a atividade 14.

14 Um retângulo tem área igual a 160 cm^2 e sua largura mede $\frac{2}{5}$ do comprimento. Quais são as dimensões desse retângulo?

15 Quais são as raízes das equações a seguir, sendo x um número real?

a) $(x + 2)^2 = 144$

b) $(2x - 1)^2 = 4$

c) $(x - 9)^2 = 0$

Lógico, é lógica!

16 (OPRM) O professor Euclides foi dar uma palestra em um auditório com capacidade para 140 pessoas sentadas. No término da sua apresentação observou quantos lugares estavam vazios e fez uma aposta com os participantes que pelo menos cinco participantes da palestra fariam aniversário no mesmo dia do mês. Qual é o número máximo de lugares vazios no auditório para garantir que Euclides ganhe a aposta?

a) 15
b) 17
c) 20
d) 21
e) 25

CAPÍTULO 2

Possibilidades e probabilidade

Para começar

Selma quer vestir uma roupa para ir ao cinema. Ela tem 3 saias e 3 blusas de cores diferentes. Quantas são as possibilidades diferentes de ela combinar uma saia e uma blusa?

CÁLCULO DE PROBABILIDADES

Acompanhe a situação.

Considere todos os números de três algarismos distintos que podem ser formados com os algarismos 1, 2, 6, 7 e 9. Escolhendo ao acaso um desses números formados, qual é a probabilidade do número ser maior que 900?

Para iniciar, vamos determinar quantos números de três algarismos distintos podem ser formados com os algarismos 1, 2, 6, 7 e 9.

Podemos começar analisando a quantidade de possibilidades para o algarismo na ordem das centenas, depois para o algarismo das dezenas e, por fim, para o algarismo das unidades.

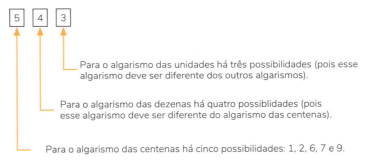

Para o algarismo das unidades há três possibilidades (pois esse algarismo deve ser diferente dos outros algarismos).

Para o algarismo das dezenas há quatro possibilidades (pois esse algarismo deve ser diferente do algarismo das centenas).

Para o algarismo das centenas há cinco possibilidades: 1, 2, 6, 7 e 9.

Usando o **princípio fundamental da contagem** ou **princípio multiplicativo da contagem**, a quantidade de números que podem ser formados é igual a: $5 \cdot 4 \cdot 3 = 60$.

Logo, 60 números podem ser formados.

Agora vamos verificar quais desses números são maiores que 900, ou seja, quantos números têm o algarismo 9 na ordem das centenas.

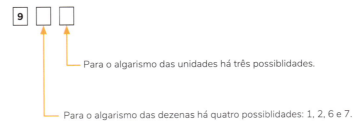

Para o algarismo das unidades há três possibilidades.

Para o algarismo das dezenas há quatro possibilidades: 1, 2, 6 e 7.

O total de números maiores que 900 é igual a: $1 \cdot 4 \cdot 3 = 12$.

Lembre-se:

Percentualmente, essa probabilidade corresponde a 20%.

Pense e responda

Na mesma situação, qual é a probabilidade de escolher um número maior que 700?

Portanto, a probabilidade de ser escolhido um número maior que 900 é igual a:

$$P = \frac{12}{60} = \frac{1}{5} = 0,2$$

A probabilidade de um evento ocorrer pode ser obtida assim:

$$P = \frac{\text{número de resultados favoráveis}}{\text{número total de resultados}}$$

Dessa definição resulta que:

- a probabilidade de um **evento impossível** é 0 (não há resultados favoráveis);
- a probabilidade de um **evento certo** é 1 (o número de resultados favoráveis é igual ao número total de resultados);
- a probabilidade de um evento A é sempre um número tal que $0 \leq P(A) \leq 1$.

Assim, qualquer que seja o evento, por exemplo, A, a probabilidade de esse evento ocorrer é um número compreendido entre 0 e 1.

$$0 \leq P(A) \leq 1$$

evento impossível   evento certo

Vejamos alguns exemplos.

1º exemplo

No lançamento de um dado cujo espaço amostral é $\Omega = \{1, 2, 3, 4, 5, 6\}$, calcule a probabilidade dos eventos:

A: sair um número maior que 6; B: sair um número menor que 7.

Nesse espaço amostral, não existe número maior que 6. Então, o evento A é vazio, portanto, impossível de acontecer. Assim, $P(A) = \frac{0}{6} = 0$ e esse evento é impossível.

Nesse espaço amostral, todos os números são menores que 7. Então, o evento B coincide com o espaço amostral. Assim, $P(B) = \frac{6}{6} = 1$ e esse evento é certo.

2º exemplo

Observe o resultado de uma pesquisa do número de votos que três candidatos a representante de classe receberam de 200 estudantes das turmas do 8º ano do Ensino Fundamental.

Candidato	A	B	C
Número de votos	100	80	20

Escolha um estudante aleatoriamente e calcule a probabilidade de ele ter votado no candidato C.

Nesse caso, temos:

$$P(C) = \frac{20}{200} = \frac{1}{10} = 0,1$$

Curiosidade

UM JOGO DE AZAR

Probabilidade – a chance ou possibilidade de um evento acontecer – entrou para a Matemática no século XVII e foi no contexto dos jogos de azar. Embora Gerolamo Cardano tenha escrito sobre jogos de azar em 1520, seu trabalho não foi publicado até 1633, e assim ele perdeu para Fermat e Pascal. Em uma troca de cartas, os dois discutiam um problema proposto por um jogador, o Chevalier de Méré:

Dois jogadores estão fazendo um jogo de azar perfeito no qual cada um apostou 32 moedas. O primeiro a vencer três vezes seguidas ganha tudo. No entanto, o jogo é interrompido após apenas três jogadas. O jogador *A* ganhou duas vezes e o jogador *B* ganhou uma vez. Como eles podem dividir o prêmio de forma justa?

Os dois matemáticos chegaram à distribuição 3:1 em favor do jogador *A*, embora eles tenham chegado à solução por métodos diferentes.

Fermat deu sua resposta em termos de probabilidades. Mais dois jogos é o máximo que seria necessário para decidir o jogo e há quatro resultados possíveis: *AA*, *AB*, *BA*, *BB*. Somente a última possibilidade faria *B* ser o ganhador, assim ele teria 1 chance em 4 e deveria receber um quarto do prêmio. Pascal propôs uma solução baseada na expectativa. Supondo que *B* ganhe a próxima rodada, cada jogador teria um direito igual a 32 moedas. O jogador *A* receberia 32 moedas de qualquer forma, pois já ganhou duas vezes. A chance de *B* ganhar a próxima jogada é 50 por cento, assim ele teria a metade das 32 moedas resultantes. O jogador *A* também tem uma chance de 50 por cento de ganhar, e deveria receber as 16 moedas restantes. Assim, o jogador *A* recebe 48 moedas e o jogador *B* recebe 16 moedas. A estratégia de Pascal foi a que ganhou a aprovação entre os matemáticos que lidavam com os jogos.

ROONEY, Anne. *A história da Matemática*. São Paulo: M. Books, 2012. p. 173.

ATIVIDADES RESOLVIDAS

1 Considere os anagramas da palavra PEDRA.

Sorteando aleatoriamente um desses anagramas, qual é a probabilidade de ele começar com a letra P?

RESOLUÇÃO: A palavra PEDRA tem cinco letras. Uma vez escolhida a primeira letra dentre as cinco, só restam quatro para escolhermos a segunda; escolhida esta, restam três letras para a terceira; escolhida esta, restam duas letras para escolhermos a quarta; por fim, resta uma letra para ser a quinta da palavra que se quer formar.

1ª	2ª	3ª	4ª	5ª
5	4	3	2	1

O número total de anagramas que podem ser escritos com essas cinco letras é igual a:

$$5 \cdot 4 \cdot 3 \cdot 2 \cdot 1 = 120$$

Fixando a letra *P* no início do anagrama, restam quatro letras para as demais posições.

1ª	2ª	3ª	4ª	5ª
P	4	3	2	1

$$4 \cdot 3 \cdot 2 \cdot 1 = 24$$

Como temos 24 palavras de um total de 120, a probabilidade de sortear uma dessas palavras é: $\dfrac{24}{120} = \dfrac{1}{5} = 0,2 = 20\%$.

ATIVIDADES

1 Considere todos os números de quatro algarismos distintos que podem ser formados com os algarismos 1, 2, 4, 6, 7 e 9. Escolhe-se, ao acaso, um desses números. Qual é a probabilidade de esse número conter o algarismo 2 e não conter o algarismo 4?

2 Para acessar os computadores de uma empresa, cada funcionário digita uma senha pessoal formada por quatro letras distintas do alfabeto, em uma ordem preestabelecida. Certa vez um funcionário esqueceu sua senha e lembrou-se apenas de que ela começava com *Y* e terminava com *H*. Sabendo que nosso alfabeto tem 26 letras, qual é a probabilidade de ele ter acertado a senha ao acaso, em uma única tentativa?

3 As duas moças e os três rapazes representados a seguir vão ao cinema e desejam sentar-se, os cinco, lado a lado, na mesma fileira, que tem cinco lugares.

Felipe, Claudia, João, Laura e Rodrigo.

De quantas maneiras diferentes eles podem sentar-se nos assentos, de modo que as duas moças fiquem sempre nas extremidades?

4 Um sorteio escolherá uma dupla (um menino e uma menina) para representar o 9º ano em uma comemoração. Os candidatos são:

Meninos $\begin{cases} \text{Arnaldo} \\ \text{Caio} \\ \text{Felipe} \\ \text{Geraldo} \end{cases}$ Meninas $\begin{cases} \text{Bete} \\ \text{Helena} \\ \text{Mila} \end{cases}$

a) Qual é a probabilidade de Felipe ser sorteado? E de Mila ser sorteada?
b) Quantas duplas de representantes podem ser formadas?
c) Qual é a probabilidade de ser formada a dupla Geraldo-Helena?

5 Utilizando os algarismos 3, 5 e 7, formam-se todos os números possíveis de três algarismos, sem repetição. Escolhendo, aleatoriamente, um desses números, qual é a probabilidade de o número escolhido ser:

a) múltiplo de 3?
b) par?

6 As senhas dos clientes de um banco são formadas de quatro dígitos, usando os algarismos de 0 a 9. Não é permitido ter mais de dois dígitos iguais.

Qual é:

a) o número possível de senhas que começa e termina com o mesmo algarismo?

b) a probabilidade de, em uma dessas senhas do item anterior, os dígitos iguais serem números primos?

7 Em uma brincadeira, a cada jogada um dado vermelho e um dado verde, ambos com as faces numeradas de 1 a 6, são colocados em um copinho, sacudidos e virados sobre uma mesa.

Em seguida, adicionam-se os pontos das faces que ficaram voltadas para cima. Se essa soma resultar em 7 ou 11, ganha-se o jogo.

a) Qual é a probabilidade de um jogador ganhar em uma jogada qualquer?

b) Qual é a probabilidade de a soma ser um número maior que 12?

c) Qual é a probabilidade de a soma ser um número menor ou igual a 12?

8 O baralho tradicional tem 52 cartas, com as características a seguir.

- Duas cores possíveis: vermelho e preto, com 26 cartas de cada cor.
- Quatro naipes: ouro e copas, com 13 cartas vermelhas cada um, e paus e espadas, com 13 cartas pretas cada um.
- Quatro cartas de cada naipe: quatro reis, quatro damas, quatro noves etc.

De um baralho de 52 cartas, tiram-se ao acaso e sucessivamente, sem reposição, duas cartas. Determine a probabilidade de que:

a) as duas cartas sejam reis;

b) as duas cartas sejam de espadas.

9 Em uma escola, há estudantes de diferentes origens étnicas.

O gráfico a seguir relaciona a quantidade de estudantes e sua ascendência.

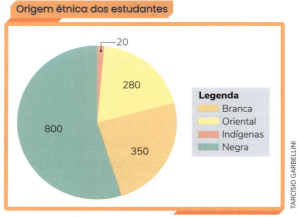

Fonte: Dados fictícios.

a) De quantas maneiras distintas é possível formar um grupo com quatro estudantes, cada um deles de uma origem étnica diferente?

b) Se escolhermos aleatoriamente um estudante, qual é a probabilidade de ele ser de origem negra?

10 Cristina quer colorir a figura abaixo, que está dividida em cinco partes.

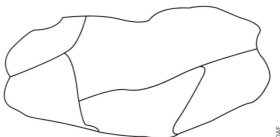

Ela vai seguir as regras:
- cada parte será colorida de uma só cor;
- partes com fronteira comum não podem ter a mesma cor.

De quantos modos distintos essa figura pode ser colorida usando exatamente cinco cores?

11 Com relação à palavra EVARISTO, sorteando-se ao acaso um anagrama, a probabilidade de ele começar com uma vogal e terminar com uma consoante é:

a) $\dfrac{1}{7}$

b) $\dfrac{2}{7}$

c) $\dfrac{5}{20}$

d) $\dfrac{11}{12}$

EVENTOS COMPLEMENTARES

Considere a retirada de uma bola, ao acaso, de uma caixa que contém dez bolas numeradas de 1 a 10 e os eventos descritos a seguir.

Evento $A \to$ ocorrência de número par: 2, 4, 6, 8 ou 10.

Evento $B \to$ ocorrência de número ímpar: 1, 3, 5, 7 ou 9.

Os eventos A e B não têm nenhum elemento comum, ou seja, a ocorrência de um deles impossibilita a ocorrência do outro. Dizemos, então, que os eventos A e B são **mutuamente exclusivos**.

Além disso, ao retirar uma bola, sempre ocorre o evento A ou o evento B. Portanto, além de mutuamente exclusivos, dizemos que esses eventos são **complementares**.

No exemplo dado, temos:

$$P(A) = \frac{5}{10} = \frac{1}{2} \text{ e } P(B) = \frac{5}{10} = \frac{1}{2}.$$

Logo:

$$P(A) + P(B) = \frac{1}{2} + \frac{1}{2} = 1.$$

> Se os eventos de um espaço amostral são complementares, a soma de suas probabilidades é igual a 1.

Pense e responda

Se houvesse na caixa mais uma bola com o número 11, qual seria a probabilidade de ocorrer um número par? E um número ímpar? A soma dessas probabilidades seria igual a 1?

ATIVIDADES RESOLVIDAS

1 Uma moeda e um dado com faces numeradas de 1 a 6 são lançados simultaneamente e se observam as faces superiores. Qual é a probabilidade de:
a) sair cara e número ímpar?
b) não sair cara e número ímpar?

RESOLUÇÃO: a) São duas possibilidades para a face da moeda (cara ou coroa) e seis possibilidades para os números da face superior do dado (1, 2, 3, 4, 5 ou 6). Utilizando o princípio multiplicativo da contagem, o número de resultados possíveis para o experimento é: $2 \cdot 6 = 12$.

O número de elementos do evento "sair cara e número ímpar" é 3:

(cara, 1), (cara, 3) e (cara, 5).

Assim, a probabilidade de ocorrer esse evento é igual a:

$$P(\text{cara, ímpar}) = \frac{3}{12} = \frac{1}{4}.$$

b) Como os eventos "sair cara e número ímpar" e "não sair cara e número ímpar" são complementares, a soma de suas probabilidades é igual a 1.
Logo:

$$P(\text{cara, ímpar}) + P(\text{cara, não ímpar}) = 1 \to$$
$$\to \frac{1}{4} + P(\text{cara, não ímpar}) = 1 \to P(\text{cara, não ímpar}) = \frac{3}{4}.$$

Portanto, a probabilidade de não sair cara e número ímpar é $\frac{3}{4}$.

ATIVIDADES

1) Uma ficha é retirada, aleatoriamente, de um conjunto de 50 fichas numeradas de 1 a 50.

$$\boxed{1} \; \boxed{2} \; \ldots \; \boxed{50}$$

Qual é a probabilidade, em porcentagem, de a ficha retirada ter:

a) um número primo?

b) um número não primo?

2) As probabilidades de três jogadores marcarem um gol cobrando pênaltis são:

- Paulo: $\dfrac{1}{2}$;
- Adilson: $\dfrac{2}{5}$;
- Roberto: $\dfrac{5}{6}$.

a) Se cada um deles bater um único pênalti, qual é a probabilidade de cada um errar?

b) Qual deles tem a menor probabilidade de errar o pênalti?

3) Na imagem estão representados seis cartões, cada um com uma figura geométrica diferente.

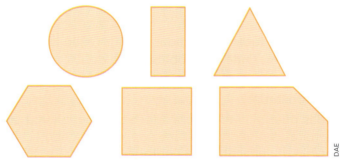

Esses cartões serão colocados em um saco e, em seguida, um cartão será retirado ao acaso.

Qual é a probabilidade de se retirar um cartão com uma figura que:

a) não é um polígono?

b) é um polígono?

4) Uma fábrica produziu, em certo dia, 5 500 balas de gengibre e 4 500 balas de hortelã, e todas foram colocadas em um mesmo recipiente. Retirando-se, ao acaso, uma dessas balas do recipiente, qual é a probabilidade de que ela não seja de hortelã?

5) Um time de futebol tem probabilidade $\dfrac{1}{5}$ de vencer, $\dfrac{1}{3}$ de perder e, além disso, pode empatar uma partida. Qual é a probabilidade de esse time empatar?

Escreva a resposta em forma de dízima periódica.

MAIS ATIVIDADES

1. Em um tetraedro ABCD, marcam-se doze pontos distintos no interior de suas faces: cinco pontos na face ABC (numerados com 1, 2, 3, 4 e 5), quatro na face ACD (6, 7, 8 e 9) e três na face ADB (10, 11 e 12), conforme mostra a figura ao lado.

   Considere todas as retas traçadas por dois desses pontos, um em cada face. Tomando-se ao acaso uma dessas retas, qual é a probabilidade de ela ter sido traçada por um ponto da face ABC e um da face ACD? Expresse a resposta na forma de fração.

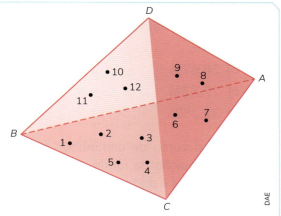

2. (Enem) O gerente do setor de recursos humanos de uma empresa está organizando uma avaliação em que uma das etapas é um jogo de perguntas e respostas. Para essa etapa, ele classificou as perguntas, pelo nível de dificuldade, em fácil, médio e difícil, e escreveu cada pergunta em cartões para colocação em uma urna.

   Contudo, após depositar vinte perguntas de diferentes níveis na urna, ele observou que 25% delas eram de nível fácil. Querendo que as perguntas de nível fácil sejam a maioria, o gerente decidiu acrescentar mais perguntas de nível fácil à urna, de modo que a probabilidade de o primeiro participante retirar, aleatoriamente, uma pergunta de nível fácil seja de 75%.

   Com essas informações, a quantidade de perguntas de nível fácil que o gerente deve acrescentar à urna é igual a:

   a) 10.
   b) 15.
   c) 35.
   d) 40.
   e) 45.

3. Em uma caixa há três tipos de chocolate: amargo, ao leite e branco.

   Ao tirar, ao acaso, um chocolate da caixa, a probabilidade de sair um chocolate ao leite é 0,5 e a de sair um chocolate amargo é 0,25 ou $\frac{1}{4}$. Qual é a probabilidade de retirar da caixa um chocolate branco?

4. As 5 bolas das imagens ao lado foram numeradas de 1 a 5 e colocadas dentro de um saco.

   Uma bola é sorteada aleatoriamente, o número é observado, e a bola é recolocada no saco. Em seguida, uma segunda bola é sorteada e o número dela também é observado.

   Calcule a probabilidade de que a soma dos números observados seja:

   a) maior que 7;
   b) menor ou igual a 7.

5 (Ameosc) Em uma caixa há 4 bolas rosas e 6 bolas amarelas. Com base nisso, assinale a alternativa que representa, correta e aproximadamente, a probabilidade de se retirar uma bola rosa na primeira tentativa e uma bola amarela na segunda tentativa, sem que haja reposição das bolas:

a) 24%
b) 26,67%
c) 27,72%
d) 32,25%

6 Em um curso de espanhol, a distribuição da idade dos estudantes é dada pelo gráfico ao lado.

Fonte: Dados fictícios.

a) Quantos estudantes há nesse curso?
b) Quantos estudantes têm, no mínimo, 15 anos?
c) Escolhendo um estudante ao acaso, qual é a probabilidade, na forma de fração, de ele ter 12 anos? E de sua idade ser de no mínimo 15 anos?
d) Invente uma pergunta com base nos dados desse gráfico. Dê para um colega responder. Depois, confira a resolução feita por ele.

7 Considere um baralho tradicional de 52 cartas. Elabore duas perguntas relacionadas ao sorteio de uma carta, ao acaso, desse baralho e dê para um colega responder. Depois, confira as resoluções feitas por ele.

8 Elabore um fluxograma e resolva o problema a seguir.

Uma caixa contém cinco bolas brancas, três bolas azuis e duas bolas pretas. Qual é a probabilidade de retirar, ao acaso, uma bola preta ou uma bola branca dessa caixa?

Lógico, é lógica!

9 (Fatec-SP) Ariel, estudante do Ensino Médio, achava que o seu relógio estava 3 minutos atrasado, mas, devido à sua rotina de estudos para a prova de vestibular da Fatec, não viu que, na realidade, seu relógio estava 12 minutos adiantado.

No dia do vestibular, Ariel achou que tinha perdido a prova, pois julgava que estava 8 minutos atrasada, mas, ao chegar no local do vestibular, o portão ainda estava aberto. Isso se deve ao fato de que Ariel estava adiantada:

a) 1 minuto.
b) 3 minutos.
c) 5 minutos.
d) 7 minutos.
e) 9 minutos.

PARA ENCERRAR

FAÇA NO CADERNO

1) Qual das seguintes equações é do 2º grau?
a) $3x^2 - 1 = x^6$
b) $2x - 3x = 0$
c) $2x^4 - 5x^3 = 0$
d) $x^{10} = 2$
e) $x^2 - 2x + 5 = 0$

2) Qual é o valor de m na equação do 2º grau $x^2 - m = 0$, sabendo que $x = 3$ é uma de suas raízes?
a) 1
b) -3
c) 9
d) $\dfrac{1}{2}$
e) $-\dfrac{4}{5}$

3) A figura representa um quadrado de área 25 m².

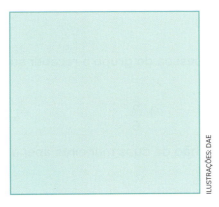

Qual é a medida do comprimento do lado desse quadrado?
a) 8 m
b) 12,5 m
c) 9 m
d) 10 m
e) 5 m

4) A diferença entre o quadrado de um número inteiro e 1 é igual a 48. Qual é esse número?
a) -7 ou 7
b) -2 ou 2
c) 49
d) -10 ou 10
e) 50

5) Quais são as raízes da equação do 2º grau $2x^2 + 7 = 0$, em $\mathbb{R}$?
a) -2 e 2
b) -1 e 1
c) A equação não tem solução em $\mathbb{R}$.
d) 0 e 5
e) 25

6) O quadrado de um número natural adicionado a 20 é igual a 84. Qual é esse número?
a) 2
b) 3
c) 5
d) 8
e) 15

7) (Enem) Em um *blog* de variedades, músicas, mantras e informações diversas, foram postados "Contos de *Halloween*". Após a leitura, os visitantes poderiam opinar, assinalando suas reações em: "Divertido", "Assustador" ou "Chato". Ao final de uma semana, o *blog* registrou que 500 visitantes distintos acessaram essa postagem. O gráfico a seguir apresenta o resultado da enquete.

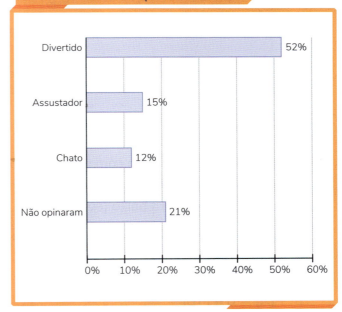

O administrador do *blog* irá sortear um livro entre os visitantes que opinaram na postagem "Contos de *Halloween*". Sabendo que nenhum visitante votou mais de uma vez, a probabilidade de uma pessoa, escolhida ao acaso entre as que opinaram, ter assinalado que "Contos de *Halloween*" é "Chato" é mais aproximada por:
a) 0,09.
b) 0,12.
c) 0,14.
d) 0,15.
e) 0,18.

211

8 (Enem) O Estatuto do Idoso, no Brasil, prevê certos direitos às pessoas com idade avançada, concedendo a estas, entre outros benefícios, a restituição de imposto de renda antes dos demais contribuintes. A tabela informa os nomes e as idades de 12 idosos que aguardam suas restituições de imposto de renda. Considere que, entre os idosos, a restituição seja concedida em ordem decrescente de idade e que, em subgrupos de pessoas com a mesma idade, a ordem seja decidida por sorteio.

Nome	Idade (em ano)
Orlando	89
Gustavo	86
Luana	86
Teresa	85
Márcia	84
Roberto	82
Heloisa	75
Marisa	75
Pedro	75
João	75
Antônio	72
Fernanda	70

Nessas condições, a probabilidade de João ser a sétima pessoa do grupo a receber sua restituição é igual a:

a) $\dfrac{1}{12}$.

b) $\dfrac{7}{12}$.

c) $\dfrac{1}{8}$.

d) $\dfrac{5}{6}$.

e) $\dfrac{1}{4}$.

9 (FGV-SP) Uma fatia de pão com manteiga pode cair no chão de duas maneiras apenas:

- com a manteiga para cima (evento A);
- com a manteiga para baixo (evento B).

Uma possível distribuição de probabilidade para esses eventos é:

a) $P(A) = P(B) = \dfrac{3}{7}$.

b) $P(A) = 0$ e $P(B) = \dfrac{5}{7}$.

c) $P(A) = -0,3$ e $P(B) = 1,3$.

d) $P(A) = 0,4$ e $P(B) = 0,6$.

e) $P(A) = \dfrac{6}{7}$ e $P(B) = 0$.

10 (CMS-BA) Cinco amigos sortearão aleatoriamente um número inteiro de 21 a 40 (20 ao todo). Arnaldo disse que sairia um número primo; Bernaldo disse que sairia um número maior que 32; Cernaldo disse que sairia um múltiplo de 3; Dernaldo disse que sairia um quadrado perfeito; e Ernaldo disse que sairia um número par, mas que não seja múltiplo de 6. Quem tem maior probabilidade de acertar, ou seja, maior possibilidade de acertar o número que será sorteado é:

a) Arnaldo.

b) Dernaldo.

c) Cernaldo.

d) Bernaldo.

e) Ernaldo.

11 (CMCG-MS) O gráfico a seguir apresenta a quantidade de brinquedos, por tipo, que Carlinhos guardou em uma caixa.

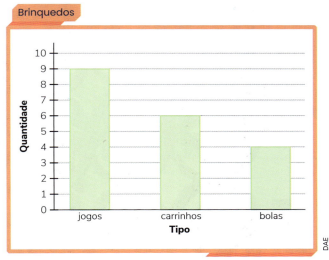

Fonte: Os dados foram retirados do jornal X.

Certo dia, ele resolve doar um desses brinquedos a uma campanha do Dia das Crianças. Ele escolhe, aleatoriamente, um dos brinquedos da caixa. Qual é a probabilidade de esse brinquedo ser um carrinho?

a) $\dfrac{13}{19}$
b) $\dfrac{6}{19}$
c) $\dfrac{1}{19}$
d) $\dfrac{1}{9}$
e) $\dfrac{1}{6}$

12 (Abade-ES) Um dado cúbico (faces numeradas de um a seis) e uma moeda, ambos não viciados, são lançados simultaneamente. A probabilidade de que as faces voltadas para cima, após o lançamento, apresentem um número maior ou igual a 4 no dado e cara na moeda é igual a:

a) 75%.
b) 60%.
c) 50%.
d) 45%.
e) 25%.

13 Um menino vai retirar ao acaso um único cartão de um conjunto de sete cartões. Em cada um deles está escrito apenas um dia da semana, sem repetições: segunda, terça, quarta, quinta, sexta, sábado, domingo. O menino gostaria de retirar sábado ou domingo.

A probabilidade de ocorrência de uma das preferências do menino é:

a) $\dfrac{1}{49}$.
b) $\dfrac{2}{49}$.
c) $\dfrac{1}{7}$.
d) $\dfrac{2}{7}$.

14 (UFPR-PR) Uma adaptação do Teorema do Macaco afirma que um macaco digitando aleatoriamente num teclado de computador, mais cedo ou mais tarde, escreverá a obra *Os Sertões* de Euclides da Cunha. Imagine que um macaco digite sequências aleatórias de 3 letras em um teclado que tem apenas as seguintes letras: S, E, R, T, O. Qual é a probabilidade de esse macaco escrever a palavra "SER" na primeira tentativa?

a) $\dfrac{1}{5}$
b) $\dfrac{1}{15}$
c) $\dfrac{1}{75}$
d) $\dfrac{1}{125}$
e) $\dfrac{1}{225}$

UNIDADE

7

Arquitetos, decoradores e mesmo pessoas que gostam de decorar a casa ou o ambiente de trabalho costumam utilizar esse tipo de painel. Suas dimensões máximas de corte são 1,25 m × 2,45 m.

Simetrias, cálculo de área e de capacidade

<<<<
Painéis decorativos

A fotografia ao lado mostra painéis vazados feitos em MDF (sigla em inglês para *Medium Density Fiberboard*), que consiste em um material de média densidade feito com fibra de madeira reconstituída, resinas sintéticas e aditivos químicos.

Na BNCC

Esta unidade propicia o desenvolvimento das competências e das habilidades a seguir.

Competências gerais: 9 e 10

Competências específicas: 1, 2, 3, 4 e 7

Habilidades:
EF08MA18
EF08MA19
EF08MA20
EF08MA21

PHOTOMAVENSTOCK/SHUTTERSTOCK.COM

Para pesquisar e aplicar

1. Os painéis mostram padrões repetidos. Identifique as ideias de simetria apresentadas neles.
2. Cite alguns locais em que esses painéis podem ser utilizados.
3. Qual é a área aproximada máxima de cada painel?

215

CAPÍTULO 1

Transformações geométricas: simetrias de translação, reflexão e rotação

Para começar

Quais tipos de simetria você identifica nos azulejos abaixo?

CONSTRUÇÃO DE TRANSFORMAÇÕES

As transformações geométricas podem ser vistas em nosso cotidiano de muitas formas, como na ornamentação de objetos, em decoração, na tecelagem e até em obras de arte. Também são usadas nas ciências, arquitetura, engenharia, e têm muitas aplicações.

Neste capítulo, vamos rever as transformações que já conhecemos e aprender um pouco mais sobre elas, suas composições e construções.

Reflexão

Na figura ao lado, o triângulo ABC é simétrico ao triângulo A'B'C' com relação à reta r.

A reta r, que faz o papel de um espelho, é denominada **eixo de simetria**.

Note que cada ponto do triângulo e de seu simétrico tem a mesma distância com relação à reta r.

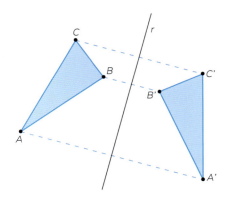

Para desenhar o triângulo A'B'C', fazemos assim:

1. A partir de cada vértice do triângulo, traçamos perpendiculares à reta r.

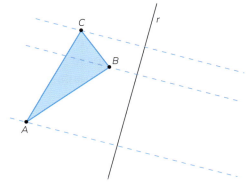

2. Usando um compasso ou uma régua, encontramos o simétrico de cada vértice, ou seja, outro ponto, do lado oposto, que tem a mesma distância da reta r.

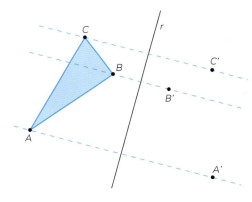

3. Traçamos o triângulo.

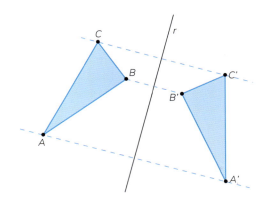

Veja estes outros exemplos, nos quais foram traçados o simétrico do pentágono ABCDE com relação à reta s e o simétrico do quadrilátero FGHI com relação à reta t.

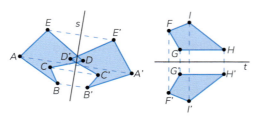

Rotação

Na figura ao lado, o triângulo A'B'C' é resultado de uma rotação do triângulo ABC em relação ao ponto D.

Para desenhar o triângulo A'B'C', fazemos assim:

1. Traçamos a reta determinada por A e D. Com vértice em D, traçamos o ângulo de rotação desejado, que nesse caso foi de 90° no sentido horário. Nesse ângulo, marcamos A', de forma que $\overline{DA'} \equiv \overline{DA}$.

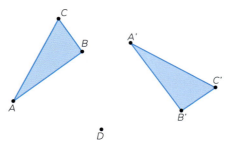

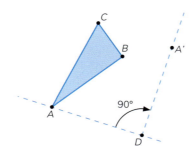

2. Fazemos o mesmo procedimento para determinar B' e C'.

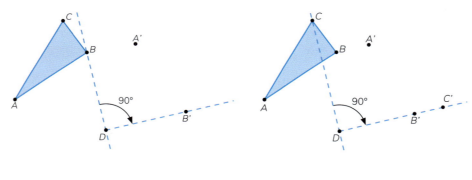

$\overline{DB'} \equiv \overline{DB}$ $\qquad$ $\overline{DC'} \equiv \overline{DC}$

3. Em seguida, traçamos o triângulo.

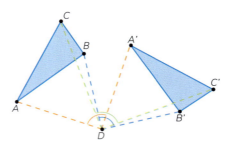

Veja este outro exemplo, no qual foi feita uma rotação do quadrado *GHIJ* em torno do ponto *P*, 30° no sentido anti-horário.

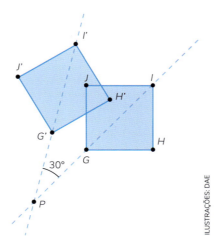

Translação

Na figura ao lado, o triângulo *A'B'C'* é obtido por uma translação do triângulo *ABC* com a medida da distância, a direção e o sentido indicados pela seta.

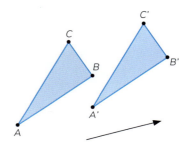

Para desenhar o triângulo *A'B'C'*, fazemos assim:

1. A partir de cada ponto do triângulo, traçamos retas paralelas à direção da translação desejada.

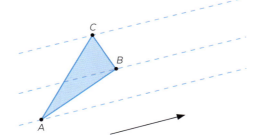

2. Marcamos então os pontos, com a medida de distância igual ao comprimento da seta e no sentido indicado por ela.

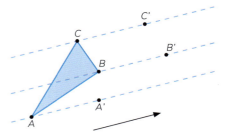

3. Traçamos o triângulo.

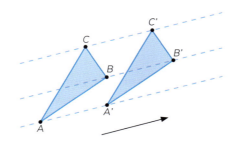

Veja este outro exemplo, no qual fizemos a translação vertical de um hexágono.

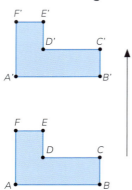

Pense e responda

Esta figura foi composta por meio de uma sequência de rotações de um quadrado em relação ao ponto P central. Qual foi o menor ângulo de rotação usado?

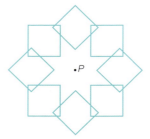

ATIVIDADES

FAÇA NO CADERNO

1 Identifique nas imagens abaixo as simetrias apresentadas nas figuras e nos objetos.

a)

b)

c)

2 Reproduza o polígono abaixo. Depois, trace uma reta vertical. Usando régua e compasso, desenhe o simétrico do polígono em relação à reta que você traçou.

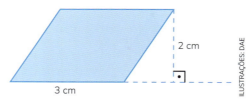

3 Reproduza em papel quadriculado o trapézio e o ponto desenhados abaixo. Usando régua e compasso ou transferidor, trace a rotação de 60° do trapézio no sentido anti-horário em relação ao ponto P.

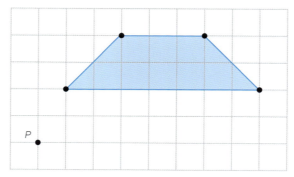

4 Desenhe um triângulo com um dos lados na horizontal. Faça uma reta, também horizontal, abaixo do triângulo. Em seguida, trace o simétrico do triângulo em relação à reta e depois faça uma translação dessa figura de 2 cm na direção horizontal para a direita.

220

COMPOSIÇÃO DE TRANSFORMAÇÕES USANDO *SOFTWARE* DE GEOMETRIA DINÂMICA

O *software* de geometria dinâmica conta com ferramentas que podem nos ajudar a desenhar e estudar as transformações geométricas.

Elas estão no menu **Transformar** e, neste capítulo, vamos usar três delas. Veja ao lado.

Inicialmente, usamos a ferramenta **ponto** para desenhar alguns pontos. Depois, escolhemos a ferramenta **polígono** e clicamos nos pontos para uni-los, formando um polígono.

Em seguida, vamos desenhar duas retas, uma horizontal e outra vertical, usando a ferramenta **reta**. Para traçar cada reta, clicamos sucessivamente em dois pontos. No exemplo abaixo, escolhemos pontos usando as intersecções da malha, mas isso não é obrigatório.

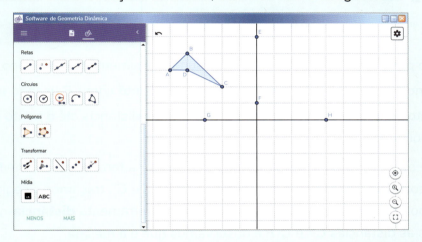

Agora, vamos fazer a reflexão do polígono em relação à reta $\overleftrightarrow{EF}$. Para isso, escolhemos a ferramenta **simetria em relação a uma reta**, clicamos num ponto interno do polígono e depois na reta $\overleftrightarrow{EF}$, obtendo A'B'C'D'.

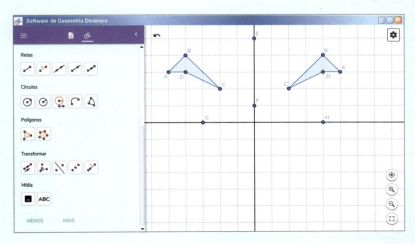

Agora, vamos fazer a reflexão de A'B'C'D' em torno da reta $\overleftrightarrow{GH}$, obtendo A''B''C''D''.

Novamente, deixamos selecionada a ferramenta **simetria em relação a uma reta**, clicamos em A'B'C'D' e na reta $\overleftrightarrow{GH}$.

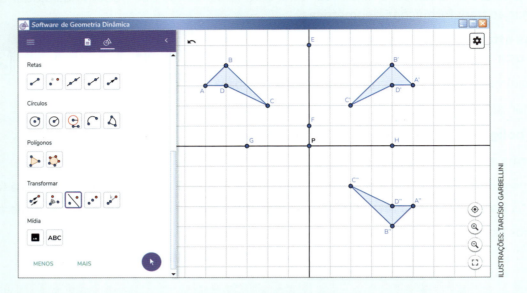

Note que o polígono que obtivemos como resultado é simétrico ao polígono original em relação ao ponto de encontro das duas retas. Marcamos esse ponto como P usando a ferramenta **ponto**. Cada ponto do quadrilátero A''B''C''D'' tem a mesma distância até o ponto P que o seu correspondente no polígono ABCD.

Você pode observar essa simetria usando a malha ou a ferramenta de medição oferecida pelo *software* de geometria dinâmica. Escolhendo os pontos C e C'', traçamos o segmento CC'' e observamos que o ponto P pertence a ele. Depois, usando a ferramenta **distância** do menu **Medições**, medimos as distâncias CP e C''P e observamos que é a mesma.

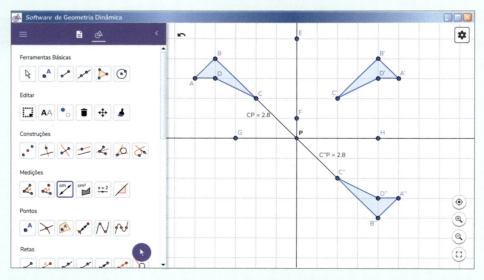

Observe este outro exemplo, no qual fazemos a reflexão de um polígono ABCD usando duas retas perpendiculares.

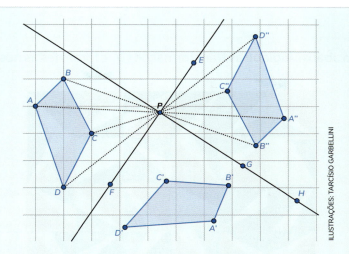

$\overline{EF} \perp \overline{GH}$

$\overline{AP} \equiv \overline{A''P}$

$\overline{BP} \equiv \overline{B''P}$

$\overline{CP} \equiv \overline{C''P}$

$\overline{DP} \equiv \overline{D''P}$

Vamos usar novamente o *software* de geometria dinâmica para fazer duas reflexões sobre as retas paralelas *r* e *s*. O procedimento é o mesmo. Observe, a seguir, os resultados que vamos obter quando *r* e *s* são retas verticais, paralelas às linhas da malha.

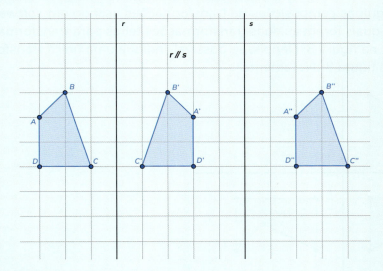

Veja abaixo o resultado que podemos obter se as duas retas *r* e *s* paralelas entre si não forem verticais.

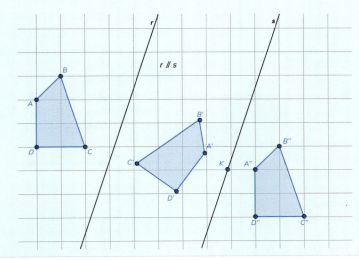

Pense e responda

Observando o resultado das duas composições de reflexões apresentadas, o que você pode notar?

223

ATIVIDADES

1 Observe o mosaico abaixo. Indique as transformações que foram feitas nos quadrados destacados.

a) De A para B. b) De B para C. c) De A para C. d) De B para D.

2 Fernando fez algumas composições de transformações usando um *software* de geometria dinâmica. Indique quais foram as duas transformações feitas para transformar a figura 1 na figura 2 e a figura 2 na figura 3. Depois, se possível, indique uma única transformação que levaria a figura 1 para a figura 3 diretamente.

a)

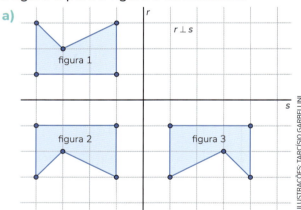

b) r // s

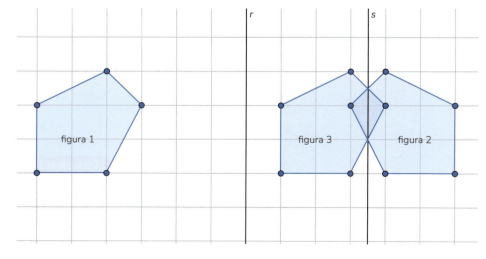

c)

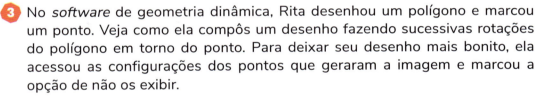

3. No *software* de geometria dinâmica, Rita desenhou um polígono e marcou um ponto. Veja como ela compôs um desenho fazendo sucessivas rotações do polígono em torno do ponto. Para deixar seu desenho mais bonito, ela acessou as configurações dos pontos que geraram a imagem e marcou a opção de não os exibir.

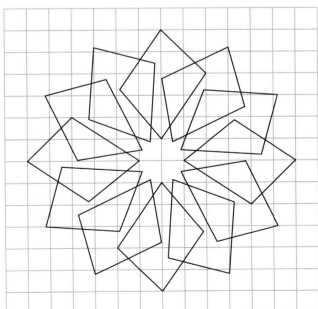

- ☐ Exibir Objeto
- ☐ Exibir Rastro
- ☐ Exibir Rótulo: Nome ▼
- ☐ Fixar Objeto
- ☐ Definir como Objeto Auxiliar

TARCÍSIO GARBELLINI

Faça agora seu próprio desenho composto de transformações de polígonos.

> **Dica**
>
> **Desenho geométrico:** no *site* indicado a seguir, você encontrará uma grande variedade de exemplos de padrões compostos de desenhos geométricos. Acesse-o para aprender e se divertir. Disponível em: http://www.uel.br/cce/mat/geometrica/php/dg/dg_13t.php. Acesso em: 18 fev. 2021.

Curiosidade

ARTE RECURSIVA

A recursividade, que significa o processo de repetição de um objeto do jeito similar ao já apresentado, tem muitas aplicações e pode estar presente de diferentes modos no cotidiano.

Confeccionadas em madeira, as matrioscas são bonecas russas conhecidas mundialmente. Cada conjunto é composto por bonecas de diferentes tamanhos, dispostas uma dentro da outra, de modo que a menor de todas é feita de uma única peça enquanto as demais são feitas em duas partes. Elas seguem um padrão de mesmo formato, mas em escalas diferentes.

Bonecas russas de madeira.

Ao observar essas bonecas, podemos notar a aplicação da recursividade e a ordenação dos diferentes tamanhos, mantendo o mesmo formato geométrico, por meio de uma repetição harmônica.

MAIS ATIVIDADES

FAÇA NO CADERNO

1 Na composição abaixo, existe simetria? Justifique sua resposta.

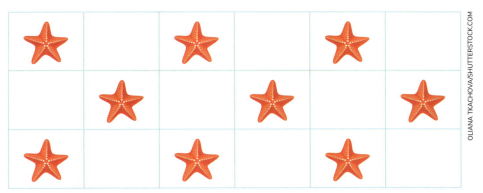

2 Use uma folha de papel quadriculada e translade o polígono *ABCDE* três vezes. Cada translação deve ser de 2 unidades na direção horizontal (eixo *x*).

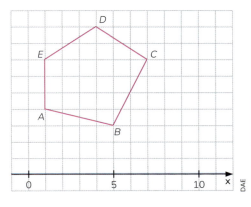

3 Que tipos de simetria podemos observar em cada uma das imagens a seguir?

a)
Escadas rolantes.

b)
Vaso marajoara.

c)
Pintura corporal indígena.

d)
Arnaldo Ferrari. *Composição geométrica*, 1964. Óleo sobre tela, 68 cm × 73 cm.

e)
Arcos da Lapa. Rio de Janeiro (RJ), 2015.

f)
Azulejo português.

227

4 (Cefet-MG) Observe a figura abaixo.

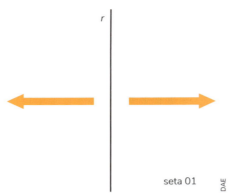

Nessa figura, a simetria mostrada da seta 01 em relação à reta *r* é uma:

a) rotação.

b) reflexão.

c) translação.

d) rotação deslizante.

5 (IBFC-MG) Transformações e movimentos na matemática são conhecidos como Isometria, preservando assim o comprimento de segmentos e distâncias, consequentemente a distância entre dois pontos quaisquer no plano. Interprete o movimento usado, com eixos *X* e *Y*.

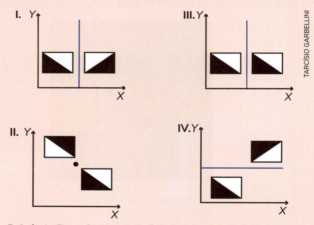

Referência: Figura 01 – Isometria. Do grego "mesma medida".

A imagem Figura 01 – Isometria representa quatro formas diferentes de movimentação final sem deformações. Denomine-as respectivamente de acordo com sua enumeração.

a) Rotação, reflexão, reflexão com deslizamento, translação.

b) Translação, reflexão com deslizamento, reflexão, rotação.

c) Translação, rotação, reflexão, reflexão com deslizamento.

d) Reflexão, rotação, translação, reflexão com deslizamento.

CAPÍTULO 2

Área, volume e capacidade

Para começar

A figura abaixo mostra as dimensões que uma quadra de vôlei deve ter. Qual é a área da quadra?

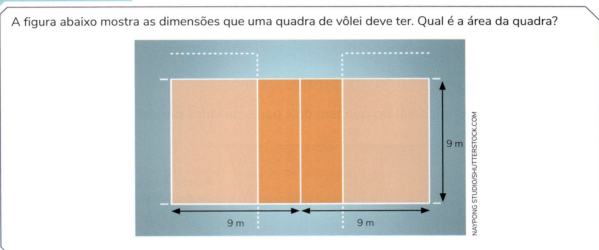

ÁREAS DE FIGURAS PLANAS

Vamos rever algumas fórmulas que nos fornecem as áreas de triângulos e quadriláteros. Chamaremos de A cada uma delas.

Retângulo

Retângulo é o quadrilátero que tem os quatro ângulos internos retos. Em geral, chamamos o comprimento do retângulo de base e a largura de altura.

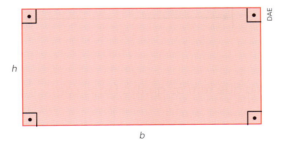

b: medida da base

h: medida da altura

> A área A do retângulo é igual ao produto da medida da base pela medida da altura.
>
> $A = b \cdot h$

229

Quadrado

Quadrado é o quadrilátero que tem os quatro lados com a mesma medida e os quatro ângulos internos retos. Por ter os quatro ângulos retos, podemos considerar que ele é um retângulo, no qual a base e a altura têm a mesma medida.

ℓ: medida do lado

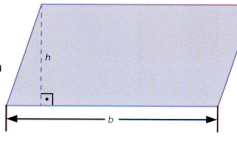

A área A do quadrado é igual ao produto da medida da base pela medida da altura, ou seja, o quadrado da medida do lado.

$$A = b \cdot h = \ell \cdot \ell = \ell^2$$

Paralelogramo

Paralelogramo é o quadrilátero que tem dois pares de lados paralelos.

b: medida da base
h: medida da altura

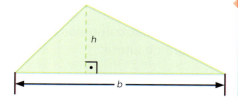

A área A do paralelogramo é igual ao produto da medida da base pela medida da altura.

$$A = b \cdot h$$

Triângulo

Triângulo é o polígono que tem três lados.

b: medida da base
h: medida da altura relativa à base de medida b

A área A do triângulo é igual à metade do produto da medida da base pela medida da altura.

$$A = \frac{b \cdot h}{2}$$

Losango

O losango é um paralelogramo que tem os quatro lados com a mesma medida.

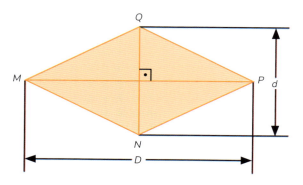

A área A do losango é igual à metade do produto das medidas de suas diagonais.

$$A = \frac{D \cdot d}{2}$$

Trapézio

O trapézio é um quadrilátero que tem apenas um par de lados paralelos.

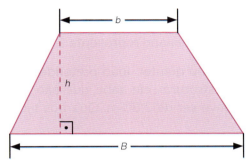

B: medida da base maior
b: medida da base menor
h: medida da altura

A área A do trapézio é igual à metade do produto da soma das medidas de suas bases pela medida da altura.

$$A = \frac{(B + b) \cdot h}{2}$$

ATIVIDADES RESOLVIDAS

1 Cada lado do retângulo ABCD, de área igual a 48 cm², foi dividido em partes iguais pelos pontos X, Y, Z, M e N assinalados.

Quantos centímetros quadrados tem a área do quadrilátero AZCN?

RESOLUÇÃO: Do enunciado, temos a figura:

A diagonal $\overline{AC}$ divide o retângulo ABCD em dois triângulos, ABC e CDA, de área 24 cm² cada um.

O triângulo ABC está dividido em três triângulos equivalentes (as bases têm a mesma medida e as alturas têm a mesma medida), cada um com área $\frac{24}{3}$ cm², ou seja, 8 cm².

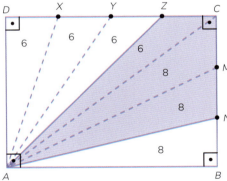

O triângulo CDA está dividido em quatro triângulos equivalentes (as bases têm a mesma medida e as alturas têm a mesma medida), cada um com área $\frac{24}{4}$ cm², ou seja, 6 cm².

A área do quadrilátero AZCN é igual a:

$$6 \text{ cm}^2 + 8 \text{ cm}^2 + 8 \text{ cm}^2 = 22 \text{ cm}^2$$

ATIVIDADES

1 Qual é a área do polígono que se obtém unindo-se os pontos A(0, 0), B(0, 3), C(2, 3), D(2, 5), E(5, 5) e F(5, 0) de um plano cartesiano?

Considere que cada unidade no plano cartesiano representa 1 cm.

2 (IFMA) Para cercar completamente o seu quintal, João pretende construir 30 m de muro que faltam. Utilizando um tipo de tijolo estrutural, ele sabe que são necessários 12,5 tijolos por metro quadrado. A altura do muro deve ser de 2,80 m. Quantos tijolos são necessários para a construção deste muro?

a) 375
b) 235
c) 1 050
d) 2 520
e) 2 940

3 O retângulo ABCD representado abaixo foi dividido em nove quadrados. Sabendo que a área do quadrado azul é 81 unidades, e a do quadrado amarelo, 64 unidades, calcule a área do retângulo ABCD.

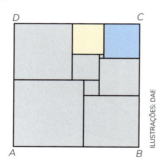

4 (OMM-MG) Seja ABCD um quadrado de lado 10 cm, F o ponto médio de BC e E um ponto sobre o lado AB.

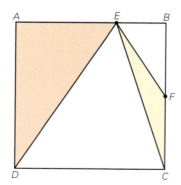

a) Determine a área dos triângulos △ADE e △EFC quando AE = 4 cm.
b) Determine quanto mede AE quando a soma das áreas dos triângulos △ADE e △EFC é 40 cm².

5 Em um paralelogramo, a diferença entre as medidas da base e da altura é 24 cm. A medida da base é o quíntuplo da medida da altura. Determine a área desse paralelogramo.

6 A figura a seguir mostra o retângulo ABCD, em que AB = 6 cm e AD = 10 cm.

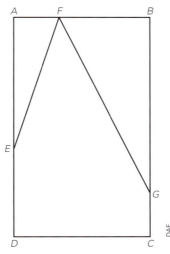

Sabendo que $AF = CG = \dfrac{AE}{3} = 2$ cm, calcule a área do polígono EFGCD.

7 O fluxograma abaixo mostra como calcular a densidade demográfica d, em cabeças de gado por metro quadrado, de uma fazenda que tem 1 500 cabeças de gado em uma área A que mede 2 hectares. Dado: 1 hectare = 10 000 m².

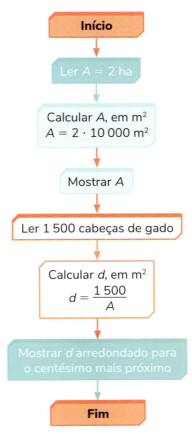

Execute os passos desse fluxograma para resolver o problema.

8 (Matemática sem Fronteiras-França) Floriane comprou uma faixa retangular de grama artificial medindo 9 m por 4 m. Ela quer transformá-la em um quadrado usando o menor número de peças possíveis e sem jogar nada fora.

Desenhe um diagrama para mostrar como Floriane pode fazer isso.

9 (Unicap-PE) A área da região hachurada, abaixo, é de 54 m². Determine, em metro, o comprimento do segmento de reta *EC*.

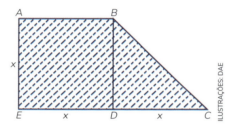

10 Pesquise:

a) a medida, em quilômetros, do perímetro urbano do seu município;

b) a área do seu município.

11 (FGV-SP) Observe a figura construída em uma malha quadriculada com unidade de área igual a 1 cm².

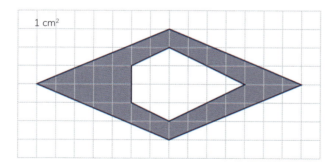

A área da região destacada em cinza na figura é igual a:

a) 18 cm².

b) 19 cm².

c) 21 cm².

d) 24 cm².

e) 28 cm².

Círculo

O círculo é a reunião da circunferência com os pontos da sua região interna.

Apresentamos, a seguir, uma ideia intuitiva que nos possibilita concluir que a área A de um círculo de raio com medida r é igual a πr^2.

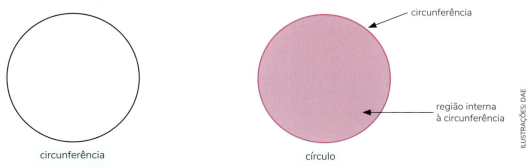

Imagine que um círculo seja formado por infinitas circunferências com o mesmo centro.

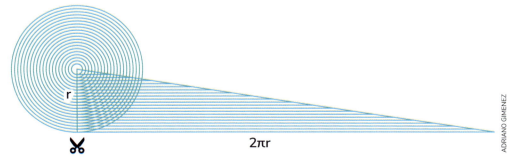

Suponha ainda que essas infinitas circunferências pudessem ser cortadas e retificadas, formando o triângulo retângulo cujas medidas da base e da altura são, respectivamente, o comprimento da circunferência do círculo e a medida do seu raio (r).

Lembrando que o comprimento de uma circunferência cujo raio mede r é $2\pi r$, temos que a medida da base do triângulo obtido é $2\pi r$.

A área S desse triângulo seria igual a:

$$S = \frac{\text{medida da base} \cdot \text{medida da altura}}{2} \rightarrow S = \frac{2\pi r \cdot r}{2} \rightarrow S = \pi r^2$$

Como o triângulo e o círculo têm a mesma área, temos:

$$A = S \rightarrow A = \pi r^2$$

Assim, podemos dizer que a área de um círculo cujo raio mede r é igual ao produto do número π pelo quadrado de r.

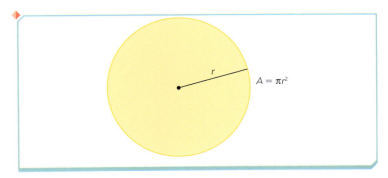

A área de um círculo cujo raio mede 5,8 m, por exemplo, é:

$A = \pi r^2 \rightarrow A = 3{,}14 \cdot 5{,}8^2 \rightarrow$
$\rightarrow A = 3{,}14 \cdot 33{,}64 \rightarrow A \cong 105{,}63$

Portanto, a área desse círculo é, aproximadamente, 105,63 m².

Curiosidade

POR QUE CIRCULAR?

O emprego das figuras circulares não é explicado apenas pela harmonia e beleza de sua forma. As circunferências e os círculos têm outra qualidade: elas são funcionais.

A forma circular do fundo das panelas e, em particular, de uma chapa bifeteira de ferro fundido, por exemplo, tem a função de facilitar a limpeza, impedindo que pequenos detritos se acumulem nos cantos, já que elas não têm cantos.

ATIVIDADES RESOLVIDAS

1 De uma chapa de aço retangular foram recortados círculos, conforme mostra a figura. Calcule a área de aço que sobrou nessa chapa. Use $\pi = 3{,}2$.

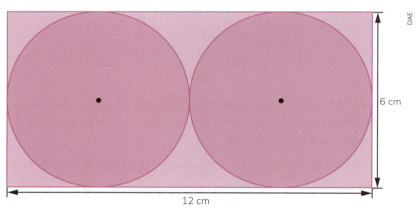

RESOLUÇÃO: O raio de cada círculo recortado mede 3 m.

A área de cada um dos círculos recortados é:

$A = \pi r^2 \rightarrow A = 3{,}2 \cdot 3^2 \rightarrow A = 3{,}2 \cdot 9 = 28{,}8$

Logo, cada círculo tem 28,8 m² de área.

Como foram recortados dois círculos, temos:

$2 \cdot 28{,}8\ m^2 = 57{,}6\ m^2$

Sendo a chapa retangular, temos:

$A = b \cdot h \rightarrow A = 12 \cdot 6 \rightarrow A = 72$

A área da chapa é 72 m².

Portanto, a área da chapa que sobrou é igual a:

$72\ m^2 - 57{,}6\ m^2 = 14{,}4\ m^2$

ATIVIDADES

1. Um arquiteto projetou um chafariz circular em uma praça quadrada, conforme a figura. Após a execução da obra, ele decidiu colocar grama artificial na região colorida de verde. Quantos metros quadrados de grama devem ser colocados?

   Considere $\pi = 3,14$.

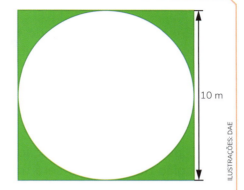

2. Oito amigos compraram uma *pizza* gigante circular com 40 cm de diâmetro e a dividiram em oito pedaços iguais. Qual é a área, em centímetros quadrados, de cada pedaço de *pizza*?

3. Esta figura representa a planta da área de lazer de uma casa, com gramado e piscina.

   Use $\pi = 3,2$ e responda às perguntas.
   a) Qual é a área ocupada pela piscina?
   b) Qual é a área da parte destinada ao gramado?

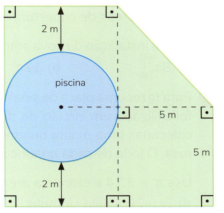

Curiosidade

SINALIZAÇÃO DE TRÂNSITO

A sinalização vertical de regulamentação, de acordo com o Conselho Nacional de Trânsito (Contran), deve ter dimensões recomendadas por tipo de via. Veja, a seguir, duas delas.

DIMENSÕES RECOMENDADAS – SINAIS DE FORMA CIRCULAR			
Via	**Diâmetro (m)**	**Tarja (m)**	**Orla (m)**
Urbana (de trânsito rápido)	0,75	0,075	0,075
Urbana (demais vias)	0,50	0,050	0,050

Fonte: CONTRAN. *Sinalização vertical de regulamentação*. 2. ed. Brasília, DF: Contran, 2007. (Manual Brasileiro de Sinalização de Trânsito, v. 1). Disponível em: https://www.gov.br/infraestrutura/pt-br/assuntos/transito/arquivos-denatran/educacao/publicacoes/manual_vol_i_2.pdf. Acesso em: 6 fev. 2021.

Considerando que a placa de forma circular tenha diâmetro de 0,75 m, qual é a medida de seu raio? Qual é a sua área em cm²? Use $\pi = 3,14$.

4 Um agricultor leva 3 horas para limpar um terreno circular de 5 m de raio. Mantendo o mesmo ritmo, quanto tempo ele levaria para limpar outro terreno se o raio fosse de 10 m?

5 (Enem) Uma empresa de telefonia celular possui duas antenas que serão substituídas por uma nova, mais potente. As áreas de cobertura das antenas que serão substituídas são círculos de raio 2 km, cujas circunferências se tangenciam no ponto O, como mostra a figura.

O ponto O indica a posição da nova antena, e sua região de cobertura será um círculo cuja circunferência tangenciará externamente as circunferências das áreas de cobertura menores.

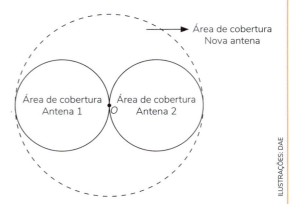

Com a instalação da nova antena, a área de cobertura, em quilômetros quadrados, foi ampliada em:

a) 8π.   b) 12π.   c) 16π.   d) 32π.   e) 64π.

6 Para fazer uma placa de sinalização como a da figura ao lado, foi utilizado um círculo de diâmetro $\overline{AB}$ e sobre ele foram colocadas uma malha quadriculada e o símbolo pintado de rosa. O lado de cada quadrícula da malha mede 5 cm.

Use π = 3,14 e calcule a área:

a) ocupada pelo símbolo;

b) não utilizada do círculo.

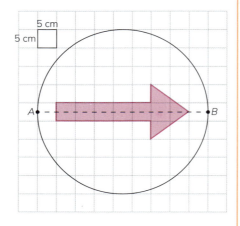

7 (Univesp) Norma publicada neste ano pela Agência Nacional de Aviação Civil (Anac) regulamentou o uso de *drones* no espaço aéreo próximo de aeroportos no País. A figura mostra dois círculos concêntricos, α e β, cujo centro O é representado pelo Aeroporto de Congonhas. Na área interna ao círculo β, de raio igual a 5,4 km, não é permitido qualquer tipo de voo. Na região da coroa circular (área interna ao círculo α, de raio igual a 9 km, e externa ao círculo β), são permitidos voos com até 30 m de altura.

Nessas condições, a diferença em km² entre a área da região que permite voos com até 30 m de altura e a área da região em que não se permite qualquer voo de *drone* é igual a:

a) 41,80π.
b) 46,10π.
c) 51,84π.
d) 83,60π.
e) 103,68π.

MATEMÁTICA INTERLIGADA

O QUE SÃO TERRAS INDÍGENAS?

[...]

De acordo com a Constituição Federal de 1988 as Terras Indígenas são "territórios de ocupação tradicional", são bens da União, sendo reconhecidos aos índios a posse permanente e o usufruto exclusivo das riquezas do solo, dos rios e dos lagos nelas existentes. As TIs (Terras Indígenas) a serem regularizadas pelo Poder Público devem ser:

1) habitadas de forma permanente;

2) importantes para suas atividades produtivas;

3) imprescindíveis à preservação dos recursos necessários ao seu bem-estar; e

4) necessárias à sua reprodução física e cultural.

[...]

O QUE são Terras Indígenas? *Terras Indígenas no Brasil*, [s. l.], [20--?]. Disponível em: https://terrasindigenas.org.br/pt-br/node/23. Acesso em: 6 fev. 2021.

Vista aérea de aldeia na Terra Indígena Enawenê-Nawê. Juína (MT), 2020.

A exemplo de terras indígenas regularizadas, a Terra Indígena Acapuri de Cima, da etnia kokama, pertencente à Jurisdição da Amazônia Legal, no estado do Amazonas, ocupa uma área de 19 400 hectares. Nessa terra indígena vivem 237 pessoas.

A Terra Indígena Acimã, também pertencente à Jurisdição da Amazônia Legal, ocupa uma área de 40 686 hectares e sua população é de 89 pessoas.

Fontes: TERRA Indígena Acapuri de Cima. *Terras Indígenas no Brasil*, [s. l.], [20--?]. Disponível em: https://terrasindigenas.org.br/pt-br/terras-indigenas/4184; TERRA Indígena Acimã. *Terras Indígenas no Brasil*, [s. l.], [20--?]. Disponível em: https://terrasindigenas.org.br/pt-br/terras-indigenas/3935. Acessos em: 6 fev. 2021.

1 Leia as informações e responda às questões a seguir.

a) Qual foi a unidade de medida utilizada para indicar a área dessas duas terras indígenas?

b) Qual é a diferença entre as áreas dessas duas terras indígenas?

c) Você já visitou alguma terra indígena? Faça uma pesquisa para verificar se há terras indígenas no estado em que você mora.

VOLUME E CAPACIDADE DO PARALELEPÍPEDO E DO CUBO

Relações entre volume e capacidade

O **paralelepípedo retângulo** (ou bloco retangular) tem três dimensões: comprimento (*c*), largura (*ℓ*) e altura (*h*). Assim, a fórmula para calcular o volume *V* de um paralelepípedo retângulo é dada por:

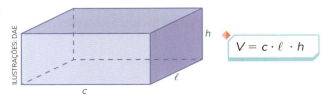

$$V = c \cdot \ell \cdot h$$

Um **cubo** é um paralelepípedo retângulo em que a altura, a largura e o comprimento têm a mesma medida. Chamando essa medida de *a*, temos:

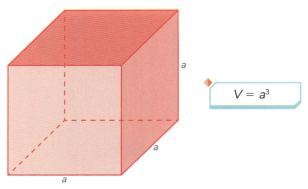

$$V = a^3$$

Pense e responda

Em qual das caixas abaixo cabem mais cubinhos cujas arestas medem 1 cm?

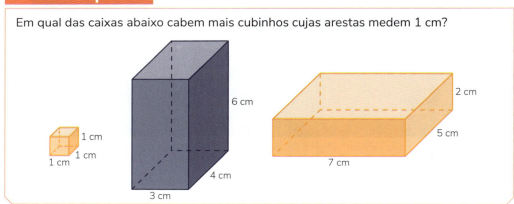

Analise a situação a seguir.

Marina adquiriu uma caixa cúbica de volume 1 dm³ (um decímetro cúbico), isto é, uma caixa cúbica cujas arestas medem 1 dm. Ela forrou a caixa com plástico e despejou nela um litro de água.

Marina observou que toda a água coube na caixa e não sobrou nada. Ela concluiu, assim, que 1 dm³ equivale a 1 L.

Podemos, então, estabelecer as relações entre volume e capacidade. Veja a seguir.

Volume	Capacidade
1 m³	1 000 L
1 dm³	1 L
1 cm³	0,001 L

ATIVIDADES RESOLVIDAS

1 Quantos litros equivalem a 1 000 cm³?

RESOLUÇÃO: Vimos no quadro acima que 1 cm³ equivale a, exatamente, 0,001 L. Assim, podemos substituir a unidade cm³ pelo seu equivalente, 0,001 L:

1 000 cm³ = 1 000 · 1 cm³ = 1 000 · 0,001 L = 1 L

Portanto, podemos afirmar que 1 000 cm³ equivalem a 1 L.

Curiosidade

Turistas observam a vida marinha pela cúpula de acrílico no parque aquático Chimelong Ocean Kingdom, em Zhuhai, China, 2017.

Inaugurado em 2014, na China, o parque aquático Chimelong Ocean Kingdom bateu vários recordes: a maior cúpula aquática, o maior tanque de peixes, a maior "janela" de aquário e o maior painel de acrílico, além de abrigar o maior aquário do mundo.

Existem sete áreas temáticas dentro do parque temático, cada uma representando uma parte do oceano, com um volume total de água de 48,75 milhões de litros.

LYNCH, Kevin. China's Hengqin Ocean Kingdom [...]. *Guinness World Records*, [s. l.], 31 mar. 2014. Disponível em: https://www.guinnessworldrecords.com/news/2014/3/chinas-hengqin-ocean-kingdom-confirmed-as-worlds-largest-aquarium-as-attraction-sets-five-world-records-56471. Acesso em: 17 fev. 2021. (Tradução nossa).

ATIVIDADES

1 (Enem) A siderúrgica "Metal Nobre" produz diversos objetos maciços utilizando o ferro. Um tipo especial de peça feita nessa companhia tem o formato de um paralelepípedo retangular, de acordo com as dimensões indicadas na figura que segue.

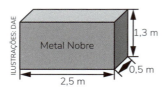

O produto das três dimensões indicadas na peça resultaria na medida da grandeza:

a) massa.
b) volume.
c) superfície.
d) capacidade.
e) comprimento.

2 O sólido de madeira representado abaixo é formado de dois paralelepípedos retangulares A e B.

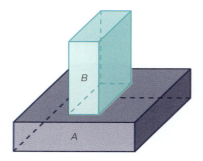

O sólido A tem a base quadrada de aresta 8 dm e altura de 2 dm. O sólido B tem 3 dm de comprimento, 2 dm de largura e 5 dm de altura. Calcule o volume total desse sólido.

3 (Enem) Um porta-lápis de madeira foi construído no formato cúbico, seguindo o modelo ilustrado a seguir. O cubo de dentro é vazio. A aresta do cubo maior mede 12 cm e a do cubo menor, que é interno, mede 8 cm.

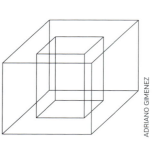

O volume de madeira utilizado na confecção desse objeto foi de:

a) 12 cm³.
b) 64 cm³.
c) 96 cm³.
d) 1 216 cm³.
e) 1 728 cm³.

4 Calcule, em litros, a capacidade de um aquário cujas dimensões internas medem 50 cm de comprimento, 25 cm de largura e 45 cm de altura.

5 Reponda às questões a seguir.

a) Quantas garrafas de volume correspondente a $\frac{3}{4}$ de litro podemos encher com 750 mL de água?

b) Quantas garrafas de volume correspondente a $\frac{3}{4}$ de litro podemos encher com 0,75 m³ de água?

6 As medidas de uma piscina são as seguintes: 10 m de comprimento, 8 m de largura e 2 m de altura. Quantos litros de água são necessários para enchê-la?

7 Transforme na unidade de medida pedida.

a) 750 mL em L

b) $\frac{1}{4}$ L em mL

c) 12 dm³ em mL

d) 10 cm³ em mL

e) 0,75 m³ em L

f) 32,5 cm³ em mL

8 A leitura do hidrômetro de uma residência indicou, no mês de setembro, um consumo de 12,8 m³ de água. Qual foi o consumo, em litros, dessa residência nesse mês?

9 (CMR-PE) Um reservatório de forma cúbica, cuja aresta mede 5 metros, é enchido com água até o seu volume máximo em 5 horas, utilizando-se uma bomba-d'água. Com a mesma bomba, em quanto tempo serão enchidos 25% de um reservatório, com água, na forma de um paralelepípedo reto com 14 metros de comprimento, 5 metros de altura e 5 metros de largura?

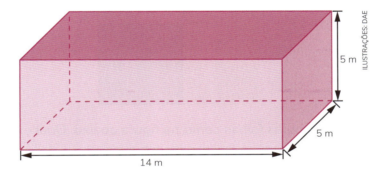

a) 6 horas e 15 minutos

b) 6 horas

c) 5 horas

d) 3 horas e 30 minutos

e) 3 horas

10 (OBMEP) Janaína tem três folhas de papel quadradas: uma verde, de área 64 cm²; uma amarela, de área 36 cm²; e uma azul, de área 18 cm².

DESAFIO

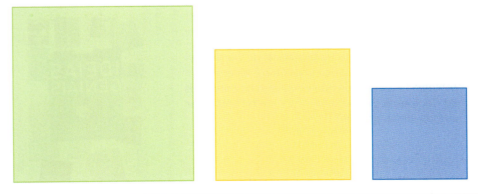

a) Janaína colocou a folha amarela sobre a folha verde, e a folha azul sobre a folha amarela, como na figura abaixo. Dentre as regiões verde, amarela ou azul da figura, qual tem a maior área? Explique sua resposta.

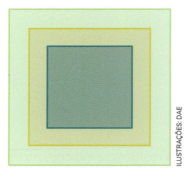

b) Em seguida, Janaína colocou as folhas azul e amarela sobre a verde, como na figura abaixo, determinando novas regiões coloridas. Qual é a soma das áreas das regiões verde e amarela?

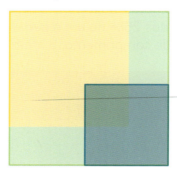

c) Finalmente, Janaína colocou as folhas como na figura abaixo. Qual é a área da nova região amarela?

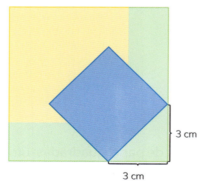

Assim também se aprende

Em **Ideias geniais na Matemática**, de Surendra Verma (Gutenberg), você encontrará diversos problemas e desafios que envolvem os conceitos de Geometria para resolvê-los. Que tal embarcar nessas ideias geniais?

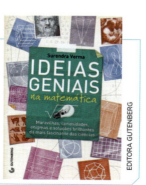

MAIS ATIVIDADES

FAÇA NO CADERNO

1 (UFPel-RS) Maria comprou um terreno retangular medindo 15 m de largura por 30 m de comprimento, conforme mostra a figura abaixo. Ela deseja construir uma casa em seu terreno, mas é importante que sobrem 50 m² para um pátio (área sem nenhuma construção).

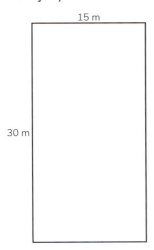

Fonte: COODEC/UFPel

Sendo assim, a área a ser construída na casa de Maria deverá ocupar, no máximo:

a) 800 m².
b) 400 m².
c) 200 m².
d) 150 m².
e) 120 m².
f) I.R.

2 (XXII ORM-SC) Na figura abaixo, a área do triângulo ABC é 72 cm², os triângulos cinza são isósceles e a figura branca é um quadrado. Qual é o perímetro do quadrado?

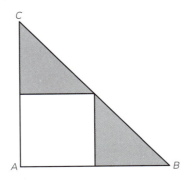

a) 24 cm
b) 36 cm
c) 6 cm
d) 12 cm
e) 3 cm

3 (PUC-SP) Toda a energia necessária para o consumo na Terra provém de fonte natural ou sintética. Ultimamente, tem havido muito interesse em aproveitar a energia solar, sob a forma de radiação eletromagnética, para suprir ou substituir outras fontes de potência. Sabe-se que células solares podem converter a energia solar em energia elétrica e que para cada centímetro quadrado de célula solar, que recebe diretamente a luz do Sol, é gerado 0,01 watt de potência elétrica. Considere que a malha quadriculada a seguir representa um painel que tem parte de sua superfície revestida por 9 células solares octogonais, todas feitas de um mesmo material.

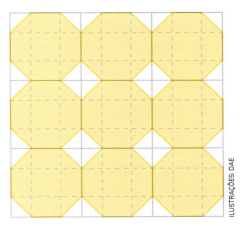

Se, quando a luz do Sol incide diretamente sobre tais células, elas são capazes de, em conjunto, gerar 50 400 watts de potência elétrica, então a área, em metros quadrados, da superfície do painel não ocupada pelas células solares é:

a) 144.
b) 189.
c) 192.
d) 432.
e) 648.

4 (Matemática sem Fronteiras-França) Nicole gosta de um jogo japonês chamado "shikaku". Para jogar, você precisa preencher completamente um quadrado reticulado com retângulos. No quadrado reticulado a seguir, o número de quadrados que cada retângulo cobre está escrito em algum lugar dentro de cada retângulo correspondente.

Seguindo os números indicados e pintando os quadrados do reticulado conforme a regra do jogo, desenhe os retângulos.

Uma pequena observação é necessária.

Pode notar-se que o retângulo contendo 1 já está definido, e o recipiente 11 só pode ser um retângulo longo horizontal. Então você pode continuar pelo retângulo contendo 8, que está localizado no canto inferior direito.

5 (IFRS) A prefeitura de uma cidade pretende fazer um pequeno espaço de convivência em um terreno retangular com medidas de 20 metros por y metros. Para isso, será necessário plantar grama no pentágono *HGFBE*, conforme a figura abaixo.

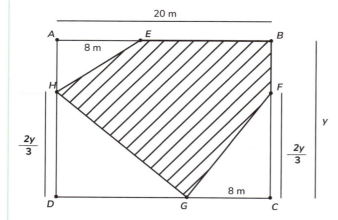

O valor de y, em metros, para que a área de grama a ser plantada seja de 180 m² é:

a) 18.
b) 15.
c) 10.
d) 7,5.
e) 5.

6 Com base nos dados da figura abaixo, elabore uma pergunta e troque o caderno com um colega para responder. Use $\pi = 3{,}14$.

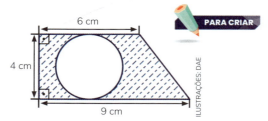

7 (Enem) Uma empresa produz tampas circulares de alumínio para tanques cilíndricos a partir de chapas quadradas de 2 metros de lado, conforme a figura. Para 1 tampa grande, a empresa produz 4 tampas médias e 16 tampas pequenas.

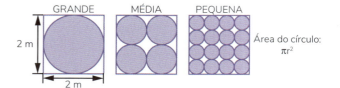

Área do círculo: πr^2

As sobras de material da produção diária das tampas grandes, médias e pequenas dessa empresa são doadas, respectivamente, a três entidades: I, II e III, para efetuarem reciclagem do material. A partir dessas informações, pode-se concluir que:

a) a entidade I recebe mais material do que a entidade II.
b) a entidade I recebe metade de material do que a entidade III.
c) a entidade II recebe o dobro de material do que a entidade III.
d) as entidades I e II recebem, juntas, menos material do que a entidade III.
e) as três entidades recebem iguais quantidades de material.

8 (Enem) Uma fábrica produz barras de chocolate no formato de paralelepípedos e de cubos, com o mesmo volume. As arestas da barra de chocolate no formato de paralelepípedo medem 3 cm de largura, 18 cm de comprimento e 4 cm de espessura.

Analisando as características das figuras geométricas descritas, a medida das arestas dos chocolates que têm o formato de cubo é igual a:

a) 5 cm.
b) 6 cm.
c) 12 cm.
d) 24 cm.
e) 25 cm.

9 (Enem) Alguns objetos, durante a sua fabricação, necessitam passar por um processo de resfriamento. Para que isso ocorra, uma fábrica utiliza um tanque de resfriamento, como mostrado na figura.

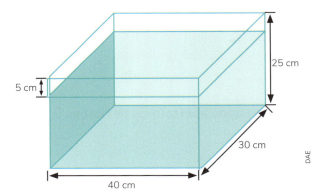

O que aconteceria com o nível da água se colocássemos no tanque um objeto cujo volume fosse de 2 400 cm³?

a) O nível subiria 0,2 cm, fazendo a água ficar com 20,2 cm de altura.
b) O nível subiria 1 cm, fazendo a água ficar com 21 cm de altura.
c) O nível subiria 2 cm, fazendo a água ficar com 22 cm de altura.
d) O nível subiria 8 cm, fazendo a água transbordar.
e) O nível subiria 20 cm, fazendo a água transbordar.

10 (OBM) A figura representa uma barra de chocolate que tem um amendoim apenas num pedaço. Elias e Fábio querem repartir o chocolate, mas nenhum deles gosta de amendoim. Então combinam dividir o chocolate quebrando-o ao longo das linhas verticais ou horizontais da barra, um depois do outro, e retirando o pedaço escolhido até que alguém tenha que ficar com o pedaço do amendoim. Por sorteio, coube a Elias começar a divisão, sendo proibido ficar com mais da metade do chocolate logo no começo. Qual deve ser a primeira divisão de Elias para garantir que Fábio fique com o amendoim ao final?

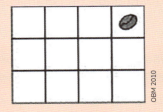

a) Escolher a primeira coluna à esquerda.
b) Escolher as duas primeiras colunas à esquerda.
c) Escolher a terceira linha, de cima para baixo.
d) Escolher as duas últimas linhas, de cima para baixo.
e) Qualquer uma, já que Fábio forçosamente ficará com o amendoim.

PARA ENCERRAR

1 (XXI ORM-SC) Ao apertar o botão 1 de uma máquina, um quadrado é girado 90° no sentido horário ao redor de seu centro no plano. Ao apertar o botão 2, o quadrado é girado, no espaço, 180° com relação à diagonal que "sobe da esquerda para a direita".

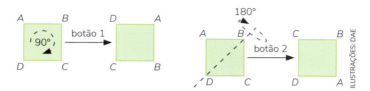

Qual é a configuração do quadrado após apertarmos os botões 2, 1, 1 e 2 nesta ordem?

a)

c)

e)

b)

d)

2 (Encceja-MEC) Uma pessoa deseja revestir com cerâmicas o piso de sua sala, cujas dimensões internas podem ser visualizadas na planta baixa.

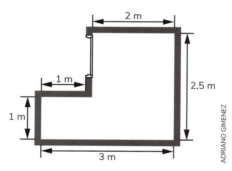

Para tanto, faz uma pesquisa e seleciona quatro lojas nas quais as cerâmicas vendidas atendem às suas exigências. Cada uma dessas lojas só vende quantidades inteiras de caixas de cerâmicas. Os preços de venda (em real), a quantidade de cerâmicas em cada caixa e as dimensões estão apresentados no quadro.

	Dimensões de cada cerâmica (metro)	Quantidade de cerâmica por caixa	Preço por caixa (R$)
Loja 1	0,4 · 0,4	9	32,00
Loja 2	0,4 · 0,5	6	26,00
Loja 3	0,5 · 0,5	7	28,00
Loja 4	0,5 · 0,6	6	30,00

Sabe-se que ela vai comprar a quantidade suficiente de cerâmicas para revestir seu piso em uma única loja e gastando o menor valor possível. Nesse cálculo, ela desprezará as quebras e os espaços destinados aos rejuntes.

Atendendo às suas necessidades, essa pessoa comprará as cerâmicas na loja:

a) 1.   b) 2.   c) 3.   d) 4.

3 (IFRN) Uma alternativa empregada pela prefeitura de Berlim, na Alemanha, para receber famílias de refugiados foi a de criar vilas feitas com contêineres, em forma de paralelepípedo reto. Os contêineres usados têm medidas de base apoiada no solo aproximadas de 6 m de comprimento por 2,4 m de largura.

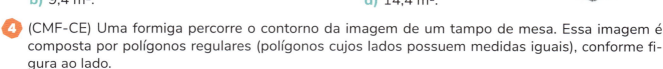

A área do terreno ocupada por cada contêiner que irá abrigar uma família é:

a) 8,4 m².   c) 12,4 m².
b) 9,4 m².   d) 14,4 m².

4 (CMF-CE) Uma formiga percorre o contorno da imagem de um tampo de mesa. Essa imagem é composta por polígonos regulares (polígonos cujos lados possuem medidas iguais), conforme figura ao lado.

A área de cada quadrado da figura [ao lado] é de 25 cm². Sabendo que a formiga deu 3 (três) voltas e iniciou o seu trajeto no ponto e sentido indicados na figura ao lado, qual é a medida total do percurso, em centímetros, que a formiga caminhou, sem sair do contorno da figura [ao lado]?

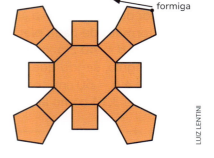

a) 105   d) 525
b) 180   e) 540
c) 510

5 (CMF-CE) O Colégio Militar de Fortaleza quer cobrir o piso de uma sala de aula do 6º ano do Ensino Fundamental com lajotas quadradas. A sala é retangular, com lados medindo 4 metros de largura e 10 metros de comprimento. Os lados das lajotas devem ser paralelos aos lados da sala, devendo ser utilizadas somente lajotas inteiras. O *CMF* poderá utilizar lajotas cujos lados tenham medidas iguais a:

a) 15 cm.   c) 25 cm.   e) 60 cm.
b) 18 cm.   d) 35 cm.

6 (CMF-CE) O campo de futebol da Arena Castelão tem as seguintes dimensões: 106 metros de comprimento por 68 metros de largura. O campo de futebol foi coberto, em 2012, por placas de grama no formato retangular com dimensões de 200 centímetros de comprimento e 100 centímetros de largura. O trabalho de colocação das placas de grama ocorreu em 20 dias. Nos dez primeiros dias, já tinha sido plantado 50% do gramado. Nos últimos dez dias ocorreu a colocação do restante das placas de grama. Os 50% das placas plantadas foram colocados de forma que não houvesse a necessidade de recortá-las. De acordo com os dados apresentados, para que as placas de grama fossem totalmente colocadas no prazo de 20 dias, a quantidade mínima de placas de grama necessárias para cobrir o restante do campo de futebol foi de:

a) 1 718.   b) 1 768.   c) 1 802.   d) 1 836.   e) 1 842.

7 (IFRJ) O Museu da Maré funciona na Zona Norte do Rio de Janeiro com o objetivo de preservar a memória dos moradores do bairro. O espaço foi criado em 2006, por um grupo de jovens moradores e integrantes do Centro de Ações Solidárias da Maré (CEASM) para apresentar uma nova experiência de museu voltada para inclusão cultural e social. Esse museu receberá uma tela de um dos artistas da região. Sabendo-se que a área da tela é de 9 600 cm² e a sua altura corresponde a uma vez e meia o seu comprimento, a altura desta tela é:

a) 150 cm.
b) 120 cm.
c) 100 cm.
d) 80 cm.

8 (Enem) Uma administração municipal encomendou a pintura de dez placas de sinalização para colocar em seu pátio de estacionamento.

O profissional contratado para o serviço inicial pintará o fundo de dez placas e cobrará um valor de acordo com a área total dessas placas. O formato de cada placa é um círculo de diâmetro $d = 40$ cm, que tangencia lados de um retângulo, sendo que o comprimento total da placa é $h = 60$ cm, conforme ilustrado na figura. Use 3,14 como aproximação para p.

Qual é a soma das medidas das áreas, em centímetros quadrados, das dez placas?

a) 16 628
b) 22 280
c) 28 560
d) 41 120
e) 66 240

9 (Enem) Em um condomínio, uma área pavimentada, que tem a forma de um círculo com diâmetro medindo 6 m, é cercada por grama. A administração do condomínio deseja ampliar essa área, mantendo seu formato circular, e aumentando, em 8 m, o diâmetro dessa região, mantendo o revestimento da parte já existente. O condomínio dispõe, em estoque, de material suficiente para pavimentar mais 100 m² de área. O síndico do condomínio irá avaliar se esse material disponível será suficiente para pavimentar a região a ser ampliada.

Utilize 3 como aproximação para π.

A conclusão correta a que o síndico deverá chegar, considerando a nova área a ser pavimentada, é a de que o material disponível em estoque:

a) será suficiente, pois a área da nova região a ser pavimentada mede 21 m².
b) será suficiente, pois a área da nova região a ser pavimentada mede 24 m².
c) será suficiente, pois a área da nova região a ser pavimentada mede 48 m².
d) não será suficiente, pois a área da nova região a ser pavimentada mede 108 m².
e) não será suficiente, pois a área da nova região a ser pavimentada mede 120 m².

10 (Enem) Uma editora pretende despachar um lote de livros, agrupados em 100 pacotes de 20 cm × 20 cm × 30 cm. A transportadora acondicionará esses pacotes em caixas com formato de bloco retangular de 40 cm × 40 cm × 60 cm. A quantidade mínima necessária de caixas para esse envio é:

a) 9.
b) 11.
c) 13.
d) 15.
e) 17.

11 (Unifor-CE) A Praça Portugal em Fortaleza é um dos locais preferidos por manifestantes para as suas concentrações e também para pequenos *shows* musicais. A figura abaixo mostra um esboço da praça, na forma circular cujo raio é 90 m, e uma outra região circular na parte central da praça de raio 12 m, onde ficaram os músicos e seus instrumentos para apresentação de um *show* musical.

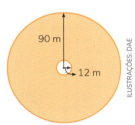

Considerando que todas as pessoas que foram ao *show* estavam na faixa da praça exterior ao local dos músicos e que o *show* teve uma ocupação média de 4 pessoas por metro quadrado, quantas pessoas estavam presentes ao *show*? (Use π = 3).

a) 94 600
b) 95 472
c) 97 320
d) 98 125
e) 98 345

12 (FGV-RJ) Uma piscina tem o formato de um paralelepípedo retângulo com as dimensões: 10 m de comprimento, 4 m de largura e 1,5 m de altura.

Inicialmente, a piscina está vazia e é preenchida com água que jorra de um tubo a uma vazão de 250 litros por minuto.

Depois de duas horas e meia, qual é a porcentagem do volume de água em relação ao volume total da piscina?

a) 60%
b) 55%
c) 57,5%
d) 52,5%
e) 62,5%

13 (Fafipa-PR) Benjamim reparou que em seu sofá havia um grilo no assento e ele se fez a seguinte pergunta: "Suponha que este grilo, partindo de um dos cantos do assento, andasse 4 metros para contornar todo o assento e, sabendo que o assento do meu sofá tem a forma de um quadrado, qual seria a área do assento do meu sofá"?

a) A área do assento do meu sofá seria de 5 m².
b) A área do assento do meu sofá seria de 1 m².
c) A área do assento do meu sofá seria de 0,8 m².
d) A área do assento do meu sofá seria de 0,7 m².
e) A área do assento do meu sofá seria de 0,5 m².

14 (Fundep-MG) Um agricultor dispõe de um terreno quadrado ABCD, cuja área é igual a 144 m², no qual ele vai cultivar alface e cenoura. Sabe-se que a região onde serão cultivadas as cenouras também é quadrada e que seu lado é igual à metade do lado do terreno, como mostra a figura ao lado.

A fração que indica a área reservada ao cultivo de cenouras em relação à área total do terreno é:

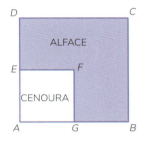

a) $\dfrac{1}{5}$.
b) $\dfrac{1}{4}$.
c) $\dfrac{1}{3}$.
d) $\dfrac{1}{2}$.

15 (Semae-SP) O perímetro do polígono ABCDEFGH é igual a 26 cm, e os lados BC e FG desse polígono são congruentes, conforme mostra a figura.

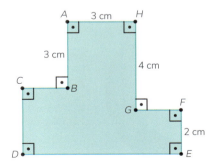

A área, em cm², do polígono ABCDEFGH é:

a) 26.
b) 28.
c) 30.
d) 32.
e) 34.

Estatística

A produção de vacinas para combater certas doenças precisa passar por três etapas antes de ser aprovada para aplicação na população: a primeira é uma pesquisa básica para identificar novas propostas; na segunda, há a realização de testes pré-clínicos, que visam mostrar a segurança e o potencial imunogênico da vacina; na terceira, a vacina é aplicada em voluntários, para que possa ser feita uma análise de sua eficácia.

Nessa última etapa, nem todos os voluntários recebem uma dose do imunizante. Uma parte deles, chamada de "grupo controle", recebe um placebo, que é uma substância neutra, sem efeitos farmacológicos.

Na BNCC

Esta unidade propicia o desenvolvimento das competências e das habilidades a seguir.

Competências gerais: 8 e 10

Competências específicas: 1, 2, 3, 4, 7 e 8

Habilidades:
EF08MA25
EF08MA26
EF08MA27

Para pesquisar e aplicar

1. Com base no infográfico, descubra quantas pessoas ao todo participaram da terceira etapa de testes da vacina contra a covid-19.

2. Entre aquelas que tomaram o placebo (não vacinados), qual é o percentual de pessoas que foram infectadas e tiveram algum sintoma de covid-19?

3. Com base nas informações apresentadas, você tomaria essa vacina contra a covid-19? Justifique.

4. Pesquise e discuta com os colegas a importância da vacina e escreva um texto breve sobre o assunto.

RIDO/SHUTTERSTOCK.COM

CAPÍTULO 1

Medidas de tendência central

Para começar

BRASIL CONTABILIZA MÉDIA DIÁRIA DE 1 024 MORTES POR COVID-19

São Paulo – O Brasil completou quatro semanas com média diária de mortes pelo novo coronavírus igual ou superior a mil. Nos últimos sete dias, a média móvel de novos óbitos foi de 1 024 a cada 24 horas. O país registrou nesta quinta-feira, 30, 1 189 mortes e 58 271 novas infecções de coronavírus, diz levantamento de *Estadão*, *G1*, *O Globo*, *Extra*, *Folha* e *UOL* com secretarias estaduais de Saúde.

SITUAÇÃO NO PAÍS COM DADOS DO CONSÓRCIO DE IMPRENSA E DO MINISTÉRIO DA SAÚDE

Total de mortes	Novos registros de mortes em 24 h	Média móvel de mortes (7 dias)	Total de testes positivos	Novos casos detectados em 24 h, até as 20h de ontem	Total de recuperados*
91 377	1 189	1 024	2 613 789	58 271	1 824 095

*Números do Ministério da Saúde.

Fonte: OLIVEIRA, Sandy. Brasil contabiliza média diária de 1 024 mortes por covid-19. *O Estado de S. Paulo*, São Paulo, 30 jul. 2020. Disponível em: https://saude.estadao.com.br/noticias/geral,brasil-contabiliza-media-diaria-de-1024-mortes-por-covid-19,70003381984. Acesso em: 12 fev. 2021.

Com base nessa notícia, o que significa dizer que a média móvel de mortes durante 7 dias foi de 1 024?

MÉDIA ARITMÉTICA

Em Estatística, as informações podem ser apresentadas por meio de quadros, tabelas, diagramas, gráficos e de uma quantidade excessiva de números que representam e caracterizam um conjunto de dados.

Como exemplo, observe os dados ao lado sobre a produção de arroz no Rio Grande do Sul em determinado ano.

A fim de apresentar de forma mais clara algumas características importantes dessa grande quantidade de dados, a Estatística utiliza as **medidas de tendência central** ou **medidas de centralização** para agrupar os dados observados em torno desses valores centrais. São elas: **média aritmética**, **moda** e **mediana**. Essas três medidas de tendência central são utilizadas para resumir o conjunto de valores representativos do fenômeno que se pretende estudar.

Fonte: RIO GRANDE DO SUL. *Radiografia da Agropecuária Gaúcha 2019*. Porto Alegre: [s. n.], [2020]. p. 6. (Novas Façanhas na Agricultura, Pecuária e Desenvolvimento Rural). Disponível em: https://www.agricultura.rs.gov.br/upload/arquivos/201909/04160605-revist-final-revisada.pdf. Acesso em: 12 fev. 2021.

Exemplos:

- Conhecendo as medidas da altura de um número de pessoas, é possível calcular uma altura que representa a tendência central desse grupo.
- Com base no conjunto das notas de um estudante durante o primeiro semestre na escola, pode-se determinar uma nota que representa sua situação no semestre.
- Analisando os tempos de diversas viagens de um ônibus para um mesmo local, podemos obter um valor que indica, em média, o tempo geralmente gasto.

> A **média aritmética** (ou simplesmente **média**) de um conjunto de números é igual ao quociente entre a soma dos valores do conjunto e o número total de valores.

O cálculo da média aritmética funciona como uma boa estimativa de valor para representar um conjunto de dados, mas há casos em que ela não é a melhor estimativa de uma realidade. Observe as duas situações a seguir.

Situação 1: O quadro apresenta os salários de 6 funcionários de uma agência de publicidade.

R$ 1.800,00	R$ 1.950,00	R$ 1.820,00
R$ 1.600,00	R$ 1.900,00	R$ 1.700,00

Fonte: Dados fictícios.

255

A média desses salários é:

média = (soma dos salários dos 6 funcionários) : (número de funcionários)

média = (1 800 + 1 950 + 1 820 + 1 600 + 1 900 + 1 700) : 6

média = 10 770 : 6

média = 1 795

Situação 2: Considere que, ao conjunto de dados dos 6 funcionários da agência, sejam acrescentados os rendimentos do gerente e do presidente da empresa, respectivamente de R$ 8.630,00 e R$ 20.000,00.

R$ 1.800,00	R$ 1.950,00	R$ 1.820,00	R$ 8.630,00
R$ 1.600,00	R$ 1.900,00	R$ 1.700,00	R$ 20.000,00

Fonte: Dados fictícios.

A nova média agora é:

média = (soma dos salários dos 8 funcionários) : (número de funcionários)

média = (1 800 + 1 950 + 1 820 + 1 600 + 1 900 + 1 700 + 8 630 + 20 000) : 8

média = 39 400 : 8

média = 4 925

> **Pense e responda**
>
> Observando a média nas duas situações anteriores, qual valor representaria melhor os dados? A média salarial de R$ 1.795,00 ou a de R$ 4.925,00?

Amplitude

Uma forma de analisar se a média representa bem os dados é calculando a **amplitude** do conjunto de dados.

A **amplitude** é a diferença entre o maior e o menor valor de um conjunto de dados.

Na **situação 1**, tem-se a seguinte amplitude:

R$ 1.950,00 − R$ 1.600,00 = R$ 350,00

Na **situação 2**, tem-se a seguinte amplitude:

R$ 20.000,00 − R$ 1.600,00 = R$ 18.400,00

A amplitude é uma **medida de dispersão** dos dados, ou seja, quanto mais elevado for o valor da amplitude, mais dispersos (ou afastados) estarão os valores uns dos outros. E quanto menor o valor da amplitude, mais próximos os valores estarão uns dos outros.

É o estudo da amplitude que ajuda a identificar que a média R$ 1.795,00 representa bem o conjunto de dados da **situação 1**, pois ela está próxima aos valores desse conjunto; portanto, os valores desse conjunto estão menos dispersos.

Já a média R$ 4.925,00, no novo contexto de 8 funcionários, não é uma boa representação do conjunto dos dados da **situação 2**, pois pode mascarar a realidade dos rendimentos dos funcionários, uma vez que ela foi influenciada, em especial, pelos rendimentos de apenas dois funcionários, o gerente e o presidente da agência. Sendo assim, os valores do conjunto de dados utilizado estão mais dispersos.

ATIVIDADES RESOLVIDAS

1 A imagem a seguir mostra uma conta referente ao consumo de energia elétrica, em kWh (**quilowatt-hora**), em um apartamento, no mês de julho de 2020.

Fonte: Dados fictícios.

Glossário

Quilowatt-hora: unidade de medida de energia utilizada na designação do consumo de instalações elétricas. Para representá-la, usa-se o símbolo kWh.

Qual foi o consumo médio mensal de energia elétrica nesse apartamento, em kWh, no período de janeiro a julho de 2020?

RESOLUÇÃO: O consumo médio é obtido calculando-se a média aritmética dos valores mensais apresentados na conta no período de janeiro de 2020 a julho de 2020. Para isso, calculamos a soma dos valores e dividimos pela quantidade de meses:

$$\text{Consumo médio} = \frac{274 + 366 + 310 + 309 + 312 + 68 + 246}{7} = \frac{1\,885}{7} \cong 269,3$$

Portanto, o consumo médio mensal foi de aproximadamente 269,3 kWh. É possível observar na conta que, em alguns meses, o consumo ficou abaixo da média (meses de junho e julho) e, em outros, ficou acima da média (janeiro, fevereiro, março, abril e maio).

2 As notas de dez atletas em uma prova de ginástica olímpica em barras paralelas foram organizadas em uma tabela:

Nome	Flávio	Nelson	Edilson	Wilson	Cláudio	João	Ademar	Sérgio	Roberto	Breno
Nota	6	8	6	9	9	7	6	8	9	9

Fonte: Dados fictícios.

257

Calcule a média dessas notas.

RESOLUÇÃO: Para determinar a nota média, basta somarmos todas as notas e dividirmos esse total pela quantidade de notas:

Média = $\dfrac{6 + 8 + 6 + 9 + 9 + 7 + 6 + 8 + 9 + 9}{10} = \dfrac{77}{10} = 7{,}7$

Como existem três notas 6, duas notas 8, quatro notas 9 e uma nota 7, podemos reescrever o cálculo acima da seguinte maneira:

Média = $\dfrac{3 \cdot 6 + 2 \cdot 8 + 4 \cdot 9 + 1 \cdot 7}{10} = \dfrac{18 + 16 + 36 + 7}{10} = \dfrac{77}{10} = 7{,}7$

Portanto, dizemos que 7,7 é a nota média entre as notas 6, 8, 9 e 7 com frequências 3, 2, 4 e 1, respectivamente.

Pense e responda

O valor da média aritmética pode ser igual ao valor de um elemento do conjunto de dados? Caso seja possível, dê um exemplo.

ATIVIDADES

FAÇA NO CADERNO

1 Considere os conjuntos de dados apresentados e calcule a média aritmética de cada um deles.

a) 8 e 10
b) 3, 5, 7 e 15
c) $\dfrac{1}{2}$, $\dfrac{1}{3}$ e $\dfrac{1}{4}$
d) 1,8; 2; 2,2; 2,4; 2,6

2 Considere estes conjuntos de dados:

A = {4, 4, 4, 4, 5, 5, 6, 6, 6, 6, 7, 7, 7, 8, 8}   B = {2, 2, 3, 3, 3, 4, 4, 4, 4, 5, 5, 6, 7, 8, 9}

a) Calcule a média aritmética e a amplitude de A e B.
b) Em qual dos dois conjuntos os dados são mais dispersos? Por quê?

3 Uma distribuidora de frutas selecionou alguns lotes de mangas e separou-os em dois grupos cujas massas em quilogramas são apresentadas nos quadros a seguir.

Grupo A		
10,50	12,25	10,21
9,85	9,50	9,78
9,50	11,05	12,00
11,20	9,48	8,95

Grupo B		
11,27	11,32	10,52
12,85	9,50	8,75
13,05	13,28	8,93
11,45	10,44	8,95

a) Calcule a média das massas das mangas em cada um dos grupos.
b) Calcule a amplitude do conjunto de dados de cada um dos grupos.
c) Qual dos conjuntos tem os dados mais dispersos? O que isso significa?
d) Como as amplitudes dos conjuntos de dados dos grupos se relacionam com as médias?

4 O professor de Educação Física da escola de Francisco cronometrou o tempo gasto por seus estudantes em uma corrida de 100 metros para decidir quem vai participar do Campeonato Colegial de Atletismo da cidade.

a) Qual foi o tempo médio que esses estudantes levaram para concluir a corrida?
b) Quais estudantes obtiveram tempo acima da média? E abaixo da média?
c) Qual estudante conseguiu o melhor tempo?

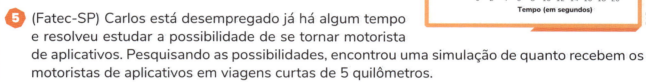

5 (Fatec-SP) Carlos está desempregado já há algum tempo e resolveu estudar a possibilidade de se tornar motorista de aplicativos. Pesquisando as possibilidades, encontrou uma simulação de quanto recebem os motoristas de aplicativos em viagens curtas de 5 quilômetros.

Plataforma	Valor da viagem para o passageiro (R$)	Taxa do valor da viagem que vai para o motorista	Valor que o motorista recebe
I	12,88	75%	9,66
II	13,50	75%	10,12
III	11,64	100%	11,64
IV	14,05	80%	11,24
V	19,54	80%	15,63
VI	18,10	100%	18,10

Carlos trabalhará apenas com plataformas nas quais o valor recebido pelo motorista para esse tipo de viagem esteja acima da média aritmética dos valores encontrados na tabela.

Assim, a quantidade de aplicativos que atende às exigências de Carlos é:

a) 1.   b) 2.   c) 3.   d) 4.   e) 5.

6 (Enem) O técnico de um time de basquete pretende aumentar a estatura média de sua equipe de 1,93 m para, no mínimo, 1,99 m. Para tanto, dentre os 15 jogadores que fazem parte de sua equipe, irá substituir os quatro mais baixos, de estaturas: 1,78 m, 1,82 m, 1,84 m e 1,86 m. Para isso, o técnico contratou um novo jogador de 2,02 m. Os outros três jogadores que ele ainda precisa contratar devem satisfazer à sua necessidade de aumentar a média das estaturas da equipe. Ele fixará a média das estaturas para os três jogadores que ainda precisa contratar dentro do critério inicialmente estabelecido. Qual deverá ser a média mínima das estaturas, em metro, que ele deverá fixar para o grupo de três novos jogadores que ainda irá contratar?

a) 1,96   b) 1,98   c) 2,05   d) 2,06   e) 2,08

MEDIANA

A **mediana** é o valor central de um conjunto numérico organizado em ordem crescente ou decrescente, quando se tem um número ímpar de dados, ou a média aritmética dos elementos centrais do conjunto quando ele tiver um número par de dados.

ATIVIDADES RESOLVIDAS

1 Qual é a mediana das notas de sete estudantes finalistas de um concurso de redação? As notas se encontram no quadro abaixo:

7,0	9,0	6,5	8,5	9,0	7,5	7,5

Fonte: Dados fictícios.

RESOLUÇÃO: Escrevendo as notas em ordem crescente, temos:

$$6,5; 7,0; 7,5; 7,5; 8,5; 9,0; 9,0$$

valor central

Como o número de notas é ímpar, a mediana é o valor central desse conjunto; portanto, a mediana é 7,5.

Atenção!

- A mediana pode ser interpretada de maneira intuitiva, já que ela divide em duas partes iguais um conjunto de dados. No conjunto das sete notas, 50% dos estudantes têm nota abaixo ou igual 7,5, e os outros 50% têm nota acima ou igual a esse valor.

- A mediana 7,5 não é influenciada pelos valores extremos 6,5 e 9,0, ou seja, pela amplitude 2,5 ($9,0 - 6,5 = 2,5$) do conjunto de dados.

2 Os salários de oito funcionários de uma empresa estão indicados, em reais, no quadro a seguir.

R$ 1.700,00	R$ 1.850,00	R$ 1.720,00	R$ 8.530,00
R$ 1.500,00	R$ 1.800,00	R$ 1.600,00	R$ 19.900,00

Fonte: Dados fictícios.

Qual é a mediana desse conjunto de dados?

RESOLUÇÃO: O conjunto tem 8 elementos, portanto a quantidade de elementos é par. Ao colocá-los em ordem crescente, temos:

$$1\,500; 1\,600; 1\,700; 1\,720; 1\,800; 1\,850; 8\,500; 19\,900$$

valores centrais da amostra

Como a quantidade de elementos do conjunto é par, sua mediana é calculada pela média dos dois valores centrais desse conjunto:

$(1\,720 + 1\,800) : 2 = 1\,760$

Portanto, a mediana é R$ 1.760,00.

Atenção!

No conjunto dos 8 salários, 50% dos funcionários recebem abaixo de R$ 1.760,00, e os outros 50% recebem acima desse valor.

ATIVIDADES

1) Encontre a mediana dos conjuntos de dados sobre a altura dos meninos e a altura das meninas que fazem aula de Educação Física, na turma A do 8º ano, com o professor Rodolfo.

Altura dos meninos						
1,67 m	1,75 m	1,72 m	1,68 m	1,55 m	1,73 m	1,62 m

Altura das meninas						
1,54 m	1,65 m	1,78 m	1,72 m	1,61 m	1,65 m	1,71 m

2) No quadro apresentado a seguir, observem os salários dos 21 funcionários de uma clínica.

R$ 2.500,00	R$ 6.000,00	R$ 3.000,00
R$ 5.000,00	R$ 1.000,00	R$ 25.000,00
R$ 25.000,00	R$ 25.000,00	R$ 1.000,00
R$ 6.000,00	R$ 3.500,00	R$ 10.000,00
R$ 1.000,00	R$ 10.000,00	R$ 2.000,00
R$ 15.000,00	R$ 2.000,00	R$ 1.000,00
R$ 3.000,00	R$ 90.000,00	R$ 25.000,00

Fonte: Dados fictícios.

a) No conjunto de dados apresentados existe um valor que ocupa a posição central. Qual é esse valor? Como ele é chamado?

b) Se um novo funcionário for contratado com salário igual a R$ 3.500,00, qual será a mediana desse novo conjunto de dados? Como se calcula esse valor?

c) Qual é a média aritmética do conjunto de dados dos 21 funcionários?

d) Considerando a situação inicial e os itens anteriores, o que a mediana representa? E a média aritmética?

e) Calcule a amplitude do conjunto de dados. Como essa amplitude pode se relacionar com a média?

f) No caderno, organize os salários em uma tabela de distribuição de frequências, como a mostrada a seguir.

Salários	Frequência

3) O que se deve fazer para determinar a mediana das alturas de:
a) 9 pessoas, todas com alturas diferentes entre si?
b) 10 pessoas, todas com alturas diferentes entre si?

4. A tabela a seguir mostra as doações, em milhares de reais, recebidas por uma creche em cinco dias da última semana.

Dia da semana	Segunda	Terça	Quarta	Quinta	Sexta
Valor doado (em milhares de reais)	7	5	15	10	12

Fonte: Dados fictícios.

Com base nesses dados, classifique as afirmações seguintes em verdadeiras ou falsas.

a) O valor médio das doações recebidas no período é menor que 9 mil reais.

b) A mediana dos valores doados é um número inteiro.

c) O valor médio das doações é um número maior que 9 mil reais.

5. Em uma eleição para governador, cinco eleitores demoraram, cada um, 3min40s, 3min15s, 2min54s, 3min25s e 2min46s para votar. Quais foram a média e a mediana do tempo de votação, em minutos e segundos, desses eleitores?

6. O gráfico mostra o número de suínos abatidos anualmente, em milhões de cabeças, de 2011 a 2017.

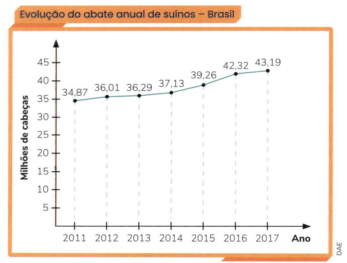

Fonte: IBGE. *Indicadores IBGE*: estatística da produção pecuária. Rio de Janeiro: IBGE, mar. 2018. p. 38. Disponível em: https://agenciadenoticias.ibge.gov.br/media/com_mediaibge/arquivos/13cd1316db83af017e82a7621772766c.doc. Acesso em: 12 fev. 2021.

Determine a média e a mediana para descrever esses dados e interpretar cada uma delas.

MODA

A medida de tendência central, que consiste no valor observado com mais frequência ou que mais se repete em um conjunto de dados, é chamada de **moda**.

Um conjunto pode ser **unimodal**, quando tiver uma só moda, **bimodal**, quando tiver duas modas, e **multimodal**, quando tiver várias modas.

Quando nenhum dado se repete com maior frequência que outros, dizemos que o conjunto é **amodal**.

No quadro a seguir exemplificam-se algumas modas:

Conjunto de dados	Moda
bom, regular, ruim, bom, ótimo	bom (unimodal)
5, 3, 8, 2, 8, 4, 8	8 (unimodal)
10, 12, 9, 15, 20, 34	amodal
7, 8, 9, 7, 5, 9	7 e 9 (bimodal)
−5, 6, −5, 7, 6, 30, 30, 10	−5, 6 e 30 (multimodal)

Pense e responda

Qual é a moda nesse conjunto de dados?

25	32	34	45	25	76	98	67	45
23	45	25	56	28	93	82	45	

ATIVIDADES

1 Para cada sequência de números, encontre a moda e classifique o conjunto de números em unimodal, bimodal, multimodal ou amodal.

a) 2, 3, 3, 3, 3, 4, 4, 7, 7

b) 1, 2, 3, 7, 7, 7, 8, 9

c) 15, 16, 17, 18, 19, 20

d) 1,32; 1,34; 1,42; 1,42; 1,45; 1,45; 1,57

2 Uma pesquisa feita com os pais dos estudantes do 8º ano da Escola Fortaleza queria saber a idade em que eles praticam/praticavam mais esportes. Veja no quadro a seguir os dados obtidos:

Idades em que os pais dos estudantes mais praticam/praticavam esportes

15	20	19	20	20
20	18	25	20	25
20	25	15	19	18
22	16	20	15	20
15	18	22	19	16

Fonte: Dados fictícios.

Observando a relação de idades em que se praticam mais esportes na pesquisa, faça o que se pede nos itens a seguir.

a) Qual é o dado que mais se repete no quadro?

b) Classifique o conjunto de dados quanto ao número de modas.

c) Acrescentando cinco dados ao conjunto, todos iguais a 25 anos, como ficaria classificado esse novo conjunto quanto ao número de modas?

d) Elabore uma tabela de distribuição de frequências para representar o conjunto de dados das idades em que os pais mais praticam/praticavam esportes.

e) Desenhe um gráfico para representar esse conjunto de dados.

3 Em uma pesquisa feita com oito pessoas, foi investigado o consumo diário de sal, em gramas, obtendo-se o seguinte resultado:

Pessoa	A	B	C	D	E	F	G	H
Consumo	9	12	14	7	13	10	8	12

Fonte: Dados fictícios.

263

O sal deve ser consumido com moderação para evitar doenças cardiovasculares e renais.

Determine e interprete os valores referentes ao consumo individual.

a) média

b) mediana

c) moda

4 Considere os números do conjunto a seguir: 10, 15, 7, 7, −4, 0, 8 e 5. Calcule a média, a mediana e a moda desses números.

DIAGRAMA DE RAMOS E FOLHAS

O quadro a seguir mostra o número de livros vendidos nos primeiros quinze dias do mês passado por determinada livraria.

82	91	80	104	95
81	100	97	113	82
112	104	86	89	104

Fonte: Dados fictícios.

Esse conjunto de dados pode ser representado pelo diagrama abaixo, chamado de **diagrama de ramos e folhas**.

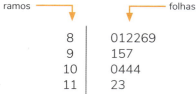

ramos	folhas
8	012269
9	157
10	0444
11	23

O valor 80 é representado nesse diagrama como 8 | 0 e o valor 112 como 11 | 2.

Cada número é dividido em duas partes: um ramo, que consiste em um ou mais valores iniciais indicados à esquerda do traço vertical, e uma folha, que consiste nos valores restantes indicados à direita do traço.

Assim, na primeira linha do diagrama estão representados os seguintes números: 80, 81, 82, 82, 86 e 89.

O diagrama recebe esse nome dada a analogia entre o tronco de uma árvore e seus ramos e folhas.

CONSTRUÇÃO DO DIAGRAMA DE RAMOS E FOLHAS

Para construir o diagrama de ramos e folhas correspondente ao quadro mostrado anteriormente, primeiro identificamos o menor e o maior valor, que, nesse caso, são respectivamente 80 e 113. Portanto, nos ramos vamos inserir, em ordem crescente, os algarismos das centenas e das dezenas e nas folhas, também em ordem crescente, os algarismos das unidades.

A visualização do conjunto de dados organizada dessa forma tem as seguintes vantagens:

- possibilita identificar o menor (80) e o maior (113) valor do conjunto de dados;

- facilita a ordenação dos dados, por exemplo, para colocá-los em ordem crescente;

- ajuda a identificar a mediana (95) e a moda (104) desses dados;

- favorece o cálculo da amplitude ($113 - 80 = 33$) desses dados;

- possibilita identificar o ramo de maior frequência (8) e o de menor frequência (11).

Livros vendidos nos primeiros 15 dias

8	012269
9	157
10	0444
11	23

ordem crescente

ordem crescente

8 | 0 → significa 80 livros

11 | 2 → significa 112 livros

Pense e responda

Qual foi o menor número de livros vendidos por dia? E o maior?

ATIVIDADES RESOLVIDAS

1 O diagrama a seguir corresponde às observações das idades, em anos, de 40 eleitores escolhidos aleatoriamente em determinada zona eleitoral.

Analisando o diagrama ao lado, podemos identificar:

1 | 6 → significa 16 anos

6 | 0 → significa 60 anos

Com base nesses dados, qual é a:

a) mediana dessas idades?

b) moda dessas idades?

1	67899
2	0011234489
3	122579
4	2366668
5	13344
6	0256
7	14
8	3

RESOLUÇÃO: **a)** Como o diagrama de ramos e folhas representa as idades de 40 eleitores, dispostos em ordem crescente, a mediana das idades é a média entre o 20º (37 anos) e o 21º (39 anos) eleitores. Assim, temos:

$$\frac{37 + 39}{2} = \frac{76}{2} = 38$$

Portanto, a mediana das idades é 38 anos.

b) A moda é igual a 46 anos, pois é a idade que aparece mais vezes (quatro vezes) no conjunto de dados.

ATIVIDADES

1 O pesquisador de uma rede de televisão abordou 35 pessoas ao acaso e perguntou-lhes a idade, em anos. O resultado é mostrado a seguir.

42	40	14	24	39	44	44
35	37	15	21	40	29	33
26	32	38	25	45	15	22
18	16	38	30	51	56	55
37	17	50	20	55	58	59

Fonte: Dados fictícios.

a) Elabore o diagrama de ramos e folhas para esses dados.
b) Qual foi a maior idade encontrada? E a menor?
c) Qual é o percentual das pessoas cuja idade é maior ou igual a 50 anos?
d) Quantas pessoas têm idade contida no intervalo [20, 40]?
e) Calcule a mediana da idade dessas pessoas.
f) Qual é a moda dessas idades?
g) Qual é a amplitude desse conjunto de dados?

2 O tempo gasto, em minutos, por um grupo de 22 pessoas para resolver um teste de avaliação está indicado no diagrama a seguir.

8	067799
9	00445555
10	33668
11	168

8 | 6 = 86 minutos
10 | 3 = 103 minutos
11 | 1 = 111 minutos

a) Calcule o tempo médio, em minutos, que esse grupo de pessoas gastou para resolver o teste.
b) Calcule a mediana do tempo gasto por esse grupo para resolver o teste.

3 A massa corporal, em quilogramas, dos estudantes de uma escola de natação é mostrada no diagrama de ramos e folhas a seguir.

3	2466789
4	014666
5	02459
6	11

3 | 2 = 32 kg
5 | 0 = 50 kg

Com base nesses dados, responda:
a) Quantos estudantes há nessa escola?
b) Qual é a massa corporal média desses estudantes?
c) Quais são a mediana e a moda desse conjunto de dados?

4 Os dados a seguir apresentam o comprimento, em centímetros, da circunferência abdominal de 40 pessoas.

70	81	58	79	104	63	72	89	64	88
62	77	93	68	110	83	113	58	105	78
95	71	66	101	62	98	73	85	74	60
82	61	102	72	96	76	97	63	87	109

Fonte: Dados fictícios.

Dica

Cada um dos valores no conjunto de dados contém dois ou três algarismos. Tome como ramo o primeiro algarismo para números com dois algarismos; e os dois primeiros algarismos para números com três algarismos.

Com base nesses dados, faça o que se pede nos itens a seguir.
a) Elabore o diagrama de ramos e folhas para esse conjunto de dados.
b) Calcule a mediana e a(s) moda(s) desse conjunto de dados.

5 A renda familiar mensal, em quantidade de salários mínimos, de 25 famílias de um certo condomínio é apresentada no quadro a seguir.

4,2	5,1	8,4	10,3	9,7
4,6	7,2	5,1	4,8	7,5
5,8	8,4	4,0	9,0	4,1
7,7	5,5	8,4	8,8	5,8
6,8	7,1	9,0	10,2	8,9

Fonte: Dados fictícios.

Dica

Faça 4,2 = 4 | 2 e 10,2 = 10 | 2.

a) Construa o diagrama de ramos e folhas desse conjunto de dados.
b) Qual é a menor renda familiar observada? E a maior?
c) Quantas dessas famílias tem renda mensal maior do que 6 salários mínimos?
d) Determine as medidas de tendência central (média, mediana e moda) e as interprete.
e) Calcule o percentual de famílias que ganham 9 salários mínimos ou mais.

6 Os dados a seguir representam o tempo, em minutos, que cada uma das 24 pessoas esperou em uma fila para comprar o ingresso para um *show* de música.

12	25	22	4	35	16	32	10
7	18	26	18	27	14	3	30
5	31	15	20	19	22	8	9

Fonte: Dados fictícios.

Elabore um diagrama de ramos e folhas para esse conjunto de dados.

Dica

Escreva cada um dos números desse conjunto de dados sob a forma de um número de dois algarismos, por exemplo, 7 pode ser escrito como 07, para o qual o ramo é 0 e a folha é 7.

7 O professor de Educação Física fez uma pesquisa para saber qual a distância, em quilômetros, que quinze estudantes do Ensino Médio conseguiram correr em 45 minutos. O resultado é mostrado a seguir:

5,8	6,7	7,2	6,5	7,0
6,1	5,9	6,6	7,1	5,9
6,4	6,8	7,2	6,9	6,3

Fonte: Dados fictícios.

a) Qual é a variável estatística em estudo?
b) Elabore o diagrama de ramos e folhas correspondente a esse resultado.
c) Qual foi a maior distância percorrida? E a menor?
d) Quantos estudantes correram mais de 6 km e menos de 7 km?
e) Qual é o percentual dos estudantes que correram mais de 7 km?
f) Qual foi a distância média percorrida pelos estudantes?
g) Calcule a mediana e a moda desse conjunto de dados.

8 (Cesgranrio-RJ) Um carteiro decide registrar o número de cartas enviadas a um endereço nos últimos 7 dias. No entanto, ele se esquece do número de cartas do primeiro dia, lembrando-se apenas daqueles correspondentes aos 6 dias restantes: 3, 5, 4, 5, 4 e 3, e de que, nos 7 dias considerados, a média, a mediana e a moda foram iguais. O número de cartas enviadas no primeiro dia foi:

a) 2.
b) 3.
c) 4.
d) 5.
e) 6.

9. A fim de combater um possível surto de dengue em certa cidade, os agentes de saúde, ao fazerem vistorias, registraram durante 34 dias a quantidade x de focos de dengue na localidade. Os dados são mostrados no diagrama de ramos e folhas a seguir.

8	011
9	2234
10	01123
11	45667
12	01122236
13	122348
14	445

Lembrando que: 8 | 0 = 80 e 12 | 1 = 121.

Mosquito da dengue (*Aedes aegypti*) sugando sangue humano.

Com base nessas informações, responda:

a) Quantos focos de dengue foram observados ao todo?

b) Calcule a moda e a mediana da distribuição da quantidade x.

10. (FCC) O diagrama de ramo e folhas a seguir corresponde às idades dos 40 funcionários de um setor de um órgão público em uma determinada data.

1	889
2	0112227889
3	13333444567888
4	01223489
5	158
6	25

A soma da mediana e da moda destas idades é igual a:

a) 67,0.   b) 66,5.   c) 66,0.   d) 65,5.   e) 65,0.

É hora do jogo

O JOGO DOS 3MS

[...]

Denominamos nosso jogo de "O jogo dos 3Ms", por considerar as três principais medidas de tendência central da Estatística Descritiva. [...]

Para a realização do Jogo dos 3Ms, utilizamos:

1 – Material

O jogo requer 36 cartas de um baralho comum, numeradas de 2 a 10, com quatro cartas de cada número e uma folha de papel para anotações das jogadas. Para este jogo, consideramos apenas o número da carta e não o naipe.

2 – Objetivo

Obter o maior número de pontos. As pontuações serão obtidas em função dos maiores valores de uma das medidas de posição, dentre a média, a mediana ou a moda. Em cada rodada, um dos jogadores escolhe qual dessas medidas de posição será utilizada.

3 – Regras

3.1 – Pode ser jogado por dois, três ou quatro jogadores. Cada partida consiste em três rodadas. Em cada rodada serão distribuídas, no sentido anti-horário, cinco cartas para cada jogador. A partir dessas cartas, cada jogador irá calcular a média, a mediana e a moda referente aos números das cinco cartas. Os valores da média, da mediana e da moda correspondem às pontuações do jogador naquela rodada.

3.2 – A rodada se inicia com o primeiro jogador que recebeu as cartas. Em cada rodada o jogador tem a opção de comprar até duas cartas, uma de cada vez, do maço ou dentre aquelas já descartadas sobre a mesa, porém terá que descartar uma carta para cada carta comprada.

3.3 – Depois de realizada a operação de compra e descarte de cartas, cada jogador retira uma carta do maço. Aquele que retirou a maior carta escolhe a medida de posição para a pontuação daquela rodada. Caso ocorram empates, a operação é repetida dentre aqueles que empataram até que se defina quem vai escolher a medida de posição.

3.4 – Para finalizar a rodada, todos expõem as cinco cartas sobre a mesa com os valores já calculados e anotados em uma folha de papel para as três medidas de posição: média, mediana e moda. Quando as cinco cartas são diferentes, então a moda não existe, ou seja, o conjunto é amodal, e, nesse caso, a pontuação do jogador para a medida moda será convencionada como sendo igual a zero nessa rodada. Será desclassificado da rodada o jogador que calculou de maneira incorreta o valor de alguma das medidas de posição.

3.5 – Após a realização de cada rodada, os jogadores serão classificados em primeiro, segundo, terceiro e quarto lugar, dependendo da pontuação obtida. O jogador que obteve o maior valor para a medida de posição é classificado em primeiro lugar e recebe três pontos, o segundo colocado recebe dois pontos, o terceiro colocado recebe um ponto e o último colocado não recebe pontuação naquela rodada. Caso ocorram empates, cada jogador receberá a pontuação correspondente à sua classificação. Após a realização da terceira rodada, os pontos obtidos em cada rodada serão somados, e vence o jogo aquele jogador que obteve o maior valor.

[...]

Situações-problema

[...]

Problema 1. No "jogo dos 3Ms", poderão ocorrer valores iguais para a média e a mediana? Justificar sua resposta.

Problema 2. No "jogo dos 3Ms", poderão ocorrer valores iguais para a mediana e a moda? Justificar sua resposta.

Problema 3. No "jogo dos 3Ms," poderão ocorrer valores iguais para as três medidas de posição? Justificar sua resposta.

Problema 4. No "jogo dos 3Ms", qual o maior valor possível para a média? Justificar sua resposta.

Problema 5. No "jogo dos 3Ms", qual o maior valor possível para a mediana? Justificar sua resposta.

Problema 6. No "jogo dos 3Ms", qual o maior valor possível para a moda? Justificar sua resposta.

Problema 7. No "jogo dos 3Ms", a mediana será sempre maior do que a média? Justificar sua resposta.

Problema 8. Em quais casos do "jogo dos 3Ms" o jogador poderá obter a média igual a 9,8? Justificar sua resposta.

[...]

Problema 9. Em quais casos do "jogo dos 3Ms" o jogador poderá obter a média igual a 9,6? Justificar sua resposta.

Problema 10. Em quais casos do "jogo dos 3Ms" o jogador poderá obter a mediana igual a 10? Justificar sua resposta.

[...]

Problema 11. Em quais casos do "jogo dos 3Ms" o jogador poderá obter a moda igual a 10? Justificar sua resposta.

[...]

LOPES, José Marcos; CORRAL, Renato S.; RESENDE, Jéssica S. O estudo da média, da mediana e da moda através de um jogo e da resolução de problemas. *Revista Eletrônica de Educação*, São Carlos, v. 6, n. 2, p. 255-257 e 269, nov. 2012. Disponível em: www.reveduc.ufscar.br/index.php/reveduc/article/view/481/200. Acesso em: 12 fev. 2021.

MAIS ATIVIDADES

1. Luciana, Paula e Débora são estudantes do 8º ano A e vão para a escola todos os dias a pé. A média das medidas do tempo que elas gastam de suas casas até a escola é aproximadamente 21 min. Luciana gasta aproximadamente 20 min, e Débora, aproximadamente 25 min. Quanto tempo Paula leva para ir à escola?

2. (Obmep) Os produtos A, B e C foram avaliados pelos consumidores em relação a oito itens. Em cada item, os produtos receberam notas de 1 a 6, conforme a figura.

De acordo com essas notas, qual é a alternativa correta?

a) O produto B obteve a maior nota no item propaganda.
b) O produto de maior utilidade é o menos durável.
c) O produto C obteve a maior pontuação em quatro itens.
d) O produto de melhor qualidade é o de melhor assistência técnica.
e) O produto com a melhor avaliação em propaganda é o de pior aparência.

3. Ainda sobre o gráfico de radar, responda: Qual foi a média das avaliações obtidas para o produto B?

4. Em uma prova de salto em distância, os estudantes obtiveram as seguintes marcas, em metros:

| 2,30 | 2,36 | 2,25 | 2,30 | 2,30 | 2,45 | 2,40 | 2,25 | 2,35 | 2,34 |

Calcule a média, a mediana e a moda dessa distribuição. Interprete cada medida.

271

5 Em qual das sequências de números a seguir a moda e a mediana coincidem? E em qual delas a moda e a média coincidem?

A = 11, 11, 13, 13, 13, 15, 15 e B = 1, 2, 2, 3, 3, 3, 3, 4, 5, 5, 5.

6 A média aritmética dos salários dos funcionários de uma empresa é R$ 1.200,00. Qual será a nova média salarial se cada funcionário dessa empresa receber um aumento de:

a) R$ 10,00?
b) R$ 100,00?
c) 10% do salário?

7 O fluxograma abaixo mostra como se calcula a média de um estudante, depois do fechamento das notas do 4º bimestre, para verificar se ele foi aprovado, ficou retido ou fará recuperação.

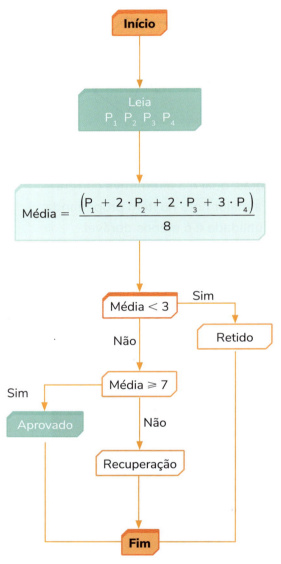

Um estudante obteve as seguintes notas bimestrais:

P_1	P_2	P_3	P_4
8,0	9,0	6,0	6,0

Ele será aprovado, retido ou fará recuperação?

8 Considere a tabela a seguir.

DESMATAMENTO NA REGIÃO NORTE EM 2019	
Estado	**Área desmatada (km²)**
Acre	688
Amazonas	1 421
Amapá	8
Pará	3 862
Rondônia	1 245
Roraima	617
Tocantins	21

Fonte: A ESTIMATIVA da taxa de desmatamento por corte raso para a Amazônia Legal em 2019 é de 9 762 km². *Inpe*, São José dos Campos, 18 nov. 2019. Notícias. Disponível em: http://www.inpe.br/noticias/noticia.php?Cod_Noticia=5294. Acesso em: 12 fev. 2021.

Vista de área desmatada da Floresta Amazônica, perto de Manaus (AM).

Calcule a média, a mediana e a moda do desmatamento na Região Norte em 2019.

9 Elabore três problemas em que seja conveniente calcular a média em um, a moda em outro e a mediana no outro.

Lógico, é lógica!

10 (UFU-MG) Em uma reunião para comemorar o Ano Novo, 13 familiares estavam reunidos em um salão de festas e cada um levou um presente embalado com apenas uma cor, sendo que 3 presentes estavam embalados na cor branca, 4 na cor cinza, 4 na cor amarela e 2 na cor verde. Dois membros dessa família fizeram as seguintes afirmações independentes.

Membro I. Se eu trocar a cor da embalagem do meu presente por uma nova embalagem na cor verde, então a moda passará a ser somente presentes embalados de cinza.

Membro II. Se mais uma pessoa chegar à nossa reunião e trouxer um presente embalado da mesma cor que a do meu presente, então a embalagem cinza deixará de ser moda.

Baseando-se nas informações apresentadas, é correto afirmar que:

a) os membros I e II trouxeram presentes com embalagens amarelas.

b) o membro I trouxe um presente com embalagem cinza e o membro II, com embalagem amarela.

c) o membro I trouxe um presente com embalagem amarela e o membro II, com embalagem cinza.

d) os membros I e II trouxeram presentes com embalagens cinza.

CAPÍTULO 2

Pesquisas censitária e amostral, amostragem e planejamento de pesquisa

Para começar

Os resultados preliminares do Censo Agro 2017, do IBGE, revelaram que até essa data havia 15 105 125 pessoas empregadas em estabelecimentos agropecuários. Ao estudar o número de estabelecimentos agropecuários por sexo do produtor, encontrou-se o seguinte resultado:

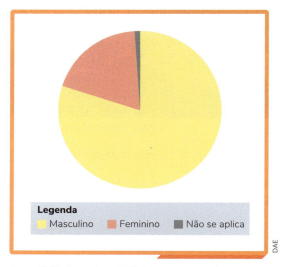

Fonte: IBGE. *Censo Agro 2017*. Rio de Janeiro: IBGE, [2018]. Disponível em: https://censos.ibge.gov.br/agro/2017/templates/censo_agro/resultadosagro/produtores.html. Acesso em: 12 fev. 2021.

O que essa pesquisa informa? E como foram organizados seus dados?

PESQUISA CENSITÁRIA E PESQUISA AMOSTRAL

A **pesquisa censitária** é aquela feita com todos os sujeitos da população a ser pesquisada. Quando é possível conversar com 100% dos indivíduos de uma população ou aplicar um questionário em 100% de uma população, dizemos que está sendo realizado um **censo**.

A vantagem de uma pesquisa censitária é obter dados exatos e evitar cometer erros em algumas conclusões. Entretanto, nem sempre é possível desenvolver esse tipo de pesquisa, pois imagine ter de entrevistar todas as pessoas do estado de São Paulo para saber para que time elas torcem ou, por exemplo, quem tem ou teve determinada doença ou vírus nos últimos cinco anos? Entre outras coisas, isso envolveria uma logística complicada para a realização da pesquisa, como grande quantidade de equipamentos e materiais, e muito tempo para organizá-la.

Além disso, esse tipo de pesquisa envolveria questões éticas: Será que todas as pessoas estariam dispostas a participar da pesquisa? A participação deve sempre ser voluntária, consentida e não acarretar danos de nenhuma natureza ao participante.

> [...]
>
> Em nosso país, em 1996, o Conselho Nacional de Saúde aprovou a Resolução 196/96, que regulamenta a pesquisa em seres humanos no Brasil. Referendada em vários documentos nacionais e internacionais, inclusive a Declaração de Helsinque, a Resolução 196/96 incorporou vários conceitos da bioética e reafirmou o consentimento livre e esclarecido dos indivíduos para participarem de pesquisas científicas e a aprovação prévia dos protocolos por comitê independente.
>
> [...]
>
> SARDENBERG, Trajano. A ética da pesquisa em seres humanos e a publicação de artigos científicos. *Jornal de Pneumologia*, São Paulo, v. 25, n. 2, 1999. Disponível em: https://www.scielo.br/pdf/jpneu/v25n2/v25n2a1. Acesso em: 12 fev. 2021.

De modo geral, quando se fala em pesquisa censitária, pode-se dizer que, quanto maior a população a ser estudada, maior a dificuldade de realizá-la. Essas dificuldades podem ser de natureza física, econômica ou ética. Assim, quando se tem uma população muito grande, opta-se por estudar apenas parte dela, ou seja, uma amostra. Essa é a **pesquisa amostral**, pois, com base em uma amostra, é possível tirar conclusões sobre toda a população. Para usar um exemplo simples, seria como provar um pouco de uma comida e concluir que ela está salgada.

Mas é preciso cuidado na escolha da amostra, pois o conjunto selecionado deve representar bem o grupo que se quer pesquisar. Por isso, existem métodos que podem ajudar a fazer essa amostragem. Vejamos alguns a seguir.

AMOSTRAGEM CASUAL SIMPLES

É considerado um dos métodos mais comuns e consiste em extrair, ao acaso, um elemento da população, dando a cada um deles a mesma chance de pertencer à amostra.

Observe o exemplo.

No curso de Matemática de uma faculdade há 60 estudantes. O coordenador do curso sorteou aleatoriamente 20% deles para responder ao questionário de uma pesquisa.

Para realizar a amostra aleatória, a primeira coisa que o coordenador fez foi enumerar esses estudantes de 01 a 60.

$$01, 02, 03, 04, 05, 06, 07, 08, ..., 57, 58, 59, 60$$

Depois, ele colocou fichas representando esses números em um saco vazio e as misturou.

Temos que 20% do total de estudantes corresponde a 12 estudantes, pois:

$$20\% \text{ de } 60 = \frac{20}{100} \cdot 60 = \frac{1\,200}{100} = 12$$

O professor, com a ajuda dos estudantes, retirou do saco uma única ficha por vez até completar 12 fichas e, assim, conseguir sua amostra.

ATIVIDADES

1 Em um jogo de bingo, foram enumeradas todas as bolas contidas em um globo com os números de 1 a 99. Cada vez que o globo parava de girar, uma única bola era retirada.

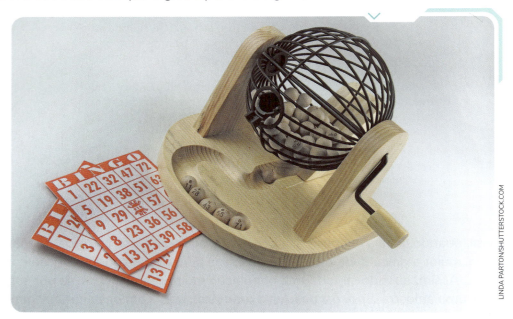

a) Que números saíram?

b) Vocês simularão um sorteio. Sigam estas etapas:

- coloquem, em um saco, papeizinhos numerados de 1 a 50;
- escolham um estudante para retirar, ao acaso, dez papeizinhos do saco;
- anotem os números que saíram;
- coloquem de volta no saco os números que saíram;
- escolham mais dois estudantes, um de cada vez, para repetir essas etapas.

Os números que saíram são os mesmos para os três estudantes?

2 Dona Zuzu tem 24 netos e deseja escolher dois deles para fazer uma viagem com ela. Para ser justa com todos eles, que tipo de amostragem ela poderia fazer a fim de escolher os dois netos?

AMOSTRAGEM ESTRATIFICADA

Esse método consiste em organizar a população em grupos de elementos, chamados **estratos**, que compartilham uma característica em comum (por exemplo, sexo, idade, nível escolar, classe social, entre outras). Cada elemento da população pertence a um, e somente um, estrato. Então, toma-se uma amostra aleatória simples de cada um deles.

Essa amostragem é usada quando são necessários elementos de cada estrato da população. É um modo de garantir que cada segmento dela esteja representado. Nesse tipo de amostragem, procura-se manter a proporcionalidade do tamanho de cada estrato da população.

Veja a seguir um exemplo de como obtê-la.

A secretária da Escola São Bento quis conhecer o índice de satisfação dos estudantes com as aulas de esporte. A escola tem 1 420 estudantes praticando esportes. Primeiro, ela dividiu o total de estudantes em estratos, representando as modalidades de esporte e o número de estudantes matriculados, sabendo que cada estudante pratica apenas um esporte.

Modalidade de esporte	Número de estudantes
voleibol	250
basquetebol	160
handebol	590
atletismo	420
Total	1 420

Fonte: Dados fictícios.

Depois, ela definiu o tamanho da amostra: 100 estudantes.

Para selecionar aleatoriamente os 100 estudantes, procurou manter a proporção de cada estrato da população na amostra selecionada fazendo os cálculos a seguir.

Primeiro, foi preciso encontrar o percentual que 100 estudantes representam em relação ao total de 1 420 estudantes:

$$1\,420 \longrightarrow 100\%$$
$$100 \longrightarrow x$$

$$1\,420 \cdot x = 100 \cdot 100 \rightarrow x = \frac{100 \cdot 100}{1\,420} \cong 7,04$$

O valor de 7,04% pode ser arredondado para 7%.

Logo, 100 estudantes representam cerca de 7% do total de estudantes. Por isso, devemos selecionar 7% de estudantes de cada modalidade (estrato).

Para encontrar os 7% de cada modalidade, podemos seguir o exemplo abaixo.

7% de $250 = \dfrac{7}{100} \cdot 250 = \dfrac{1750}{100} = 17,5$, que pode ser arredondado para 18. Seguindo esse mesmo procedimento, obtemos a seguinte tabela:

Modalidade de esporte	Número de estudantes	Número de estudantes por amostra
voleibol	250	18
basquetebol	155	11
handebol	590	41
atletismo	425	30
Total	1 415	100

Fonte: Dados fictícios.

Observe nos gráficos de setores a seguir que, embora as proporções dos estratos da população e da amostra não sejam exatamente as mesmas (devido à necessidade de arredondamento nos cálculos), elas estão bem próximas.

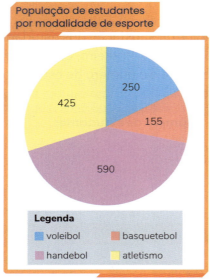

Fonte: Dados fictícios.

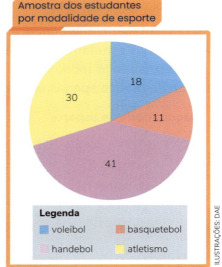

Fonte: Dados fictícios.

ATIVIDADES

FAÇA NO CADERNO

1 Em 2016, uma pesquisa feita pela Pesquisa Nacional por Amostra de Domicílios Contínua (PNAD Contínua) sobre o nível de escolaridade dos brasileiros obteve o seguinte resultado:

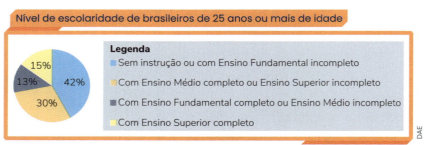

Fonte: PNAD Contínua 2016 [...]. *Agência IBGE Notícias*, Rio de Janeiro, 21 dez. 2017. Disponível em: https://agenciadenoticias.ibge.gov.br/agencia-sala-de-imprensa/2013-agencia-de-noticias/releases/18992-pnad-continua-2016-51-da-populacao-com-25-anos-ou-mais-do-brasil-possuiam-no-maximo-o-ensino-fundamental-completo. Acesso em: 12 fev. 2021.

Os dados dessa pesquisa foram agrupados por estratos? Caso a resposta seja positiva, quais foram esses estratos?

2 Em uma cidade há cinco postos de saúde que participaram da última campanha de vacinação contra a gripe H1N1, obtendo o seguinte número de vacinados em cada posto:

Posto de saúde	Número de vacinados
A	360
B	1 220
C	700
D	540
E	880
Total	**3 700**

Fonte: Dados fictícios.

278

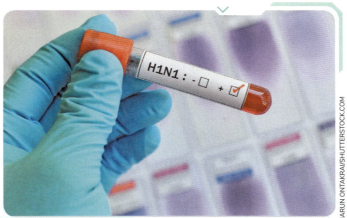

Vacina contra a gripe H1N1.

a) Obtenha uma amostra estratificada dessa população com 185 vacinados.

b) Elabore dois gráficos, um que represente a proporção da população e outro representando a amostra.

3 Dos 5 048 médicos de um estado, 10% são cardiologistas, 5% oftalmologistas, 12% pediatras, 10% obstetras, 15% clínicos gerais e o restante são de outras especialidades.

Com base nessas informações, faça o que se pede.

a) Se desejar retirar uma amostra dessa população, que tipo de amostra seria a mais conveniente? Por quê?

b) Ao retirar uma amostra que corresponda a 7% dessa população, quantos elementos ela teria?

c) Desenhe um gráfico para representar esse conjunto de dados.

d) Elabore um relatório que sintetize as informações.

4 Façam uma pesquisa com os estudantes da escola para obter informações a respeito de uma temática de sua escolha. Selecionem uma amostra estratificada correspondente a 5% da população e, em seguida, organizem os dados em uma tabela e em um gráfico de setores. Expliquem aos demais colegas os motivos para a escolha da temática e das estratégias utilizadas para a obtenção dos dados.

AMOSTRAGEM SISTEMÁTICA

Este método consiste na retirada periódica de elementos da população.

Observe o exemplo a seguir para ver como ocorre essa retirada.

Em determinada avenida existem 70 casas, das quais Paulina deseja obter uma amostra de 10 a fim de aplicar um questionário para sua pesquisa.

A primeira coisa que ela fez foi dividir o total de casas pelo número de casas da amostra, obtendo assim o intervalo para sua escolha, ou seja, $\frac{70}{10} = 7$. Isso quer dizer que, a cada 7 casas, ela vai escolher uma, mas a escolha deve ser aleatória.

Assim, colocou em uma bolsa vazia papeizinhos numerados de 1 a 7, e o número sorteado foi 6.

Depois, ela foi para o início da avenida e começou a coletar os dados, começando pela 6ª casa e, a partir desta, foi somando 7, até que a amostra ficou assim constituída:

6ª, 13ª, 20ª, 27ª, 34ª, 41ª, 48ª, 55ª, 61ª e 68ª.

Em outras palavras, os passos para fazer uma amostra sistemática são:

- certificar-se de que os elementos da população estejam ordenados (no exemplo dado, Paulina começou pelo início da avenida);
- definir a quantidade de elementos da amostra;
- definir o intervalo da amostra (nº de elementos da população dividido pelo nº de elementos da amostra);
- sortear um número inteiro compreendido entre 1 e o número obtido para o intervalo;
- começar a amostra pelo primeiro elemento ordenado correspondente ao número sorteado e, a partir deste, somar o número obtido para o intervalo, de modo a formar uma sequência. Desse modo, o segundo elemento será o anterior acrescido do número obtido para o intervalo, e assim sucessivamente.

ATIVIDADES

1 Em uma plantação existem 600 mangueiras, enumeradas e dispostas em fileiras. Deseja-se selecionar uma amostra sistemática de 30 mangas para análise de qualidade. Como deve ser composta essa amostra? Quais são seus elementos?

2 Em uma floricultura foi constatado que há 30 espécies de flores numeradas de 1 a 30. Deseja-se selecionar uma amostra sistemática com 6 espécies para testar um novo tipo de adubo. Como deve ser composta essa amostra? Quais são seus elementos?

3 O dono de uma fábrica de sapatos anotou o número de calçado de cada funcionário:

43	35	36	37	36	45	34	36	33	38	36	36
40	40	38	42	39	37	35	40	41	40	42	
42	38	41	37	36	37	38	35	37	35	40	40

Fonte: Dados fictícios.

a) Encontre a média, a moda e a mediana desse conjunto de dados.

b) Se desejar retirar uma amostra dessa população, que tipo de amostragem seria mais conveniente?

c) Elabore um gráfico para representar esse conjunto de dados.

Fábrica de sapatos.

PLANEJAMENTO E EXECUÇÃO DE UMA PESQUISA AMOSTRAL

Antes de se iniciar uma pesquisa, o tema deve ser escolhido. Com base nisso, pode-se dividi-la em dois momentos: o planejamento e a execução.

O momento do **planejamento da pesquisa** pode ser considerado um dos mais importantes. Nele, decide-se quais serão os métodos ou as técnicas (como as técnicas de amostragem) para coletar os dados e registrar as informações; escolhem-se quais serão os sujeitos, o local e os instrumentos utilizados, entre outros aspectos envolvidos no planejamento.

A **execução da pesquisa** – o momento em que se coloca em prática o que foi planejado – inclui:

- processo de coleta de dados, utilizando-se instrumentos como questionário, entrevista, observação, entre outros;
- análise dos dados, que pode ser facilitada pela representação em tabelas e/ou gráficos;
- inferência de resultados;
- conclusões;
- elaboração de relatórios-síntese dos resultados, chegando-se a conclusões com base nas informações levantadas.

Levando-se em conta essas etapas e tudo o que foi visto até aqui sobre as medidas de tendência central e as técnicas de amostragem, chegou a hora de fazer algumas pesquisas.

ATIVIDADES

1) Abaixo são apresentados alguns temas para que sejam escolhidos dois. Em seguida, planejem e executem uma pesquisa a respeito deles.

   a) Maiores artilheiros do Brasileirão Série A por pontos corridos.

   b) Quantidade total de medalhas brasileiras nos jogos olímpicos.

   c) População do estado brasileiro em que você nasceu nos últimos dez anos.

   d) Valor do salário mínimo do Brasil nos últimos dez anos.

2) Faça uma pesquisa, com base no questionário abaixo, com 8 pessoas de sua escolha e, após a obtenção dos dados, represente cada uma das questões por meio de gráfico ou tabela, escolhendo o que você considera melhor para apresentar seus resultados.

   1. Qual gênero de filme você prefere?

      ( ) Comédia.   ( ) Terror.   ( ) Ação.

   2. Você lê livros com frequência?

      ( ) Sim.   ( ) Não.

   3. Qual é a rede social de sua preferência?

      ( ) WhatsApp.   ( ) Facebook.   ( ) Instagram.

   4. Qual das matérias abaixo você gosta mais de estudar?

      ( ) Português.   ( ) Matemática.   ( ) Ciências.   ( ) Geografia.   ( ) História.

Educação Financeira

MOBILIDADE E TRANSFORMAÇÕES NA SOCIEDADE PÓS-PANDEMIA

A mobilidade tem influência direta na minha, na sua, nas nossas vidas. E, se você acredita que não é tão impactado por esse tema, preciso dizer que você está enganado. Vou explicar o porquê.

Em 2020, o tema mobilidade ficou ainda mais em evidência. Antes da pandemia, um estudo realizado pelo grupo Kantar mostrou que, até 2030, 25% das pessoas mudarão a forma como se deslocam pelas grandes metrópoles. Na cidade de São Paulo, por exemplo, o uso de carros deverá cair 28%, já o de bicicletas deverá crescer (+47%), seguido de caminhada (+25%) e utilização do transporte público (+10%).

Conceitualmente, mobilidade é a nossa capacidade de locomoção de um lugar a outro, mas na prática é toda e qualquer solução que traga mais fluidez, praticidade e segurança para nossas vidas. O que possibilita diversas oportunidades de negócios e geração de empregos.

[...]

LOPARDO, Denis. Mobilidade e transformações da sociedade pós-pandemia. *Estadão*, [São Paulo], 24 abr. 2021.
Disponível em: https://mobilidade.estadao.com.br/mobilidade-para-que/o-que-temos-a-ver-com-a-mobilidade/. Acesso em: 27 abr. 2021.

1 Entre as oportunidades de negócios, os pedidos de alimentos por *delivery* aumentaram bastante durante a pandemia. Quais benefícios esse aumento propiciou?

2 Os veículos elétricos são desenvolvidos e produzidos em torno do princípio de máxima conservação de recursos, como materiais sustentáveis, reciclados ou recicláveis, entre outros itens de sustentabilidade.

a) Faça uma pesquisa sobre a potência e autonomia com a bateria completa de três veículos elétricos ou híbridos vendidos no Brasil.

b) Entreviste uma pessoa que tenha um carro elétrico ou híbrido para saber quantos reais ele economiza em relação ao uso de um carro movido somente a gasolina.

3 As prefeituras precisam investir mais em micromobilidade, ou seja, no deslocamento de veículos leves, que costumam ser utilizados para viagens de até 10 km de distância, como bicicletas, patins, *skates*, *scooters* e patinetes. O que a micromobilidade pode propiciar?

4 As inevitáveis reflexões sobre a vida pós-pandemia anunciam uma série de mudanças e adaptações nos âmbitos individual e coletivo. Sabendo que a população de Belo Horizonte em 2020 era de 2,722 milhões, quantas pessoas, conforme as projeções do grupo Kantar, mudarão a forma de se deslocar nessa metrópole em 2030?

5 Segundo dados do Relatório de Emissões Veiculares da Companhia Ambiental do Estado de São Paulo (Cetesb), em 15 de janeiro de 2020 a Região Metropolitana de São Paulo tinha aproximadamente 7 milhões de veículos. Com isso, o impacto da poluição na cidade era alto, afetando a vida dos moradores. De acordo com o estudo do grupo Kantar, quantos carros deixarão de emitir gases poluentes até 2030?

MAIS ATIVIDADES

1) Escolha aleatoriamente cinco colegas de sua turma para ajudá-lo a fazer uma tarefa. Escreva quantos estudantes há na turma e, em seguida, calcule a porcentagem que corresponde a 5 estudantes em relação ao total. Descreva como você faria essa escolha, de modo que todos tenham a mesma chance de ser sorteados.

2) Em 2019, estimava-se que 69,3 milhões de crianças e adolescentes com idade entre zero e 19 anos residiam no Brasil. Veja essa população na tabela abaixo e obtenha uma amostra dela.

POPULAÇÃO BRASILEIRA DE 0 A 19 ANOS POR GRANDES REGIÕES EM 2019	
Grandes regiões	**Crianças e adolescentes**
Norte	7 666 016
Nordeste	20 689 494
Sudeste	26 448 603
Sul	9 121 523
Centro-Oeste	5 458 026
Brasil	69 360 142

Fonte: MIRANDA, Caroline R.; CINTRA, João Pedro S. *Cenário da infância e adolescência no Brasil 2020*. São Paulo: Fundação Abrinq, [2021]. p. 22. Disponível em: https://www.fadc.org.br/sites/default/files/2020-03/cenario-brasil-2020-1aedicao.pdf. Acesso em: 15 fev. 2021.

3) Um instituto pretende fazer uma pesquisa para conhecer o perfil dos moradores de determinada rua. Os seguintes números correspondem às casas do lado direito dessa rua:

2, 4, 6, 8, 10, 12, 14, 16, 18, 20, 22, 24, 26, 28, 30, 32, 34, 36, 38, 40, 42, 44, 46, 48, 50, 52, 54, 56, 58, 60, 62, 64, 66, 68, 70, 72, 74, 76, 78, 80, 82, 84, 86, 88, 90, 92, 94, 96, 98, 100

Fonte: Dados fictícios.

Considerando só o lado direito dessa rua, faça o que se pede.

a) Apresente uma amostra sistemática para essa população de casas.

b) Quantos elementos tem essa amostra? Quais são eles?

4) Jogue um dado em forma de cubo e de faces numeradas de 1 a 6 por 30 vezes consecutivas e anote o número obtido em cada jogada. Depois, escreva os mesmos valores em pequenos papéis; então, dobre-os, misture-os e faça o sorteio de uma amostra aleatória simples de tamanho 10 dessa população.

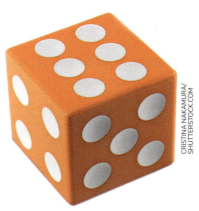

5 Elabore uma pesquisa fictícia que seja composta dos seguintes dados: população → 500; amostra → 50. Apresente a média, a moda, a mediana e a amplitude do conjunto de dados utilizando uma técnica de amostragem de sua escolha e faça um relatório que sintetize as informações por meio de gráficos.

6 (UFTO) A amostragem é usada naturalmente na vida das pessoas, entretanto, em estatística, as amostragens servem para ajudar a conhecer populações e estimar outros parâmetros de interesse. Identifique dentre as alternativas a seguir o elemento que NÃO justifica o uso de amostragem.

a) Tipo de população.

b) Tempo.

c) Confiabilidade dos dados.

d) Operacionalidade.

e) Economia.

7 (CESPE) Muitos sorteios virtuais são realizados em uma plataforma que gera números de maneira aleatória, sendo cada número sorteado apenas uma vez com a mesma probabilidade. Essa técnica é denominada amostragem:

a) estratificada.

b) aleatória simples com repetição.

c) sistemática.

d) aleatória simples sem repetição.

e) por conglomerados.

Lógico, é lógica!

8 (ORM) Ao chegar do trabalho, Margarida percebeu que um de seus três filhos (Pedro, Jorge e Patrícia) havia quebrado um vaso na sala. Perguntando a eles sobre o ocorrido, cada um respondeu:

- Pedro: "Quem quebrou o vaso fui eu, mamãe".

- Jorge: "Quem quebrou o vaso não fui eu".

- Patrícia: "Quem quebrou o vaso não foi o Pedro".

Sabe-se que um deles quebrou o vaso e que apenas um deles disse a verdade. Então, quem quebrou o vaso e quem disse a verdade, respectivamente?

a) Jorge e Patrícia.

b) Pedro e Pedro.

c) Pedro e Jorge.

d) Patrícia e Patrícia.

e) Patrícia e Jorge.

PARA ENCERRAR

1 (Ufla-MG) A população das 5 maiores cidades do sul de Minas Gerais é:

Cidade	População
Lavras	94 000
Passos	x
Poços de Caldas	155 000
Pouso Alegre	134 000
Varginha	125 000

Fonte: IBGE (Adaptado).

O número médio de habitantes dessas 5 cidades é 123 200 habitantes. De acordo com os dados, o número x de habitantes da cidade de Passos é:

a) 98 560.
b) 108 000.
c) 108 200.
d) 123 200.

2 (Enem) Em uma cidade, o número de casos de dengue confirmados aumentou consideravelmente nos últimos dias. A prefeitura resolveu desenvolver uma ação contratando funcionários para ajudar no combate à doença, os quais orientarão os moradores a eliminarem criadouros do mosquito *Aedes aegypti*, transmissor da dengue. A tabela apresenta o número atual de casos confirmados, por região da cidade.

Região	Casos confirmados
Oeste	237
Centro	262
Norte	158
Sul	159
Noroeste	160
Leste	278
Centro-Oeste	300
Centro-Sul	278

A prefeitura optou pela seguinte distribuição dos funcionários a serem contratados:

I. 10 funcionários para cada região da cidade cujo número de casos seja maior que a média dos casos confirmados;
II. 7 funcionários para cada região da cidade cujo número de casos seja menor ou igual à média dos casos confirmados.

Quantos funcionários a prefeitura deverá contratar para efetivar a ação?

a) 59
b) 65
c) 68
d) 71
e) 80

3 Um veículo com motor flex pode ser abastecido com álcool e/ou gasolina. Sabendo que ele foi abastecido com 25 litros de gasolina ao preço de R$ 4,02 o litro e 15 litros de álcool a R$ 2,45 o litro, qual é o preço médio do litro de combustível utilizado nesse abastecimento?

4 (Enem) O preparador físico de um time de basquete dispõe de um plantel de 20 jogadores, com média de altura igual a 1,80 m. No último treino antes da estreia em um campeonato, um dos jogadores desfalcou o time em razão de uma séria contusão, forçando o técnico a contratar outro jogador para recompor o grupo.

Se o novo jogador é 0,20 m mais baixo que o anterior, qual é a média de altura, em metro, do novo grupo?

a) 1,60
b) 1,78
c) 1,79
d) 1,81
e) 1,82

5 (Famema-SP) O PIB *per capita* de uma determinada região é definido como a divisão do PIB da região pelo número de habitantes dessa região. A tabela registra a população e o PIB *per capita* de quatro estados.

Estado	População (em milhões)	PIB *per capita* (em R$)
A	1	15.000,00
B	8	15.000,00
C	3	30.000,00
D	15	30.000,00

O PIB *per capita* da região compreendida pelos quatro estados é de:

a) R$ 28.000,00.
b) R$ 22.500,00.
c) R$ 27.500,00.
d) R$ 25.000,00.
e) R$ 29.500,00.

6 (Enem) Uma equipe de especialistas do centro meteorológico de uma cidade mediu a temperatura do ambiente, sempre no mesmo horário, durante 15 dias intercalados, a partir do

285

primeiro dia de um mês. Esse tipo de procedimento é frequente, uma vez que os dados coletados servem de referência para estudos e verificação de tendências climáticas ao longo dos meses e anos. As medições ocorridas nesse período estão indicadas no quadro:

Dia do mês	Temperatura (em °C)
1	15,5
3	14
5	13,5
7	18
9	19,5
11	20
13	13,5
15	13,5
17	18
19	20
21	18,5
23	13,5
25	21,5
27	20
29	16

Em relação à temperatura, os valores da média, mediana e moda são, respectivamente, iguais a:

a) 17 °C, 17 °C e 13,5 °C.
b) 17 °C, 18 °C e 13,5 °C.
c) 17 °C, 13,5 °C e 18 °C.
d) 17 °C, 18 °C e 21,5 °C.
e) 17 °C, 13,5 °C e 21,5 °C.

7 A tabela de distribuição de frequências abaixo foi obtida em uma pesquisa sobre as idades das pessoas que praticam atletismo em determinado clube.

IDADE DOS ATLETAS	
Idade	Número de atletas
14	5
15	9
16	15
17	14
19	7
20	8

Fonte: Dados fictícios.

Qual é a idade mediana desses atletas?

8 Em uma clínica de controle alimentar, um médico elaborou o diagrama de ramos e folhas abaixo, com a massa, em quilograma, dos 18 pacientes que haviam se consultado com ele na semana passada.

```
5 | 247
6 | 0356
7 | 113456
8 | 45
9 | 012
```

$$5 \mid 2 = 52 \text{ kg}$$

$$9 \mid 0 = 90 \text{ kg}$$

Para que o médico pudesse fazer uma melhor análise dos resultados expressos no diagrama, sua assistente calculou os valores da média, da mediana e da moda do conjunto de resultados. Que valores a assistente encontrou para essas medidas?

9 (Enem) Os alunos de uma turma escolar foram divididos em dois grupos. Um grupo jogaria basquete, enquanto o outro jogaria futebol. Sabe-se que o grupo de basquete é formado pelos alunos mais altos da classe e tem uma pessoa a mais do que o grupo de futebol. A tabela seguinte apresenta informações sobre as alturas dos alunos da turma.

Média	Mediana	Moda
1,65	1,67	1,70

Os alunos P, J, F e M medem, respectivamente, 1,65 m, 1,66 m, 167 m e 1,68 m, e as suas alturas não são iguais à de nenhum outro colega da sala.

Segundo essas informações, argumenta-se que os alunos P, J, F e M jogavam, respectivamente:

a) basquete, basquete, basquete, basquete.
b) futebol, basquete, basquete, basquete.
c) futebol, futebol, basquete, basquete.
d) futebol, futebol, futebol, basquete.
e) futebol, futebol, futebol, futebol.

10 (UNB-DF) O gráfico a seguir mostra as quantidades de *smartphones* vendidos anualmente no Brasil, em milhões de unidades, de 2011 a 2018.

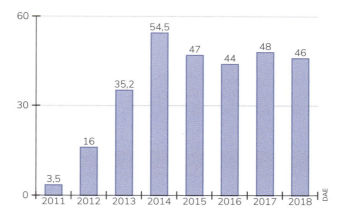

Com base nas informações desse gráfico, julgue o item subsequente.

No período considerado, foram vendidos, em média, mais de 36 milhões de *smartphones* no Brasil.

a) certo
b) errado

11 (PCM-RJ) Em um hospital trabalham 17 enfermeiros e a média aritmética simples do salário desse grupo é de R$ 5.800,00. Posteriormente entraram mais 2 novos enfermeiros com salários de R$ 7.400,00 e R$ 4.200,00 respectivamente. Diante disto, assinale qual será a nova média simples salarial dos enfermeiros desse hospital.

a) R$ 5.688,00
b) R$ 5.742,00
c) R$ 5.800,00
d) R$ 5.905,00

12 (PMA-GO) Considerando as notas de uma turma de 9º ano em Matemática, na primeira prova do ano letivo, após entregar todas as provas, o professor anotou, de forma aleatória, as notas de todos os alunos no quadro:

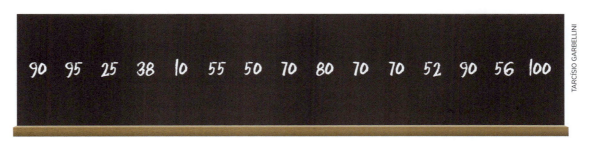

Após uma observação, o professor concluiu que a nota modal dos alunos da turma do 9º ano é:

a) 90.
b) 70.
c) 50.
d) 38.

13 (Fundep-SP) Em uma clínica de controle alimentar, um médico entregou à sua assistente uma tabela com a massa, em quilograma, dos doze pacientes que haviam realizado consulta com ele em um determinado dia.

88	58	54	64
70	85	91	70
76	66	56	92

Para que o médico pudesse fazer uma melhor análise dos resultados expressos na tabela naquele dia, sua assistente calculou, respectivamente, os valores da média, da mediana e da moda do conjunto de resultados, encontrando, correta e respectivamente:

a) 72,5; 70 e 70.   b) 72; 88 e 92.   c) 72; 70 e 92.   d) 72,5; 88 e 70.

14 (Ifes) Devido à alta no preço dos combustíveis, em particular da gasolina, um consumidor resolveu fazer uma pesquisa de preços referente à variação do valor do litro da gasolina comum em alguns postos da Região Metropolitana de uma determinada capital. O levantamento de preços está representado no gráfico.

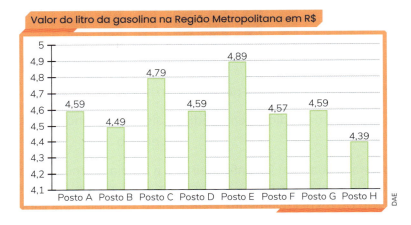

Analisando os dados obtidos na pesquisa realizada, pode-se afirmar que o preço médio, o preço modal e o preço mediano da gasolina, em reais, é respectivamente igual a:

a) 4,59; 4,61; 4,59.   c) 4,61; 4,39; 4,79.   e) 4,61; 4,57; 4,39.
b) 4,61; 4,59; 4,59.   d) 4,60; 4,59; 4,61.

15 (Gualimp-RJ) Em um condomínio, vivem 40 crianças, com as idades mostradas na tabela abaixo.

Nº de crianças	Idade (anos)
12	7
11	8
8	10
5	11
4	12

Quantas crianças de 10 anos devem se mudar para esse condomínio para que a mediana das idades dessas crianças seja de 9 anos?

a) 6   b) 8   c) 3   d) 7

16 (Vunesp) O gráfico apresenta algumas informações sobre o número de unidades de determinado produto compradas nos quatro trimestres do ano de 2018.

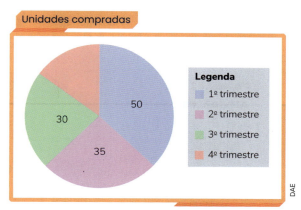

Cada unidade desse produto custou R$ 15,00 e esse preço se manteve durante o ano todo. Sabendo que o valor pago nas unidades compradas no 4º trimestre foi R$ 375,00, então, na média, o número de unidades compradas por trimestre foi:

a) 25.

b) 28.

c) 30.

d) 32.

e) 35.

17 (Gualimp-RJ) Durante alguns dias do mês de fevereiro, uma confecção produziu a seguinte quantidade de roupas:

Dia	Quantidade de roupas
01	250
02	100
03	190
04	80
05	220
06	160
07	75
08	200
09	250
10	40
11	250
12	90
13	110

Assinale a alternativa que represente a mediana desse intervalo de dias.

a) 210

b) 75

c) 250

d) 155

e) 160

289

GABARITO

Unidade 1

Capítulo 1

PÁGINAS 15 E 16

ATIVIDADES

1. a) Alternativas **c** e **d**.

2. a) 5   **c)** 425

b) 29   **d)** 8

3. a) Por exemplo, 5 e 6.

b) Por exemplo, 4, 6 e 6, 5.

c) Por exemplo: 4,222...

4. 0,1111...

PÁGINAS 18 A 20

ATIVIDADES

1. a) $\dfrac{8}{9}$ **d)** $\dfrac{281}{225}$

b) $\dfrac{47}{11}$ **e)** $\dfrac{11}{9}$

c) $\dfrac{28}{33}$

2. a) $\dfrac{5}{9}$ **c)** $\dfrac{1}{90}$

b) $\dfrac{14}{33}$ **d)** $\dfrac{43}{18}$

3. a) $\dfrac{14}{9}$ **c)** $\dfrac{628}{99}$

b) $\dfrac{7}{3}$ **d)** $\dfrac{1\,244}{999}$

4. a) $\dfrac{16}{9}$ **c)** $\dfrac{133}{99}$

b) $\dfrac{29}{9}$ **d)** $\dfrac{2\,143}{999}$

5. a) $\dfrac{62}{45}$ **c)** $\dfrac{611}{495}$

b) $\dfrac{51}{90}$ **d)** $\dfrac{61\,511}{4\,995}$

6. a) 1   **b)** 5   **c)** 3

7. a) 4   **b)** $\dfrac{1}{2}$

8. c

9. e

10. a

PÁGINAS 21 E 22

ATIVIDADES

1. $-\sqrt{5},\ \sqrt{17}$

2. II, III e IV

3. π entre 3 e 4; $\sqrt{2}$ entre 1 e 2; $\sqrt{3}$ entre 1 e 2; $\sqrt{5}$ entre 2 e 3; $\sqrt{10}$ entre 3 e 4.

4. a) 0   **c)** Irracional.

b) 0

5. c

PÁGINA 23

ATIVIDADES

1. a) 8   **f)** $-\dfrac{1}{8}$

b) 16   **g)** 0,16

c) 10 000   **h)** 12

d) 4   **i)** 0,16

e) $\dfrac{1}{8}$ **j)** $\dfrac{1}{100}$

2. a) 233   **c)** $-\dfrac{33}{16}$

b) $\dfrac{9}{1\,000}$ **d)** $\dfrac{277}{36}$

3. a) $(3 + 4) \cdot 5^2 - 10 = 165$

b) $(10 - 6)^3 - 2^5 = 32$

c) $10^2 : 4 \cdot [8 + (-5)] = 75$

4. a) 10^2 **c)** 10^{-1}

b) -10^5 **d)** 10^{-7}

5. a) 3^4 **c)** 2^{-2}

b) 2^7 **d)** $\left(\dfrac{2}{3}\right)^5$

6. a) 1   **b)** $\dfrac{1}{16}$ **c)** 32

7. a) 13   **c)** $-2\,299$

b) $-0,59$ **d)** $-1,9$

8. a) 33 493,33... cm^3

b) 523,33... cm^3

9. a) $\dfrac{7}{8}$ **b)** $\dfrac{5}{3}$

PÁGINA 25

ATIVIDADES

1. a) $\dfrac{1}{16}$ **d)** 1

b) $\dfrac{9}{49}$ **e)** 1

c) $\dfrac{4}{25}$ **f)** $\dfrac{125}{343}$

2. a) 3^7 **d)** 3^8

b) 5^{11} **e)** 2^4

c) $\left(\dfrac{1}{2}\right)^{12}$ **f)** 1

   g) 5^{-4}

3. 17

4. 30^8

5. 9

6. a) 6^3

b) 6^{-2}

c) 6^{-1}

d) 6^5

7. 1

8. a) $16x^4$

b) x^3

c) x^{15}

d) $(ab)^7$

e) $x^{10}y^{15}$

f) $\dfrac{a^{12}b^{20}}{16}$

g) y^{-3}

PÁGINAS 27 E 28

ATIVIDADES

1. a) $2,85 \cdot 10^8$

b) $2,93 \cdot 10^5$

c) $4,59 \cdot 10^4$

d) $7,0 \cdot 10^{-7}$

e) $2,0 \cdot 10^{-9}$

2. $2 \cdot 10^{-27}$ kg

3. a) 0,0023

b) 540 000

c) $-78\,000$

d) 0,062

e) 0,00012

f) $-4\,300\,000$

4. $1,85 \cdot 10^8$ anos

5. a) $3,47 = 3 \cdot 10^0 + 4 \cdot 10^{-1} + 7 \cdot 10^{-2}$

b) $0,563 = 0 \cdot 10^0 + 5 \cdot 10^{-1} + 6 \cdot 10^{-2} + 3 \cdot 10^{-3}$

c) $18,2 = 18 \cdot 10^0 + 2 \cdot 10^{-1}$

d) $-0,07 = -7 \cdot 10^{-2}$

e) $-0,00089 = -8 \cdot 10^{-4} - 9 \cdot 10^{-5}$

6. a) $6,5 \cdot 10^3$

b) $5,5 \cdot 10^3$

c) $3 \cdot 10^6$

d) $1{,}2 \cdot 10^1$

7. a) $1 \cdot 10^{10}$

   b) $4 \cdot 10^{-3}$

   c) $9 \cdot 10^{-4}$

8. $7{,}7$

9. $1{,}08 \cdot 10^9$ km

PÁGINAS 30 E 31

ATIVIDADES

1. a) 9

   b) -5

   c) 6

   d) -6

   e) 3

   f) 4

   g) 2

   h) -1

   i) $\dfrac{4}{5}$

   j) Não existe.

   k) $-\dfrac{1}{2}$

   l) Não existe.

2. a) $3\sqrt[3]{3}$

   b) $3\sqrt[3]{3}$

   c) Não existe.

   d) $\sqrt[4]{\dfrac{2}{5}}$

   e) Não existe.

   f) $2\sqrt[8]{2}$

   g) $\dfrac{8}{125}$

   h) 25

3. a) $15^{\frac{5}{2}}$

   b) $10^{-\frac{1}{2}}$

   c) $5^{\frac{8}{3}}$

   d) $2^{-\frac{3}{2}}$

   e) $\left(\dfrac{2}{3}\right)^{\frac{9}{4}}$

   f) $7^{\frac{1}{2}}$

   g) $2^{-\frac{2}{5}}$

   h) $8^{\frac{7}{10}}$

4. $43{,}2$

5. a) 4

---

   b) $1{,}2$

6. a) • 17

    • $1{,}7$

    • $0{,}58$

    • $3{,}74$

   b) Não existem essas potências.

   c) • $4{,}24$

    • $31{,}62$

    • $0{,}73$

    • $8{,}12$

7. 235

PÁGINA 33

ATIVIDADES

1. a) $\sqrt[4]{11^2} = \sqrt[6]{11^3}$

   b) $\sqrt[6]{2^8} = \sqrt[9]{2^{12}}$

   c) $\sqrt[10]{9^2} = \sqrt[15]{9^3}$

   d) $\sqrt{3} = \sqrt[6]{3^3}$

2. a) $3^{\frac{5}{2}}$ **c)** 5

   b) 81 **d)** $\dfrac{2}{5}$

3. a) $\sqrt{3^3}$ **d)** $\sqrt[3]{a^2}$

   b) $\sqrt{x}$ **e)** $\sqrt{2^3}$

   c) $\sqrt{2}$ **f)** $\sqrt[3]{3}$

4. $\sqrt{11^3}$, $\sqrt[3]{11}$, $\sqrt[4]{11}$

5. a) $0{,}027^{\frac{1}{3}}$

   b) $81^{\frac{1}{4}}$

6. a) $\sqrt{35}$

   b) 2

   c) $\sqrt[4]{24}$

   d) $144\sqrt{3}$

7. a) 32

   b) 94

   c) 20

   d) 5

   e) -36

   f) 14

8. $30\sqrt{3}$ m

PÁGINAS 34 E 35

MAIS ATIVIDADES

1. b

2. Um número positivo elevado a um número negativo resulta no inverso desse número elevado

---

à potência positiva. Portanto, o resultado é positivo.

3. $9 \cdot 2^{20}$

4. 2^{15a-9}

5. 25

6. a) $260{,}1$ mil

   b) Aproximadamente $276{,}02$ mil.

7. a) F

   b) F

   c) V

   d) F

   e) F

8. a) $\left(-\dfrac{2}{3}\right)^3$

   b) $\left(2{,}5\right)^{11}$

   c) $\left(-\dfrac{1}{4}\right)^2$

   d) $\left(\dfrac{1}{3}\right)^7$

9. Respostas pessoais.

10. $3^{\frac{2}{3}}$

11. a) 625

   b) $7\sqrt[3]{49}$

   c) $2\sqrt[5]{3}$

   d) $4\sqrt{2}$

   e) $6\sqrt[4]{2}$

   f) $147\sqrt[5]{27}$

   g) $3\sqrt[3]{2}$

   h) $10\sqrt[2]{2}$

12. a) 24

   b) 14

   c) 12

   d) 15

13. Aproximadamente $24{,}5$ m.

14. $\dfrac{40}{3}$ m

15. $4{,}5 \cdot 10^6$ L

16. $2{,}28 \cdot 10^8$ km

17. $3{,}24 \cdot 10^4$ toneladas

18. Resposta pessoal.

Capítulo 2

PÁGINAS 38 E 39
ATIVIDADES

1. 14%
2. 7
3. 1 677
4. a) 3 208   b) 896
5. a
6. d
7. R$ 15,45.
8. 18 m³
9. 1,6 · 10^6 doses; 3,36 · 10^8 doses; 3,372 · 10^8 doses; 2,4 · 10^8 doses
10. d = R$ 60,00; p = R$ 240,00
11. p = R$ 1.080,00
12. b
13. b
14. a) 16 cm²   b) 225%

PÁGINAS 42 E 43
MAIS ATIVIDADES

1. 4 080
2. c
3. 16,7%
4. R$ 55,00.
5.
    16,06
    7,35
    20,99
    ─────
    44,40
    4,44
    ─────
    48,84
6. R$ 985,60.
7. Resposta pessoal.

Capítulo 3

PÁGINAS 47 E 48
ATIVIDADES

1. São oito possibilidades: Adílson-Juliana, Adílson-Gilberto, Adílson-Paulo, Adílson-Kátia, Laís-Juliana, Laís-Gilberto, Laís-Paulo, Laís-Kátia.
2. 18 maneiras
3. a) Resposta pessoal.
   b) Oito opções.
   c) Resposta pessoal.
4. 12 possibilidades: cara-1, cara-2, cara-3, cara-4, cara-5, cara-6, coroa-1, coroa-2, coroa-3, coroa-4, coroa-5, coroa-6
5. 100 vezes

6. 37 500 senhas
7. Tem seis opções, sendo que a mais cara custará R$ 69,00.
8. 30 equipes
9. a) 216 números
   b) 120 números
10. 11 881 376 senhas diferentes
11. 24 anagramas
12. 120 modos distintos
13. 720 maneiras

PÁGINA 49
MAIS ATIVIDADES

1. a) 1 152 maneiras
   b) 576 maneiras
2. 456 976 000 placas
3. a) 456 976 placas diferentes
   b) 1 000 placas diferentes
4. 24 tentativas, no máximo
5. a) De 54 maneiras diferentes.
   b) 13,5 meses
6. 10 cordas
7. 81 000 000, ou 8,1 · 10^7

PÁGINAS 51 A 53
PARA ENCERRAR

1. 0,7901234...   11. b
2. d   12. e
3. a   13. a
4. d   14. 400%
5. b   15. a
6. a   16. a
7. d   17. c
8. c   18. d
9. c   19. c
10. e

Unidade 2

Capítulo 1

PÁGINAS 59 A 61
ATIVIDADES

1. c
2. a) Indica a porcentagem de indivíduos por faixa etária que praticaram esportes.
   b) 26%

c) Resposta pessoal.

3.

Fonte: Dados fictícios.

4. a) Sudeste, 81,9%.
   b) Nordeste, 62,3%.
   c) Norte, com 12,9% de diferença.
5. a) A projeção do crescimento médio do comércio no mundo entre os anos de 2017 e 2021.
   b) 2022 a 2026
   c) 3,9%
6. a) 45 estudantes
   b) 7
   c) *Rock* e música eletrônica, que somadas representam 15 estudantes.
   d) Resposta pessoal.
7. a) A Região Sul.
   b) A Região Norte.

PÁGINAS 63 A 67
ATIVIDADES

1. A resposta varia de acordo com os dados encontrados no *site*.
2. a) 25%; 400
   b) 640
   c) 80
   d) Respostas pessoais.
3. a) 2 306 instituições privadas
   b) Pública.
   c) 4,2% correspondem às instituições federais, 5,1% às estaduais e 2,3% às municipais
4. a) Desempenho dos alunos no curso de Inglês.
   b) Foi avaliado em ruim, regular, bom e ótimo.
   c) Sim.

5. a
6. d
7. c

PÁGINAS 69 A 71
ATIVIDADES

1. a) Gráfico de linhas.
   b) Gráfico de barras ou colunas.
   c) Gráfico de setores.
   d) Gráfico de barras ou colunas.
   e) Gráfico de setores.
   f) Gráfico de linhas.
2. a) Agosto, setembro e outubro de 2020.
   b) Entre abril de 2019 e janeiro de 2020.
   c) Aproximadamente 12,5%.
3. a) A taxa de mortalidade, segundo o tipo de acidente de transporte do estado de São Paulo, no período de 2005 a 2015.
   b) Acidente com ciclistas.
   c) Resposta possível: Houve períodos de decrescimento e de crescimento dessa modalidade de acidente durante o período estudado.
4. b
5. a) Piloto F.   c) 35 voltas
   b) Piloto E.   d) 50 voltas
6. a) Fred.   c) 106 gols
   b) 82 gols

PÁGINAS 72 A 75
MAIS ATIVIDADES

1. a) O percentual é de 79,1%. Oferece novas formas de comunicação, inclusão social, descentralização da informação, da cultura e da educação, entre outros.
   b) Indica a porcentagem de domicílios em que havia utilização da internet.
   c) 34,6%
   d) Resposta pessoal.
   e) Região Norte, com 49,9%.
   f) Nas áreas urbanas das grandes regiões do país.
   g) Resposta pessoal.
2. a) Sim.
   b) Esse conjunto de dados poderia ser representado por um gráfico de linhas, apresentando duas linhas, uma para a população masculina e outra para a população feminina.
3. a) Não, porque os dados não representam variações ao longo do tempo.
   b) Podem ser apresentados por um gráfico de barras ou de colunas. Justificativa pessoal.
   c) Podem. O gráfico de setores é mais apropriado para representar esse conjunto de dados.
   d)

Fonte: Dados fictícios.

   e) 360 m²; 300 m²
   f) 45%; 540 m²
   g) Resposta pessoal.
4. c
5. c
6. a) O gráfico de linhas.
   b) Sexta-feira.
   c) 15 °C
   d) 10 °C
7. Resposta pessoal.
8. Resposta pessoal.

Capítulo 2

PÁGINAS 77 E 78
ATIVIDADES

1. Resposta pessoal.
2. a) Os dados foram agrupados em cinco classes.
   b) O resultado da soma deve ser 45.
   c) A classe de 32 ⊢ 34 apresenta a menor frequência, isto é, 3 estudantes. Isso significa que esse é o intervalo do número de sapatos menos usados pelos estudantes.
   d) 18 estudantes
   e) Resposta pessoal.
3. a)

TABELA: FREQUÊNCIA PARA DADOS AGRUPADOS

Classes (R$)	Frequência
10 ⊢ 15	16
15 ⊢ 20	15
20 ⊢ 25	18
25 ⊢ 30	6
30 ⊢ 35	5

Fonte: Comissão de estudantes.

   b) Agrupando os dados em cinco classes, com intervalo de amplitude 5, teremos o grupo de estudantes que mais economizaram na última classe. São 5 estudantes.
   c) Respostas pessoais.
   d) A amplitude do conjunto de dados numéricos é 24, pois 34 − 10 = 24.
   e) A classe de R$ 20,00 a R$ 25,00.
   f) 15 estudantes
4. a) A = 41
   b) A quantidade de enfermeiros trabalhando de 15 a quase 20 anos.
   c) 50 enfermeiros
5. a) 15 pacientes dormiram de 4h até quase 8h
   b) Aproximadamente 67%.

PÁGINA 80
MAIS ATIVIDADES

1. a)

Classe	Frequência
150 ⊢ 155	4
156 ⊢ 159	7
160 ⊢ 165	10
166 ⊢ 169	8
170 ⊢ 175	10

Fonte: Dados da Escola Sêneca Junior.

   b) Resposta pessoal.

c) Na última classe.

d) A amplitude do conjunto de dados numéricos é 25, pois 175 − 150 = 25.

e) Resposta condicionada ao número de classes.

f) Resposta pessoal.

2. Resposta pessoal.

3. a) Resposta pessoal.

   b) O resultado da soma é 24, portanto, corresponde às 24 horas de um dia.

   c) Resposta pessoal.

4. b

PÁGINAS 81 A 85
PARA ENCERRAR

1. b   3. d   5. c   7. c   9. d
2. b   4. a   6. c   8. c   10. e

Unidade 3

Capítulo 1

PÁGINAS 90 A 92
ATIVIDADES

1. a) $7 + x$
   b) $2x$
   c) $x - 3$
   d) $\dfrac{x}{3}$
   e) $3x + 5$
   f) $x + y$
   g) $2x \cdot (y + 1)$
   h) $4x$

2. 45

3. 6; 11; 16; 21 e 26

4. $a^2 + 5b + 1$.

5. 25 °C

6. a) 445
   b) $\dfrac{5}{2}$
   c) 100
   d) 81

7. $0{,}25x + 0{,}60y$

8. a) $\dfrac{n^2}{2}$ b) $n + 1$ c) $n + 3n$

9. Sim.

10. a) $i - 5$
    b) $i + 11$
    c) $3(i + 4)$

11. a) $16x + 8y$
    b) R$ 3.200,00.

12. $(20 + x) \cdot (10 + x) = 400$

PÁGINAS 94 E 95
ATIVIDADES

1. R$ 15,00.
2. 11 anos
3. 11, 12 e 13
4. 13 e 15
5. 36 e 60
6. R$ 2.500,00.
7. e
8. R$ 500,00.
9. O erro está na segunda linha. A resposta correta é $x = 5$.

PÁGINAS 96 E 97
MAIS ATIVIDADES

1. 50
2. d
3. 11
4. b
5. Quarta posição.
6. a
7. 216 km
8. 11
9. I. 20   III. $\dfrac{4}{3}$ V. −4
   II. −5   VI. 30
   IV. 8
10. Resposta pessoal.

Capítulo 2

PÁGINA 102
ATIVIDADES

1. $(-4, 4)$ e $(8, 0)$

2. a) $x + 2y = 28$
   b) Não.

3. a) $2x + y = 30$
   b) $(10, 10); (8, 14); (9, 12)$

4. $x - y = 1$

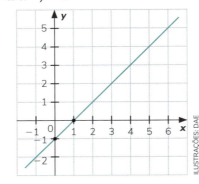

5. (3, 8); (6, 6); (9, 4)

6. a) $x + 3y = 192$
   b) (41, 43) e (66, 34)

PÁGINA 106
ATIVIDADES

1. 18

2. a) $S = \{(3,1)\}$

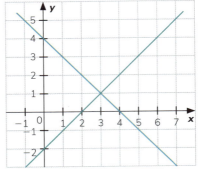

   b) $S = \{(1,1)\}$

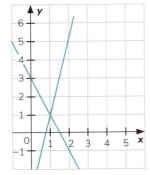

3. a) O sistema não tem solução.

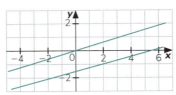

   b) O sistema tem infinitas soluções.

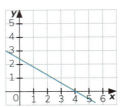

4. a) $S = \{5, 2\}$. Portanto, o sistema é possível e determinado.

   b) Como as duas equações são iguais, podemos entender que o sistema é possível e indeterminado.

c) Como não há valores de x que satisfaçam as duas equações ao mesmo tempo, podemos afirmar que o sistema é impossível.

5. O sistema é impossível:
S = { }. Portanto, não existem esses números.

PÁGINA 109

ATIVIDADES

1. a) $a = -40$ e $b = -85$
   b) $x = 5$ e $y = -1$
   c) $m = 4$ e $n = -1$
   d) $c = 9$ e $d = 4$

2. a) $(21, -10)$
   b) $(-10; -8,5)$

3. Nenhum dos pares ordenados satisfaz o sistema de equações.

4. a) $\begin{cases} b + t = 61,20 \\ t = b + 36 \end{cases}$
   b) O preço do tênis é R$ 243,00 e o da bola é R$ 63,00.

5. Vera tem 35 anos e Ana 15 anos.

6. Foram utilizadas 14 moedas de R$ 0,10 e 9 moedas de R$ 0,50 para pagar o caderno.

7. a) 160 gramas
   b) A massa do copo com essa quantidade de água é de 275 gramas.

PÁGINAS 112 E 113

MAIS ATIVIDADES

1. (10, 2); (13; 1,5); (16, 1)
2. a) 6 coelhos
   b) Sim, justificativa pessoal.
3. e
4. d
5. Cada bermuda custou R$ 40,00; cada camiseta custou 25,00.
6. 55 ingressos
7. 80 camisetas
8. y: feijão (4,50); x: arroz (8,50)
9. São 63 lâmpadas do tipo P.
10. a
11. Resposta pessoal.
12. Resposta pessoal.

PÁGINAS 114 E 115

PARA ENCERRAR

1. c
2. a
3. c
4. b
5. b
6. d

Unidade 4

Capítulo 1

PÁGINAS 123 A 125

ATIVIDADES

1. Das figuras, temos:
$\hat{A} \equiv \hat{F}, \hat{B} \equiv \hat{D}, \hat{C} \equiv \hat{E}$, $BC \equiv DE$, $AC \equiv EF$ e $AB \equiv DF$

2. a) Sim, LAL.
   b) Sim, ALA.
   c) Sim, LAA_o.
   d) Sim, LLL.

3. Sim, o ângulo C é igual nos dois triângulos. Caso LAA_o.

4. $x = 41°$ e $y = 32°$
5. $x = 10$ e $y = 14$
6. I – F; II – V; III – F.
7. a) $x = 7$ e $y = 4$
   b) 17 uc, 21 uc e 25 uc

PÁGINAS 128 A 130

ATIVIDADES

1. Os lados congruentes são $\overline{XY}$ e $\overline{YZ}$.
2. 55°
3. 20°
4. 75°
5. $x = 6$ cm e $y = 2$ cm
6. 99°
7. I – V; II – V; III – V; IV – F; V – V.
8. $x = 30°$

PÁGINAS 132 E 133

ATIVIDADES

1. a) 24 peças
   b) Amarelo.
   c) Verde e azul.
2. a) 15   d) 10
   b) 10   e) 3
   c) 5

3. As bases são retângulos e as faces laterais são trapézios.
4. a) Não.
   b) Sim.
5. d

PÁGINAS 140 E 141

ATIVIDADES

1. a) Resposta pessoal.
   b) 12
   c) 120° e 60°
2. Não, ele é um losango.
3. a) F   d) V
   b) V   e) V
   c) V
4. $\hat{x} = 65°$ e $\hat{y} = 137°$
5. 18°
6. Losango
7. 26 cm
8. $\hat{a} = \hat{c} = 48°$ e $\hat{b} = \hat{d} = 132°$
9. $\hat{a} = \hat{c} = 54°$ e $\hat{b} = \hat{d} = 126°$
10. 7,5 cm e 30 cm
11. 0,24 m²

PÁGINAS 146 E 147

ATIVIDADES

1. a) $\overline{AB}$ e $\overline{CD}$
   b) $\overline{AD}$ e $\overline{BC}$
   c) $\hat{A}, \hat{B}, \hat{C}$ e $\hat{D}$
   d) Agudo: $\hat{D}$; obtuso: $\hat{A}$.
2. a) retângulo
   b) retângulo
   c) isósceles
   d) escaleno
3. a) V   d) V
   b) F   e) F
   c) V
4. $\hat{p} = \hat{q} = 54°$ e $\hat{s} = \hat{r} = 126°$
5. $\hat{s} = 67,5°$ e $\hat{r} = 112,5°$
6. $\hat{a} = 65°$;
   $\hat{b} = 36°$; $\hat{c} = 144°$; $\hat{d} = 115°$
7. $x = 28°$ e $y = 110°$
8.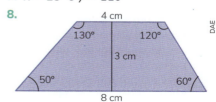

9. a) Os ângulos da base maior medem 60° e os da base menor medem 120°.

b) 13,75 cm²

PÁGINAS 148 A 150
MAIS ATIVIDADES

1. d

2. a

3. a) $D\hat{C}B = 36°$ e $A\hat{D}C = 108°$

b) O ângulo $A\hat{C}D$ mede 36°, pois $A\hat{C}B$ mede 72° e $B\hat{C}D$ mede 36°. Assim, podemos concluir que $\overline{AD} \equiv \overline{DC}$ e como $\overline{DC} \equiv \overline{BC}$, podemos concluir que $\overline{AD} \equiv \overline{DC}$.

4. b

5. a) 25°   **b)** 70°

6. 42°, 138°, 42° e 138°

7. 45°

8. $x = 140°$ e $y = 40°$

9. Só a **d** é falsa: os hexágonos ABDJEC e HIBCFG não são congruentes.

10. Resposta pessoal.

11. Resposta pessoal.

Capítulo 2

PÁGINA 153
ATIVIDADES

1. Que as distâncias medidas são iguais.

2. a) Usando o compasso com abertura de 4 cm, ela deve traçar uma circunferência com centro em A e outra com centro em B. As intersecções das circunferências são os pontos procurados.

b) Ela pode encontrar dois pontos.

c) Apenas um, o ponto médio do segmento.

3. É possível, se os pontos não estiverem alinhados. Ele deve escolher dois dos pontos, por exemplo, A e B, e traçar a mediatriz do segmento AB. Depois, deve escolher outros dois pontos, A e C, por exemplo, e traçar a mediatriz do segmento AC. Se os pontos não estiverem alinhados, as mediatrizes terão um ponto P em comum; portanto, a distância de P até cada um dos três pontos será a mesma. Explique aos alunos que o fato de P ser equidistante dos três pontos significa que ele é o centro

da circunferência que contém esses pontos.

4. Vamos unir os pontos A e B e calcular seu ponto médio. Em seguida, vamos traçar a mediatriz de A e B construindo a reta s. A intersecção das retas r e s é o ponto P, que está à mesma distância de A e B, como no desenho a seguir.

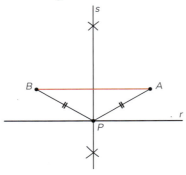

PÁGINA 155
ATIVIDADES

1. Resposta pessoal.

2. Os centros das circunferências pertencem à bissetriz do ângulo.

3. $x = 5$

4. As medidas de $\overline{OP}$ e $\overline{OR}$ são iguais, e a circunferência é tangente aos dois lados do ângulo.

PÁGINA 158
ATIVIDADES

1. 120°

2. O procedimento desenha um triângulo equilátero.

3.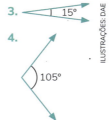

4.

PÁGINA 160
ATIVIDADES

1.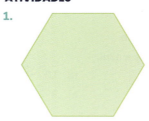

2. Construção pessoal.

PÁGINA 162
ATIVIDADES

1. a) Quadrado ABCD.

b) Pentágono regular ABCDE.

c) Hexágono regular ABCDEF.

2. Resposta pessoal.

3. Construção pessoal.

4. Respostas possíveis:

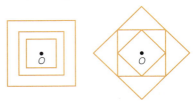

PÁGINA 163
MAIS ATVIDADES

1.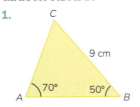

2.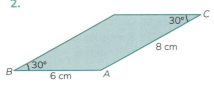

3. a) Trapézio retângulo: base maior = a, base menor = b e altura = h.

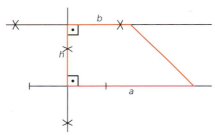

b) Primeiramente, devemos construir a base maior (10 cm), depois sua altura (5 cm) e, por fim, os ângulos da base maior de 45°.

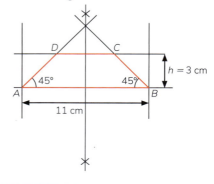

4.

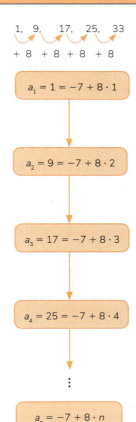

4√2 cm / 4√2 cm

5. e

PÁGINAS 164 A 167
PARA ENCERRAR

1. 30°
2. d
3. c
4. c
5. a
6. d
7. d
8. Resposta possível:
   Trace a bissetriz do ângulo. Depois, trace a paralela a um dos lados, na parte interna do ângulo, a 2 cm. A intersecção entre a bissetriz do ângulo e a paralela será o centro da circunferência procurada.
9. c
10. b
11. b
12. e

Unidade 5

Capítulo 1

PÁGINA 173
ATIVIDADES

1. a) Os 12 primeiros termos são: 61, 37, 58, 89, 145, 42, 20, 4, 16, 37, 58 e 89.

   b) Os números 37, 58, 89, 145, 42, 20, 4 e 16 se repetem infinitamente, nessa ordem, na sequência.

2. a) 0, 30, 240, 1 020 e 3 120

   b) $\frac{1}{2}, \frac{3}{4}, \frac{5}{6}, \frac{7}{8}$ e $\frac{9}{10}$

3. $\frac{6}{5}, 3, \frac{15}{2}, \frac{75}{4}$ e $\frac{375}{8}$

4. a) 0, 2, 0, 2, 0 e 2

   b) $\frac{1}{8}, \frac{1}{16}, \frac{1}{32}, \frac{1}{64}$ e $\frac{1}{128}$

5. −3, 2, 7 e 12

6. a) Sequência A:

1, 9, 17, 25, 33
+8 +8 +8 +8

$a_1 = 1 = -7 + 8 \cdot 1$

$a_2 = 9 = -7 + 8 \cdot 2$

$a_3 = 17 = -7 + 8 \cdot 3$

$a_4 = 25 = -7 + 8 \cdot 4$

⋮

$a_n = -7 + 8 \cdot n$

Portanto, a fórmula do termo geral dessa sequência é $a_n = -7 + 8n$, com n natural maior do que zero.
$a_{40} = -7 + 8 \cdot 40 \rightarrow a_{40} = 313$

Sequência B:

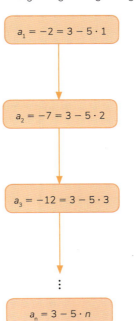

−2, −7, −12, −17, −22
−5 −5 −5 −5

$a_1 = -2 = 3 - 5 \cdot 1$

$a_2 = -7 = 3 - 5 \cdot 2$

$a_3 = -12 = 3 - 5 \cdot 3$

⋮

$a_n = 3 - 5 \cdot n$

O termo geral é $a_n = 3 - 5 \cdot n$,

com n natural maior do que zero.
$a_{40} = 3 - 5 \cdot 40 \rightarrow a_{40} = -197$

Sequência C:

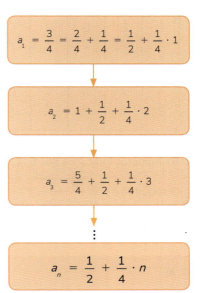

$\frac{3}{4}, 1, \frac{5}{4}, \frac{3}{2}, \frac{7}{4}$ ...

$+\frac{1}{4}$ $+\frac{1}{4}$ $+\frac{1}{4}$ $+\frac{1}{4}$

$a_1 = \frac{3}{4} = \frac{2}{4} + \frac{1}{4} = \frac{1}{2} + \frac{1}{4} \cdot 1$

$a_2 = 1 + \frac{1}{2} + \frac{1}{4} \cdot 2$

$a_3 = \frac{5}{4} + \frac{1}{2} + \frac{1}{4} \cdot 3$

⋮

$a_n = \frac{1}{2} + \frac{1}{4} \cdot n$

O termo geral é $a_n = \frac{1}{2} + \frac{1}{4} \cdot n$, com n natural maior do que zero.

$a_{40} = \frac{1}{2} + \frac{1}{4} \cdot 40 \rightarrow a_{40} = \frac{21}{2}$

b) A: 313; B: −197; C: $\frac{21}{2}$

7.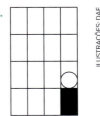

PÁGINAS 175 E 176
MAIS ATIVIDADES

1. a) Cada termo, a partir do segundo, é igual ao termo anterior adicionado a 1,27.

   b) O termo geral é $a_n = 0,6 + 1,27n$, com n natural e maior do que zero.

2. a) 431 palitos

   b) $p = 1 + 5n$

3. a

4.

D 5	D 1	D 2	D 6	A 6	A 5	A 1	A 2
B 5	B 1	B 2	B 6	C 6	C 5	C 1	C 2
B 8	B 4	B 3	B 7	C 7	C 8	C 4	C 3
A 8	A 4	A 3	A 7	D 7	D 8	D 4	D 3

5. Figura III.

6. Os números indicados são 0, 1, 2, 3, 4, 5, 6, 7 e 8.

O seguinte é o 9: .

7. a

8. c

9. a

10. a)

b)

Capítulo 2

PÁGINAS 180 A 182
ATIVIDADES

1. a) São diretamente proporcionais, pois o gráfico é uma reta que passa pela origem do sistema cartesiano.

b) 30

c) $\frac{Q}{t} = 30$ ou $Q = 30t$ ou $t = \frac{Q}{30}$

d) 12 h

2. a) Os preços cobrados pelas pessoas A e B são diretamente proporcionais ao número de páginas digitadas. A: 1,5; B: 2,5 são as constantes de proporcionalidade que representam o preço por página.

b) A: $y = 1,5x$; B: $y = 2,5x$.

c) A: R$ 105,00; B: R$ 175,00.

d) R$ 70,00

3. a) $x \cdot y = 64$

b) Comprimento: 32; 128; 8.

Largura: 16; 4.

c) Construção pessoal.

d) São inversamente proporcionais.

e) Representa a área de cada retângulo.

4. d

5. • b
• d
• Alternativas **a**, **c** e **e**.

6. a) $t \cdot i = 270$ ou $t = \frac{270}{i}$.

b) Aproximadamente 38,6 min.

c) Resposta pessoal.

7. a) Não, pois não há uma constante de proporcionalidade.

b) $x = 6$ e $y = 3,25$

c) Marcando os pontos correspondentes aos pares ordenados da tabela, obtemos:

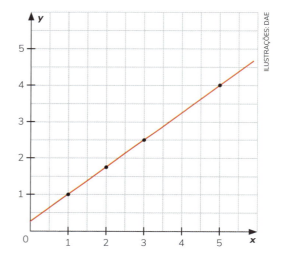

Como a reta não passa pela origem, isso mostra que x e y não são diretamente proporcionais.

8. a)

b) São inversamente proporcionais; $k = 16$.

c) $y = \frac{16}{x}$ ou $x \cdot y = 16$

d) 1,6

e) Resposta pessoal.

9. a) *B*-I, *C*-II e *A*-III.

b) A

PÁGINA 185

ATIVIDADES

1. R$ 60,00.

2. R$ 96,00.

3. 3 hectares

4. a) Inversamente proporcional.

b) Diretamente proporcional.

c) Não são proporcionais.

5. 20 dias

6. 16,8 kg

7. 12 horas

8. 10 adultos

PÁGINAS 186 E 187

MAIS ATIVIDADES

1. a) $x = 12$; $y = 20$; $z = 7$

b) 4

c) $Q = 4t$, ou $\dfrac{Q}{t} = 4$

2. Não existe.

3. a) Quando t aumenta, C também aumenta, e

$$\frac{120}{1} = \frac{360}{3}.$$

b) 120; $C = 120t$, ou $\dfrac{C}{t} = 120$

c) 7,5 h

4. a) Inversamente proporcionais.

b) 300; significa o preço total do aluguel

c) $P = \dfrac{300}{n}$

d) R$ 30,00.

5. 4 horas

6. A roda dá 40 voltas.

7. 16 dias

8. d

9. Resposta pessoal.

10. e

11. d

PÁGINAS 188 E 189

PARA ENCERRAR

1. b

2. a) 218, 419, 620, 821, 1 022, 1 223, 1 424, 1 625, 1 826 e 2 027

b) 406ª rodada

c) 2 pontos cada

3. a

4. b

5. a) 13 pedaços

b) 61 pedaços

c) 336 vezes

6. c

7. d

8. e

9. c

Unidade 6

Capítulo 1

PÁGINA 194

ATIVIDADES

1. Alternativas **a**, **c** e **e**.

2. a) $a = 5$, $b = 13$, $c = -10$.

b) $a = -8$, $b = 0$, $c = -800$.

c) $a = 1$, $b = 0$, $c = 0$.

d) $a = \dfrac{1}{2}$, $b = \dfrac{1}{9}$, $c = 0$.

3. a) $3x^2 - x + 2 = 0$

b) $-\dfrac{1}{4}x^2 + 8 = 0$

c) $\sqrt{2}x^2 + 4x = 0$

PÁGINA 195

ATIVIDADES

1. a) 5 e 1

b) 0 e 1,5

c) 1 e $-\dfrac{1}{2}$

d) $-2\sqrt{2}$ e $2\sqrt{2}$

2. 156

3. 6 e -1

4. 4

5. Sim, $p = \dfrac{1}{3}$ e $q = -\dfrac{1}{3}$.

PÁGINA 197

ATIVIDADES

1. a) 3 e -3

b) 2 e -2

2. a) 6 e -6

b) $\dfrac{1}{7}$ e $-\dfrac{1}{7}$

c) $\dfrac{1}{2}$ e $-\dfrac{1}{2}$

d) Não há raízes reais.

e) $\sqrt{6}$ e $-\sqrt{6}$

f) Não há raízes reais.

g) 5 e -5

h) 8 e -8

3. -7 ou 7

4. 12

5. 20 anos

PÁGINAS 198 A 200

MAIS ATIVIDADES

1. a) $x = -5$ e $x = 5$

b) Como -0 é o mesmo que 0, a raiz é $x = 0$.

2. c

3. b

4. -2 e 2

5. a) Não existe x, real, que satisfaça a equação.

b) $x = 2$ ou $x = -2$

c) $x = 0$

6. Resposta pessoal.

7. a

8. c

9. d

10. -4

11. c

12. $x = 5$ m

13.a) 0

b) 0

c) 0

d) 0

e) 1

f) 2

14. 8 cm e 20 cm

15.a) 10 e -14

b) $\dfrac{3}{2}$ e $-\dfrac{1}{2}$

c) 9

Capítulo 2

PÁGINAS 204 A 206

ATIVIDADES

1. $P = \dfrac{96}{360} = \dfrac{4}{15}$

2. $P = \dfrac{1}{552}$

3. 12 maneiras diferentes

4. a) • $P(\text{Felipe}) = 25\%$

• $P(\text{Mila}) \cong 33\%$

b) 12 duplas

c) $P(\text{Geraldo-Helena}) \cong 8,3\%$

5. a) 1 ou 100%

b) 0

6. a) 720 senhas

b) $P = 0,4$

7. a) $P = \dfrac{8}{36} = \dfrac{2}{9}$.

b) 0. Esse é um evento impossível.

c) 1. Esse é um evento certo.

8. a) $P = \dfrac{12}{2\,652} = \dfrac{1}{221}$

b) $P = \dfrac{156}{2\,652} = \dfrac{1}{17}$

9. a) Há 1 568 000 000 maneiras distintas.

b) 55,17%

10. 120 modos distintos

11. b

PÁGINA 208

ATIVIDADES

1. a) 30%

b) 70%

2. a) Paulo: $1 - \dfrac{1}{2} = \dfrac{1}{2}$

Adilson: $1 - \dfrac{2}{5} = \dfrac{3}{5}$.

Roberto: $1 - \dfrac{5}{6} = \dfrac{1}{6}$.

b) Roberto tem a menor probabilidade de errar.

3. a) $\dfrac{1}{6}$

b) $\dfrac{5}{6}$

4. $\dfrac{11}{20}$

5. $p = 0,5\overline{3}$

PÁGINAS 209 E 210

MAIS ATIVIDADES

1. $P = \dfrac{20}{20 + 15 + 12} = \dfrac{20}{47}$

2. d

3. 0,25

4. a) $P\left(\text{maior que 7}\right) = \dfrac{6}{25}$.

b) $P\left(\text{maior ou igual a 7}\right) = \dfrac{19}{25}$.

5. b

6. a) 20 estudantes
   b) 8 estudantes
   c) $P(12 \text{ anos}) = \frac{4}{20} = \frac{1}{5}$; $P(\text{maior ou igual a 15 anos}) = \frac{8}{20} = \frac{2}{5}$
   d) Resposta pessoal.

7. Resposta pessoal.
8. 70%

PÁGINAS 211 A 213
PARA ENCERRAR

1. e
2. c
3. e
4. a
5. c
6. d
7. d
8. e
9. d
10. d
11. b
12. e
13. d
14. e

Unidade 7

Capítulo 1

PÁGINA 220
ATIVIDADES

1. a) Rotação em relação ao ponto central e reflexão.
   b) Rotação em relação ao ponto central.
   c) Rotação em relação ao ponto central e reflexão.

2.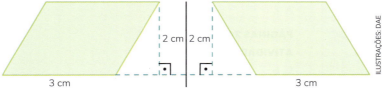

3.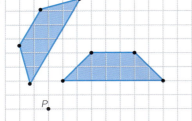

4. Resposta pessoal.

PÁGINAS 224 A 226
ATIVIDADES

1. a) Reflexão sobre o lado inferior de A e translação de 1 quadrado para a direita.
   b) Rotação de 90° sobre o canto inferior direito de B, translação de 1 quadrado para a direita e de um quadrado para baixo.
   c) Translação de 3 quadrados para a direita e de 2 quadrados para baixo.
   d) Reflexão sobre o lado direito de B, translação de 3 quadrados para a direita e de 1 quadrado para baixo.

2. a) • Figura 1 para a figura 2: reflexão em relação à reta r.
   • Figura 2 para a figura 3: reflexão em relação à reta s.
   • Figura 1 para a figura 3: rotação de 180° ou simetria em relação ao ponto de intersecção das retas.

b) • Figura 1 para a figura 2: reflexão em relação à reta r.
   • Figura 2 para a figura 3: reflexão em relação à reta s.
   • Figura 1 para a figura 3: translação horizontal.

c) • Figura 1 para a figura 2: rotação de 45° no sentido anti-horário em relação ao ponto P.
   • Figura 2 para a figura 3: rotação de 45° no sentido anti-horário em relação ao ponto P.
   • Figura 1 para a figura 3: rotação de 90° no sentido anti-horário em relação ao ponto P.

3. Construção pessoal.

PÁGINAS 227 E 228
MAIS ATIVIDADES

1. A imagem da estrela-do-mar se repete na diagonal, segundo um segmento de mesma medida, e na direção horizontal também, de acordo com um segmento de mesma medida. Logo, existe simetria.

2.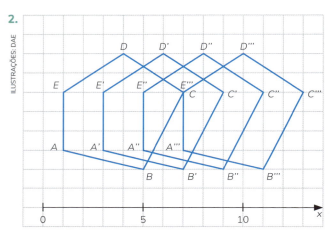

3. a) Simetria axial (as duas escadas são simétricas em relação ao corrimão central, que é o eixo de simetria).
   b) Simetria axial (eixo horizontal) e de translação.
   c) Simetria axial (eixo horizontal).
   d) Simetria axial (eixo vertical).
   e) Simetria de translação.
   f) Simetria de reflexão, rotação e translação.

4. b

Capítulo 2

PÁGINAS 232 A 234
ATIVIDADES

1. 21 cm²
2. c
3. 1 056 u.a.
4. a) 20 cm²; 15 cm²
   b) 6 cm
5. 180 cm²
6. 38 cm²
7. 0,08 cabeça de gado/m²
8.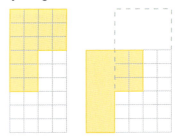
9. 12 m
10. Respostas pessoais.
11. e

PÁGINAS 237 E 238
ATIVIDADES

1. 21,5 m²
2. 157 cm²
3. a) 28,8 m²
   b) 68,7 m²
4. 12 horas
5. a
6. a) 200 cm²
   b) 1 389,625 cm²
7. c

PÁGINAS 242 A 244
ATIVIDADES

1. b
2. 158 dm³
3. d
4. 56 250 cm³ = 56,250 L
5. a) 1 garrafa
   b) 1 000 garrafas
6. 160 000 L
7. a) 0,750 L
   b) 0,25 L
   c) 12 000 mL
   d) 10 mL
   e) 750 L
   f) 32,5 mL
8. 12 800 L
9. d
10. a) Verde. b) 46 cm² c) 25,5 cm²

PÁGINAS 245 A 247
MAIS ATIVIDADES

1. b
2. a
3. a

4.

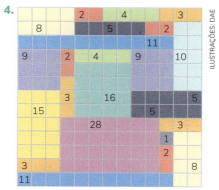

5. b

6. Resposta pessoal.

7. e

8. b

9. c

PÁGINAS 248 A 251
PARA ENCERRAR

1. c
2. c
3. d
4. e
5. c
6. c
7. b
8. b
9. e
10. c
11. b
12. e
13. b
14. b
15. b

Unidade 8

Capítulo 1

PÁGINAS 258 E 259
ATIVIDADES

1. a) 9
   b) 7,5
   c) $\frac{13}{36}$
   d) 2,2

2. a) A: média = 5,8; amplitude = 4; B: média = 4,6; amplitude = 7.
   b) O conjunto B, pois a amplitude de seus dados é maior se comparada à do conjunto A.

3. a) Grupo A: média = 10,29; grupo B: média = 10,98.
   b) Grupo A: amplitude = 3,3; grupo B: amplitude = 4,53.
   c) O grupo B tem os dados mais dispersos, pois sua amplitude é maior que a do grupo A. Isso significa que a massa das mangas varia mais no grupo B.
   d) As amplitudes apontam o quão próximos ou dispersos os dados estão. Como os valores encontrados para as amplitudes não são tão diferentes um do outro, pode-se concluir que os dados de ambos os grupos não estão muito dispersos. Isso significa que as médias de ambos os conjuntos não foram influenciadas por nenhum dado baixo ou alto demais; logo, ambas as médias representam bem os dados dos grupos.

4. a) 16 segundos
   b) Acima da média: Francisco (20 s) e Alaor (18 s). Abaixo da média: Beto (14 s) e Mário (12 s).
   c) Mário (12 s).

5. b
6. d

PÁGINAS 261 E 262
ATIVIDADES

1. Altura dos meninos: 1,68 m.
   Altura das meninas: 1,65 m.

2. a) R$ 5.000,00. Mediana.
   b) R$ 4.250,00. Por meio da média aritmética entre os dois termos centrais.
   c) R$ 12.476,20.
   d) A mediana é o elemento central que divide o conjunto principal em dois subconjuntos com o mesmo número de elementos. A média é o valor que representa uma faixa salarial igualmente distribuída a todos funcionários.
   e) Amplitude: R$ 80.000,00. Esse valor é muito alto, o que indica que os dados estão muito dispersos. Aponta, ainda, que a média aritmética encontrada não representa bem os valores desse conjunto de dados, pois ela está sendo influenciada por valores altos, como R$ 90.000,00.
   f)

Salários	Frequência
R$ 1.000,00	4
R$ 2.000,00	2
R$ 2.500,00	2
R$ 3.000,00	2
R$ 3.500,00	1
R$ 5.000,00	1
R$ 6.000,00	2
R$ 10.000,00	2
R$ 15.000,00	1
R$ 25.000,00	1
R$ 90.000,00	1

Fonte: Dados fictícios.

3. a) Primeiro, deve-se organizar os dados em ordem crescente; em seguida, observar a quantidade de

elementos. Como a quantidade é ímpar, a mediana será a 5ª altura.

b) Primeiro, deve-se organizar os dados em ordem crescente; em seguida, observar a quantidade de elementos. Como a quantidade é par, a mediana será a média entre a 5ª altura e a 6ª altura.

4. a) Falsa, porque o valor médio é 9,8 mil reais.
   b) Verdadeira, porque a mediana é 10 mil reais.
   c) Verdadeira, pois o valor médio é 9,8 mil reais.
5. Média = 3min12s; mediana = 3min15s.
6. Média = 38,4; mediana = 37,13.

PÁGINAS 263 E 264
ATIVIDADES

1. a) O conjunto tem uma moda, 3, é unimodal.
   b) O conjunto tem uma moda, 7, é unimodal.
   c) O conjunto não tem moda, é amodal.
   d) O conjunto tem duas modas, 1,42; 1,45, é bimodal.
2. a) 20 anos
   b) Como o conjunto tem apenas uma moda, dizemos que é unimodal.
   c) O novo conjunto teria outra moda (25 anos) e se tornaria bimodal.
   d)

IDADES EM QUE MAIS PRATICAM OU PRATICAVAM ESPORTES

Idade (anos)	Frequência
15	4
16	2
18	3
19	3
20	8
22	2
25	3
Total	25

Fonte: Dados fictícios.

e)

Idades em que mais praticam ou praticavam esportes

Fonte: Dados fictícios.

3. a) 10,625
   b) 11
   c) 12
4. Média = 6; mediana = 7; moda = 7.

PÁGINAS 266 A 269
ATIVIDADES

1. a)

1	455678
2	0124569
3	023577889
4	002445
5	0155689

b) A maior foi 59 anos e a menor, 14 anos.
c) 20%
d) 22 pessoas
e) 37 anos
f) O conjunto é multimodal: 15, 37, 38, 40, 44, 55.
g) 45 anos

2. a) Aproximadamente 97,1 minutos.
   b) 95 minutos
3. a) 20 estudantes
   b) 45,35 kg
   c) A mediana é (44 + 46) : 2 = 45, ou seja, 45 kg; e a moda é 46 kg.
4. a)

5	88
6	012233468
7	0122346789
8	1235789
9	35678
10	12459
11	03

b) Mediana: (78 + 79) : 2 = 78,5, ou seja, 78,5 cm. Modas: 58 kg, 62 kg, 63 kg e 72 kg.

5. a)

4	01268
5	11588
6	8
7	1257
8	44489
9	007
10	23

b) A menor renda familiar mensal é de 4 salários mínimos e a maior é de 10,3 salários mínimos.
c) 15 famílias

d) Média = 7,056 salários mínimos; mediana = 7,2 salários mínimos; moda = 8,4 salários mínimos. A média salarial é um valor abaixo da mediana, mostrando que a maior parte dos salários está abaixo da média.

e) $\dfrac{5}{25} = 20\%$

6.

0	345789
1	02456889
2	022567
3	0125

7. a) Distância.

b)

5	899
6	13456789
7	0122

c) A maior distância percorrida foi de 7,2 km e a menor foi de 5,8 km.

d) 8 estudantes

e) $\dfrac{3}{15} = 20\%$

f) 6,56 km

g) A mediana é 6,6 km e as modas são 5,9 km e 7,2 km.

8. c

9. a) 3 908 focos de dengue

b) Mediana = (117 + 120) : 2 = 118,5 focos; moda = 122 focos.

10. a

PÁGINAS 271 A 273
MAIS ATIVIDADES

1. 18 min

2. e

3. 3

4. Média = 2,33 m; mediana = 2,32 m; moda = 2,30 m.

5. Sequência *A*: a moda é 13 e a média também é 13, portanto, a moda e a média são coincidentes.
Sequência *B*: a moda é 3 e a mediana é 3, portanto, a moda e a mediana são coincidentes.

6. a) R$ 1.210,00.

b) R$ 1.300,00.

c) R$ 1.320,00.

7. Aprovado.

8. Média: aproximadamente 1 123,1 km²; mediana = 688 km². Esse conjunto de dados é amodal.

9. Resposta pessoal.

Capítulo 2

PÁGINA 276
ATIVIDADES

1. a) Todos os números têm a mesma chance de ser sorteados e fazer parte da amostra.

b) Resposta pessoal.

2. Como a amostra será composta de apenas dois elementos, seria mais conveniente fazer uma amostra aleatória simples por meio de um sorteio.

PÁGINAS 278 E 279

ATIVIDADES

1. Sim. Os estratos foram: sem instrução ou com Ensino Fundamental incompleto; com Ensino Médio completo ou Ensino Superior incompleto; com Ensino Fundamental completo ou Ensino Médio incompleto; com Ensino Superior completo.

2. a) Número de vacinados, segundo amostra de cada posto: A: 18; B: 61; C: 35; D: 27; E: 44.

   b)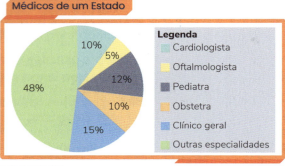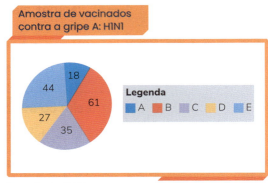

3. a) Amostra estratificada, pois os dados já vêm separados por estratos, que, no caso, são as especialidades dos médicos.

   b) 259 elementos

   c)

   d) Resposta pessoal.

4. Resposta pessoal.

PÁGINA 280

ATIVIDADES

1. De 20 em 20. Sequência possível: 15, 35, 55, 75, 95, 115, 135, 155, 175, 195, 215, 235, 255, 275, 295, 315, 335, 355, 375, 395, 415, 435, 455, 475, 495, 515, 535, 555, 575 e 595.

2. De 5 em 5. Sequência possível: 3, 8, 13, 18, 23 e 28.

3. a) Média: 38,14 ≅ 38; moda: 36; mediana: 40.

   b) Poderia ser uma amostra sistemática ou uma amostra aleatória simples.

   c)

306

PÁGINA 281

ATIVIDADES

1. Respostas pessoais.

2. Resposta pessoal.

PÁGINAS 283 E 284

MAIS ATIVIDADES

1. Resposta pessoal.

2. Resposta possível: Norte: 766 602; Nordeste: 2 068 949; Sudeste: 2 644 860; Sul: 912 452; Centro-Oeste: 545 803; Brasil: 6 936 014.

3. a) Resposta pessoal.

   b) Essa amostra tem 5 elementos: são os números pares entre 01 e 100.

4. Resposta pessoal.

5. Resposta pessoal.

6. a

7. d

PÁGINAS 285 A 289

PARA ENCERRAR

1. b

2. d

3. Aproximadamente R$ 3,43.

4. c

5. d

6. b

7. Ao todo, o clube tem 58 atletas; logo, a mediana é a média entre as idades do 29º e a do 30º atleta, ou seja, 16,5 anos.

8. Média $\cong$ 72,2 kg; mediana = 72 kg; moda = 71 kg.

9. c

10. a

11. c

12. b

13. a

14. b

15. a

16. e

17. e

LISTA DE SIGLAS

AFA-PE – Academia da Força Aérea de Pernambuco

Ameosc – Associação dos Municípios do Extremo Oeste de Santa Catarina

Cefet-MG – Centro Federal de Educação Tecnológica de Minas Gerais

Cesgranrio-RJ – Fundação Cesgranrio

CESPE-DF – Centro de Seleção e de Promoção de Eventos

CMBH-MG – Colégio Militar de Belo Horizonte

CMCG-MS – Colégio Militar de Campo Grande

CMF-CE – Colégio Militar de Fortaleza

CMJF-MG – Colégio Militar de Juiz de Fora

CMM-AM – Colégio Militar de Manaus

CMPA-RS – Colégio Militar de Porto Alegre

CMRJ-RJ – Colégio Militar do Rio de Janeiro

CMR-PE – Colégio Militar de Recife

CMS-BA – Colégio Militar de Salvador

EEAR-SP – Escola de Especialistas de Aeronáutica

Encceja – Exame Nacional para Certificação de Competências de Jovens e Adultos

Enem – Exame Nacional do Ensino Médio

Epcar – Escola Preparatória de Cadetes do Ar

Esaf – Escola de Administração Fazendária

EsPCEx-SP – Escola Preparatória de Cadetes do Exército

Famema-SP – Faculdade de Medicina de Marília

Fatec-SP – Faculdade de Tecnologia de São Paulo

FCC – Fundação Carlos Chagas

FGV-SP – Fundação Getúlio Vargas

Fundatec-RS – Fundação Universidade Empresa de Tecnologia e Ciências

Fundep-MG – Fundação de Desenvolvimento da Pesquisa

Ibade – Instituto Brasileiro de Apoio e Desenvolvimento Executivo

IBFC-MG – Instituto Brasileiro de Formação e Capacitação

IFBA – Instituto Federal de Educação, Ciência e Tecnologia da Bahia

Ifes – Instituto Federal do Espírito Santo

IFMA – Instituto Federal do Maranhão

IFMG – Instituto Federal de Minas Gerais

IFMS – Instituto Federal de Mato Grosso do Sul

IFPE – Instituto Federal de Pernambuco

IFPI – Instituto Federal do Piauí

IFRJ – Instituto Federal do Rio de Janeiro

IFRN – Instituto Federal do Rio Grande do Norte

IFRS – Instituto Federal do Rio Grande do Sul

IF Sudeste-MG – Instituto Federal de Educação, Ciência e Tecnologia de Minas Gerais

MSF-França – Matemática sem Fronteiras da França

OBMEP – Olimpíada Brasileira de Matemática das Escolas Públicas

OCM-UFCG-PB – Olimpíada Campinense de Matemática – Universidade Federal de Campina Grande

OIMSF-SP – Olimpíada Internacional Matemática sem Fronteiras

OLM-MG – Olimpíada Lavrense de Matemática

OMDF – Olimpíada de Matemática do Distrito Federal

OMERJ – Olimpíada de Matemática do Estado do Rio de Janeiro

OMM – Olimpíada de Matemática de Maringá e Região

OMRN – Olimpíada de Matemática do Estado do Rio Grande do Norte

OMRP-SP – Olimpíada de Matemática de Rio Preto

OPRM-PR – Olimpíada Paranaense de Matemática

ORMSC – Olimpíada Regional de Matemática de Santa Catarina

PMMG – Polícia Militar de Minas Gerais

PMSP – Polícia Militar de São Paulo

PUC-Camp-SP – Pontifícia Universidade Católica de Campinas

PUC-RJ – Pontifícia Universidade Católica do Rio de Janeiro

PUC-SP – Pontifícia Universidade Católica de São Paulo

Semae-SP – Serviço Municipal de Água e Esgoto de Rio Preto

Uece – Universidade Estadual do Ceará

UEG-GO – Universidade Estadual de Goiás

UEPB – Universidade Estadual da Paraíba

Ufac – Universidade Federal do Acre

Ufla-MG – Universidade Federal de Lavras

UFPB – Universidade Federal da Paraíba

UFPel-RS – Universidade Federal de Pelotas

UFPR-PR – Universidade Federal do Paraná

UFSM-RS – Universidade Federal de Santa Maria

UFTO – Universidade Federal dd Tocantins

UFU-MG – Universidade Federal de Uberlândia

UNB-DF – Universidade de Brasília

Unesp – Universidade Estadual Paulista

Unicap-PE – Universidade Católica de Pernambuco

Unifil-SC – Centro Universitário Filadélfia

Unifor-CE – Universidade de Fortaleza

Univag-MT – Centro Universitário de Várzea Grande

Univesp – Universidade Virtual do Estado de São Paulo

Vunesp – Fundação para o Vestibular da Universidade Estadual Paulista

QUADRO DE COMPETÊNCIAS E HABILIDADES DA BNCC

Competências gerais

COMPETÊNCIAS GERAIS DA EDUCAÇÃO BÁSICA
1. Valorizar e utilizar os conhecimentos historicamente construídos sobre o mundo físico, social, cultural e digital para entender e explicar a realidade, continuar aprendendo e colaborar para a construção de uma sociedade justa, democrática e inclusiva.
2. Exercitar a curiosidade intelectual e recorrer à abordagem própria das ciências, incluindo a investigação, a reflexão, a análise crítica, a imaginação e a criatividade, para investigar causas, elaborar e testar hipóteses, formular e resolver problemas e criar soluções (inclusive tecnológicas) com base nos conhecimentos das diferentes áreas.
3. Valorizar e fruir as diversas manifestações artísticas e culturais, das locais às mundiais, e também participar de práticas diversificadas da produção artístico-cultural.
4. Utilizar diferentes linguagens – verbal (oral ou visual-motora, como Libras, e escrita), corporal, visual, sonora e digital –, bem como conhecimentos das linguagens artística, matemática e científica, para se expressar e partilhar informações, experiências, ideias e sentimentos em diferentes contextos e produzir sentidos que levem ao entendimento mútuo.
5. Compreender, utilizar e criar tecnologias digitais de informação e comunicação de forma crítica, significativa, reflexiva e ética nas diversas práticas sociais (incluindo as escolares) para se comunicar, acessar e disseminar informações, produzir conhecimentos, resolver problemas e exercer protagonismo e autoria na vida pessoal e coletiva.
6. Valorizar a diversidade de saberes e vivências culturais e apropriar-se de conhecimentos e experiências que lhe possibilitem entender as relações próprias do mundo do trabalho e fazer escolhas alinhadas ao exercício da cidadania e ao seu projeto de vida, com liberdade, autonomia, consciência crítica e responsabilidade.
7. Argumentar com base em fatos, dados e informações confiáveis, para formular, negociar e defender ideias, pontos de vista e decisões comuns que respeitem e promovam os direitos humanos, a consciência socioambiental e o consumo responsável em âmbito local, regional e global, com posicionamento ético em relação ao cuidado de si mesmo, dos outros e do planeta.
8. Conhecer-se, apreciar-se e cuidar de sua saúde física e emocional, compreendendo-se na diversidade humana e reconhecendo suas emoções e as dos outros, com autocrítica e capacidade para lidar com elas.
9. Exercitar a empatia, o diálogo, a resolução de conflitos e a cooperação, fazendo-se respeitar e promovendo o respeito ao outro e aos direitos humanos, com acolhimento e valorização da diversidade de indivíduos e de grupos sociais, seus saberes, identidades, culturas e potencialidades, sem preconceitos de qualquer natureza.
10. Agir pessoal e coletivamente com autonomia, responsabilidade, flexibilidade, resiliência e determinação, tomando decisões com base em princípios éticos, democráticos, inclusivos, sustentáveis e solidários.

Competências específicas

COMPETÊNCIAS ESPECÍFICAS DE MATEMÁTICA PARA O ENSINO FUNDAMENTAL
1. Reconhecer que a Matemática é uma ciência humana, fruto das necessidades e preocupações de diferentes culturas, em diferentes momentos históricos, e é uma ciência viva, que contribui para solucionar problemas científicos e tecnológicos e para alicerçar descobertas e construções, inclusive com impactos no mundo do trabalho
2. Desenvolver o raciocínio lógico, o espírito de investigação e a capacidade de produzir argumentos convincentes, recorrendo aos conhecimentos matemáticos para compreender e atuar no mundo.
3. Compreender as relações entre conceitos e procedimentos dos diferentes campos da Matemática (Aritmética, Álgebra, Geometria, Estatística e Probabilidade) e de outras áreas do conhecimento, sentindo segurança quanto à própria capacidade de construir e aplicar conhecimentos matemáticos, desenvolvendo a autoestima e a perseverança na busca de soluções.
4. Fazer observações sistemáticas de aspectos quantitativos e qualitativos presentes nas práticas sociais e culturais, de modo a investigar, organizar, representar e comunicar informações relevantes, para interpretá-las e avaliá-las crítica e eticamente, produzindo argumentos convincentes.

COMPETÊNCIAS ESPECÍFICAS DE MATEMÁTICA PARA O ENSINO FUNDAMENTAL

5. Utilizar processos e ferramentas matemáticas, inclusive tecnologias digitais disponíveis, para modelar e resolver problemas cotidianos, sociais e de outras áreas de conhecimento, validando estratégias e resultados.

6. Enfrentar situações-problema em múltiplos contextos, incluindo-se situações imaginadas, não diretamente relacionadas com o aspecto prático-utilitário, expressar suas respostas e sintetizar conclusões, utilizando diferentes registros e linguagens (gráficos, tabelas, esquemas, além de texto escrito na língua materna e outras linguagens para descrever algoritmos, como fluxogramas, e dados).

7. Desenvolver e/ou discutir projetos que abordem, sobretudo, questões de urgência social, com base em princípios éticos, democráticos, sustentáveis e solidários, valorizando a diversidade de opiniões de indivíduos e de grupos sociais, sem preconceitos de qualquer natureza.

8. Interagir com seus pares de forma cooperativa, trabalhando coletivamente no planejamento e desenvolvimento de pesquisas para responder a questionamentos e na busca de soluções para problemas, de modo a identificar aspectos consensuais ou não na discussão de uma determinada questão, respeitando o modo de pensar dos colegas e aprendendo com eles.

HABILIDADES DA BASE NACIONAL COMUM CURRICULAR – 6º ANO

UNIDADES TEMÁTICAS	HABILIDADES
Números	**EF06MA01** Comparar, ordenar, ler e escrever números naturais e números racionais cuja representação decimal é finita, fazendo uso da reta numérica. **EF06MA02** Reconhecer o sistema de numeração decimal, como o que prevaleceu no mundo ocidental, e destacar semelhanças e diferenças com outros sistemas, de modo a sistematizar suas principais características (base, valor posicional e função do zero), utilizando, inclusive, a composição e decomposição de números naturais e números racionais em sua representação decimal. **EF06MA03** Resolver e elaborar problemas que envolvam cálculos (mentais ou escritos, exatos ou aproximados) com números naturais, por meio de estratégias variadas, com compreensão dos processos neles envolvidos com e sem uso de calculadora. **EF06MA04** Construir algoritmo em linguagem natural e representá-lo por fluxograma que indique a resolução de um problema simples (por exemplo, se um número natural qualquer é par). **EF06MA05** Classificar números naturais em primos e compostos, estabelecer relações entre números, expressas pelos termos "é múltiplo de", "é divisor de", "é fator de", e estabelecer, por meio de investigações, critérios de divisibilidade por 2, 3, 4, 5, 6, 8, 9, 10, 100 e 1000. **EF06MA06** Resolver e elaborar problemas que envolvam as ideias de múltiplo e de divisor. **EF06MA07** Compreender, comparar e ordenar frações associadas às ideias de partes de inteiros e resultado de divisão, identificando frações equivalentes. **EF06MA08** Reconhecer que os números racionais positivos podem ser expressos nas formas fracionária e decimal, estabelecer relações entre essas representações, passando de uma representação para outra, e relacioná-los a pontos na reta numérica. **EF06MA09** Resolver e elaborar problemas que envolvam o cálculo da fração de uma quantidade e cujo resultado seja um número natural, com e sem uso de calculadora. **EF06MA10** Resolver e elaborar problemas que envolvam adição ou subtração com números racionais positivos na representação fracionária. **EF06MA11** Resolver e elaborar problemas com números racionais positivos na representação decimal, envolvendo as quatro operações fundamentais e a potenciação, por meio de estratégias diversas, utilizando estimativas e arredondamentos para verificar a razoabilidade de respostas, com e sem uso de calculadora. **EF06MA12** Fazer estimativas de quantidades e aproximar números para múltiplos da potência de 10 mais próxima. **EF06MA13** Resolver e elaborar problemas que envolvam porcentagens, com base na ideia de proporcionalidade, sem fazer uso da "regra de três", utilizando estratégias pessoais, cálculo mental e calculadora, em contextos de educação financeira, entre outros.

HABILIDADES DA BASE NACIONAL COMUM CURRICULAR – 6º ANO

UNIDADES TEMÁTICAS	HABILIDADES
Álgebra	**EF06MA14** Reconhecer que a relação de igualdade matemática não se altera ao adicionar, subtrair, multiplicar ou dividir os seus dois membros por um mesmo número e utilizar essa noção para determinar valores desconhecidos na resolução de problemas. **EF06MA15** Resolver e elaborar problemas que envolvam a partilha de uma quantidade em duas partes desiguais, envolvendo relações aditivas e multiplicativas, bem como a razão entre as partes e entre uma das partes e o todo.
Geometria	**EF06MA16** Associar pares ordenados de números a pontos do plano cartesiano do 1º quadrante, em situações como a localização dos vértices de um polígono. **EF06MA17** Quantificar e estabelecer relações entre o número de vértices, faces e arestas de prismas e pirâmides, em função do seu polígono da base, para resolver problemas e desenvolver a percepção espacial. **EF06MA18** Reconhecer, nomear e comparar polígonos, considerando lados, vértices e ângulos, e classificá-los em regulares e não regulares, tanto em suas representações no plano como em faces de poliedros. **EF06MA19** Identificar características dos triângulos e classificá-los em relação às medidas dos lados e dos ângulos. **EF06MA20** Identificar características dos quadriláteros, classificá-los em relação a lados e a ângulos e reconhecer a inclusão e a intersecção de classes entre eles. **EF06MA21** Construir figuras planas semelhantes em situações de ampliação e de redução, com o uso de malhas quadriculadas, plano cartesiano ou tecnologias digitais. **EF06MA22** Utilizar instrumentos, como réguas e esquadros, ou *softwares* para representações de retas paralelas e perpendiculares e construção de quadriláteros, entre outros. **EF06MA23** Construir algoritmo para resolver situações passo a passo (como na construção de dobraduras ou na indicação de deslocamento de um objeto no plano segundo pontos de referência e distâncias fornecidas etc.).
Grandezas e medidas	**EF06MA24** Resolver e elaborar problemas que envolvam as grandezas comprimento, massa, tempo, temperatura, área (triângulos e retângulos), capacidade e volume (sólidos formados por blocos retangulares), sem uso de fórmulas, inseridos, sempre que possível, em contextos oriundos de situações reais e/ou relacionadas às outras áreas do conhecimento. **EF06MA25** Reconhecer a abertura do ângulo como grandeza associada às figuras geométricas. **EF06MA26** Resolver problemas que envolvam a noção de ângulo em diferentes contextos e em situações reais, como ângulo de visão. **EF06MA27** Determinar medidas da abertura de ângulos, por meio de transferidor e/ou tecnologias digitais. **EF06MA28** Interpretar, descrever e desenhar plantas baixas simples de residências e vistas aéreas. **EF06MA29** Analisar e descrever mudanças que ocorrem no perímetro e na área de um quadrado ao se ampliarem ou reduzirem, igualmente, as medidas de seus lados, para compreender que o perímetro é proporcional à medida do lado, o que não ocorre com a área.

HABILIDADES DA BASE NACIONAL COMUM CURRICULAR – 6º ANO

UNIDADES TEMÁTICAS	HABILIDADES
Probabilidade e estatística	**EF06MA30** Calcular a probabilidade de um evento aleatório, expressando-a por número racional (forma fracionária, decimal e percentual) e comparar esse número com a probabilidade obtida por meio de experimentos sucessivos.
	EF06MA31 Identificar as variáveis e suas frequências e os elementos constitutivos (título, eixos, legendas, fontes e datas) em diferentes tipos de gráfico.
	EF06MA32 Interpretar e resolver situações que envolvam dados de pesquisas sobre contextos ambientais, sustentabilidade, trânsito, consumo responsável, entre outros, apresentadas pela mídia em tabelas e em diferentes tipos de gráficos e redigir textos escritos com o objetivo de sintetizar conclusões.
	EF06MA33 Planejar e coletar dados de pesquisa referente a práticas sociais escolhidas pelos alunos e fazer uso de planilhas eletrônicas para registro, representação e interpretação das informações, em tabelas, vários tipos de gráficos e texto.
	EF06MA34 Interpretar e desenvolver fluxogramas simples, identificando as relações entre os objetos representados (por exemplo, posição de cidades considerando as estradas que as unem, hierarquia dos funcionários de uma empresa etc.).

HABILIDADES DA BASE NACIONAL COMUM CURRICULAR – 7º ANO

UNIDADES TEMÁTICAS	HABILIDADES
Números	**EF07MA01** Resolver e elaborar problemas com números naturais, envolvendo as noções de divisor e de múltiplo, podendo incluir máximo divisor comum ou mínimo múltiplo comum, por meio de estratégias diversas, sem a aplicação de algoritmos.
	EF07MA02 Resolver e elaborar problemas que envolvam porcentagens, como os que lidam com acréscimos e decréscimos simples, utilizando estratégias pessoais, cálculo mental e calculadora, no contexto de educação financeira, entre outros.
	EF07MA03 Comparar e ordenar números inteiros em diferentes contextos, incluindo o histórico, associá-los a pontos da reta numérica e utilizá-los em situações que envolvam adição e subtração.
	EF07MA04 Resolver e elaborar problemas que envolvam operações com números inteiros.
	EF07MA05 Resolver um mesmo problema utilizando diferentes algoritmos.
	EF07MA06 Reconhecer que as resoluções de um grupo de problemas que têm a mesma estrutura podem ser obtidas utilizando os mesmos procedimentos.
	EF07MA07 Representar por meio de um fluxograma os passos utilizados para resolver um grupo de problemas.
	EF07MA08 Comparar e ordenar frações associadas às ideias de partes de inteiros, resultado da divisão, razão e operador.
	EF07MA09 Utilizar, na resolução de problemas, a associação entre razão e fração, como a fração 2/3 para expressar a razão de duas partes de uma grandeza para três partes da mesma ou três partes de outra grandeza.
	EF07MA10 Comparar e ordenar números racionais em diferentes contextos e associá-los a pontos da reta numérica.
	EF07MA11 Compreender e utilizar a multiplicação e a divisão de números racionais, a relação entre elas e suas propriedades operatórias.
	EF07MA12 Resolver e elaborar problemas que envolvam as operações com números racionais.

HABILIDADES DA BASE NACIONAL COMUM CURRICULAR – 7º ANO

UNIDADES TEMÁTICAS	HABILIDADES
Álgebra	**EF07MA13** Compreender a ideia de variável, representada por letra ou símbolo, para expressar relação entre duas grandezas, diferenciando-a da ideia de incógnita. **EF07MA14** Classificar sequências em recursivas e não recursivas, reconhecendo que o conceito de recursão está presente não apenas na matemática, mas também nas artes e na literatura. **EF07MA15** Utilizar a simbologia algébrica para expressar regularidades encontradas em sequências numéricas. **EF07MA16** Reconhecer se duas expressões algébricas obtidas para descrever a regularidade de uma mesma sequência numérica são ou não equivalentes. **EF07MA17** Resolver e elaborar problemas que envolvam variação de proporcionalidade direta e de proporcionalidade inversa entre duas grandezas, utilizando sentença algébrica para expressar a relação entre elas. **EF07MA18** Resolver e elaborar problemas que possam ser representados por equações polinomiais de 1º grau, redutíveis à forma $ax + b = c$, fazendo uso das propriedades da igualdade.
Geometria	**EF07MA19** Realizar transformações de polígonos representados no plano cartesiano, decorrentes da multiplicação das coordenadas de seus vértices por um número inteiro. **EF07MA20** Reconhecer e representar, no plano cartesiano, o simétrico de figuras em relação aos eixos e à origem. **EF07MA21** Reconhecer e construir figuras obtidas por simetrias de translação, rotação e reflexão, usando instrumentos de desenho ou *softwares* de geometria dinâmica e vincular esse estudo a representações planas de obras de arte, elementos arquitetônicos, entre outros. **EF07MA22** Construir circunferências utilizando compasso, reconhecê-las como lugar geométrico e utilizá-las para fazer composições artísticas e resolver problemas que envolvam objetos equidistantes. **EF07MA23** Verificar relações entre os ângulos formados por retas paralelas cortadas por uma transversal, com e sem uso de *softwares* de geometria dinâmica. **EF07MA24** Construir triângulos usando régua e compasso, reconhecer a condição de existência do triângulo quanto à medida dos lados e verificar que a soma das medidas dos ângulos internos de um triângulo é 180°. **EF07MA25** Reconhecer a rigidez geométrica dos triângulos e suas aplicações, como na construção de estruturas arquitetônicas (telhados, estruturas metálicas e outras) ou nas artes plásticas. **EF07MA26** Descrever, por escrito e por meio de um fluxograma, um algoritmo para a construção de um triângulo qualquer, conhecidas as medidas dos três lados. **EF07MA27** Calcular medidas de ângulos internos de polígonos regulares, sem o uso de fórmulas, e estabelecer relações entre ângulos internos e externos de polígonos, preferencialmente vinculadas à construção de mosaicos e de ladrilhamentos. **EF07MA28** Descrever, por escrito e por meio de um fluxograma, um algoritmo para a construção de um polígono regular (como quadrado e triângulo equilátero), conhecida a medida de seu lado.
Grandezas e medidas	**EF07MA29** Resolver e elaborar problemas que envolvam medidas de grandezas inseridos em contextos oriundos situações cotidianas ou de outras áreas do conhecimento, reconhecendo que toda medida empírica de é aproximada. **EF07MA30** Resolver e elaborar problemas de cálculo de medida do volume de blocos retangulares, envolvendo as unidades usuais metro cúbico, decímetro cúbico e centímetro cúbico. **EF07MA31** Estabelecer expressões de cálculo de área de triângulos e de quadriláteros. **EF07MA32** Resolver e elaborar problemas de cálculo de medida de área de figuras planas que podem ser decompostas por quadrados, retângulos e/ou triângulos, utilizando a equivalência entre áreas. **EF07MA33** Estabelecer o número como a razão entre a medida de uma circunferência e seu diâmetro, para compreender e resolver problemas, inclusive os de natureza histórica.

HABILIDADES DA BASE NACIONAL COMUM CURRICULAR – 7º ANO

UNIDADES TEMÁTICAS	HABILIDADES
Probabilidade e estatística	**EF07MA34** Planejar e realizar experimentos aleatórios ou simulações que envolvem cálculo de probabilidades ou estimativas por meio de frequência de ocorrências.
	EF07MA35 Compreender, em contextos significativos, o significado de média estatística como indicador da tendência de uma pesquisa, calcular seu valor e relacioná-lo, intuitivamente, com a amplitude do conjunto de dados.
	EF07MA36 Planejar e realizar pesquisa envolvendo tema da realidade social, identificando a necessidade de ser censitária ou de usar amostra, e interpretar os dados para comunicá-los por meio de relatório escrito, tabelas e gráficos, com o apoio de planilhas eletrônicas.
	EF07MA37 Interpretar e analisar dados apresentados em gráfico de setores divulgados pela mídia e compreender quando é possível ou conveniente sua utilização.

HABILIDADES DA BASE NACIONAL COMUM CURRICULAR – 8º ANO

UNIDADES TEMÁTICAS	HABILIDADES
Números	**EF08MA01** Efetuar cálculos com potências de expoentes inteiros e aplicar esse conhecimento na representação de números em notação científica.
	EF08MA02 Resolver e elaborar problemas usando a relação entre potenciação e radiciação, para representar uma raiz como potência de expoente fracionário.
	EF08MA03 Resolver e elaborar problemas de contagem cuja resolução envolva a aplicação do princípio multiplicativo.
	EF08MA04 Resolver e elaborar problemas, envolvendo cálculo de porcentagens, incluindo o uso de tecnologias digitais.
	EF08MA05 Reconhecer e utilizar procedimentos para a obtenção de uma fração geratriz para uma dízima periódica.
Álgebra	**EF08MA06** Resolver e elaborar problemas que envolvam cálculo do valor numérico de expressões algébricas, utilizando as propriedades das operações.
	EF08MA07 Associar uma equação linear de 1º grau com duas incógnitas a uma reta no plano cartesiano.
	EF08MA08 Resolver e elaborar problemas relacionados ao seu contexto próximo, que possam ser representados por sistemas de equações de 1º grau com duas incógnitas e interpretá-los, utilizando, inclusive, o plano cartesiano como recurso.
	EF08MA09 Resolver e elaborar, com e sem uso de tecnologias, problemas que possam ser representados por equações polinomiais de 2º grau do tipo $ax^2 = b$.
	EF08MA10 Identificar a regularidade de uma sequência numérica ou figural não recursiva e construir um algoritmo por meio de um fluxograma que permita indicar os números ou as figuras seguintes.
	EF08MA11 Identificar a regularidade de uma sequência numérica recursiva e construir um algoritmo por meio de um fluxograma que permita indicar os números seguintes.
	EF08MA12 Identificar a natureza da variação de duas grandezas, diretamente, inversamente proporcionais ou não proporcionais, expressando a relação existente por meio de sentença algébrica e representá-la no plano cartesiano.
	EF08MA13 Resolver e elaborar problemas que envolvam grandezas diretamente ou inversamente proporcionais, por meio de estratégias variadas.

HABILIDADES DA BASE NACIONAL COMUM CURRICULAR – 8º ANO

UNIDADES TEMÁTICAS	HABILIDADES
Geometria	**EF08MA14** Demonstrar propriedades de quadriláteros por meio da identificação da congruência de triângulos. **EF08MA15** Construir, utilizando instrumentos de desenho ou *softwares* de geometria dinâmica, mediatriz, bissetriz, ângulos de 90°, 60°, 45° e 30° e polígonos regulares. **EF08MA16** Descrever, por escrito e por meio de um fluxograma, um algoritmo para a construção de um hexágono regular de qualquer área, a partir da medida do ângulo central e da utilização de esquadros e compasso. **EF08MA17** Aplicar os conceitos de mediatriz e bissetriz como lugares geométricos na resolução de problemas. **EF08MA18** Reconhecer e construir figuras obtidas por composições de transformações geométricas (translação, reflexão e rotação), com o uso de instrumentos de desenho ou de *softwares* de geometria dinâmica.
Grandezas e medidas	**EF08MA19** Resolver e elaborar problemas que envolvam medidas de área de figuras geométricas, utilizando expressões de cálculo de área (quadriláteros, triângulos e círculos), em situações como determinar medida de terrenos. **EF08MA20** Reconhecer a relação entre um litro e um decímetro cúbico e a relação entre litro e metro cúbico, para resolver problemas de cálculo de capacidade de recipientes. **EF08MA21** Resolver e elaborar problemas que envolvam o cálculo do volume de recipiente cujo formato é o de um bloco retangular.
Probabilidade e estatística	**EF08MA22** Calcular a probabilidade de eventos, com base na construção do espaço amostral, utilizando o princípio multiplicativo, e reconhecer que a soma das probabilidades de todos os elementos do espaço amostral é igual a 1. **EF08MA23** Avaliar a adequação de diferentes tipos de gráficos para representar um conjunto de dados de uma pesquisa. **EF08MA24** Classificar as frequências de uma variável contínua de uma pesquisa em classes, de modo que resumam os dados de maneira adequada para a tomada de decisões. **EF08MA25** Obter os valores de medidas de tendência central de uma pesquisa estatística (média, moda e mediana) com a compreensão de seus significados e relacioná-los com a dispersão de dados, indicada pela amplitude. **EF08MA26** Selecionar razões, de diferentes naturezas (física, ética ou econômica), que justifiquem a realização de pesquisas amostrais e não censitárias, e reconhecer que a seleção da amostra pode ser feita de diferentes maneiras (amostra casual simples, sistemática e estratificada). **EF08MA27** Planejar e executar pesquisa amostral, selecionando uma técnica de amostragem adequada, e escrever relatório que contenha os gráficos apropriados para representar os conjuntos de dados, destacando aspectos como as medidas de tendência central, a amplitude e as conclusões.

HABILIDADES DA BASE NACIONAL COMUM CURRICULAR – 9º ANO

UNIDADES TEMÁTICAS	HABILIDADES
Números	**EF09MA01** Reconhecer que, uma vez fixada uma unidade de comprimento, existem segmentos de reta cujo comprimento não é expresso por número racional (como as medidas de diagonais de um polígono e alturas de um triângulo, quando se toma a medida de cada lado como unidade).
	EF09MA02 Reconhecer um número irracional como um número real cuja representação decimal é infinita e não periódica, e estimar a localização de alguns deles na reta numérica.
	EF09MA03 Efetuar cálculos com números reais, inclusive potências com expoentes fracionários.
	EF09MA04 Resolver e elaborar problemas com números reais, inclusive em notação científica, envolvendo diferentes operações.
	EF09MA05 Resolver e elaborar problemas que envolvam porcentagens, com a ideia de aplicação de percentuais sucessivos e a determinação das taxas percentuais, preferencialmente com o uso de tecnologias digitais, no contexto da educação financeira.
Álgebra	**EF09MA06** Compreender as funções como relações de dependência unívoca entre duas variáveis e suas representações numérica, algébrica e gráfica e utilizar esse conceito para analisar situações que envolvam relações funcionais entre duas variáveis.
	EF09MA07 Resolver problemas que envolvam a razão entre duas grandezas de espécies diferentes, como velocidade e densidade demográfica.
	EF09MA08 Resolver e elaborar problemas que envolvam relações de proporcionalidade direta e inversa entre duas ou mais grandezas, inclusive escalas, divisão em partes proporcionais e taxa de variação, em contextos socioculturais, ambientais e de outras áreas.
	EF09MA09 Compreender os processos de fatoração de expressões algébricas, com base em suas relações com os produtos notáveis, para resolver e elaborar problemas que possam ser representados por equações polinomiais do 2º grau.
Geometria	**EF09MA10** Demonstrar relações simples entre os ângulos formados por retas paralelas cortadas por uma transversal.
	EF09MA11 Resolver problemas por meio do estabelecimento de relações entre arcos, ângulos centrais e ângulos inscritos na circunferência, fazendo uso, inclusive, de *softwares* de geometria dinâmica.
	EF09MA12 Reconhecer as condições necessárias e suficientes para que dois triângulos sejam semelhantes.
	EF09MA13 Demonstrar relações métricas do triângulo retângulo, entre elas o teorema de Pitágoras, utilizando, inclusive, a semelhança de triângulos.
	EF09MA14 Resolver e elaborar problemas de aplicação do teorema de Pitágoras ou das relações de proporcionalidade envolvendo retas paralelas cortadas por secantes.
	EF09MA15 Descrever, por escrito e por meio de um fluxograma, um algoritmo para a construção de um polígono regular cuja medida do lado é conhecida, utilizando régua e compasso, como também *softwares*.
	EF09MA16 Determinar o ponto médio de um segmento de reta e a distância entre dois pontos quaisquer, dadas as coordenadas desses pontos no plano cartesiano, sem o uso de fórmulas, e utilizar esse conhecimento para calcular, por exemplo, medidas de perímetros e áreas de figuras planas construídas no plano.
	EF09MA17 Reconhecer vistas ortogonais de figuras espaciais e aplicar esse conhecimento para desenhar objetos em perspectiva.

HABILIDADES DA BASE NACIONAL COMUM CURRICULAR – 9º ANO

UNIDADES TEMÁTICAS	HABILIDADES
Grandezas e medidas	**EF09MA18** Reconhecer e empregar unidades usadas para expressar medidas muito grandes ou muito pequenas, tais como distância entre planetas e sistemas solares, tamanho de vírus ou de células, capacidade de armazenamento de computadores, entre outros. **EF09MA19** Resolver e elaborar problemas que envolvam medidas de volumes de prismas e de cilindros retos, inclusive com uso de expressões de cálculo, em situações cotidianas.
Probabilidade e estatística	**EF09MA20** Reconhecer, em experimentos aleatórios, eventos independentes e dependentes e calcular a probabilidade de sua ocorrência, nos dois casos. **EF09MA21** Analisar e identificar, em gráficos divulgados pela mídia, os elementos que podem induzir, às vezes propositadamente, erros de leitura, como escalas inapropriadas, legendas não explicitadas corretamente, omissão de informações importantes (fontes e datas), entre outros. **EF09MA22** Escolher e construir o gráfico mais adequado (colunas, setores, linhas), com ou sem uso de planilhas eletrônicas, para apresentar um determinado conjunto de dados, destacando aspectos como as medidas de tendência central. **EF09MA23** Planejar e executar pesquisa amostral envolvendo tema da realidade social e comunicar os resultados por meio de relatório contendo avaliação de medidas de tendência central e da amplitude, tabelas e gráficos adequados, construídos com o apoio de planilhas eletrônicas.

REFERÊNCIAS

BARBOSA, Ruy M. *Conexões e educação matemática*: brincadeiras, explorações e ações. Belo Horizonte: Autêntica, 2009. v. 1.

BARBOSA, Ruy M. *Conexões e educação matemática*: brincadeiras, explorações e ações. Belo Horizonte: Autêntica, 2009. v. 2.

BERLINGHOFF, William P. *A matemática através dos tempos*: um guia fácil para professores e entusiastas. São Paulo: Blucher, 2008.

BOALER, Jo. *Mentalidades matemáticas*: estimulando o potencial dos estudantes por meio da matemática criativa, das mensagens inspiradoras e do ensino inovador. Porto Alegre: Penso, 2018.

BOALER, Jo. *O que a matemática tem a ver com isso?* Como professores e pais podem transformar a aprendizagem da Matemática e inspirar sucesso. Porto Alegre: Penso, 2019.

BORBA, Marcelo C.; SCUCUGLIA, Ricardo; GADANIDIS, George. *Fases das tecnologias digitais em educação matemática*: sala de aula e internet em movimento. Belo Horizonte: Autêntica, 2014. v. 1.

BOYER, Carl B. História da Matemática. 2. ed. São Paulo: Blucher, 1996.

BRANDT, Célia F. MORETTTI, Méricles T. (org.). *Ensinar e aprender Matemática*: possibilidades para a prática educativa. Ponta Grossa: Editora UEPG, 2016. Disponível em: https://static.scielo.org/scielobooks/dj9m9/pdf/brandt-9788577982158.pdf. Acesso em: 22 fev. 2021.

BRASIL. Ministério da Educação. *Base Nacional Comum Curricular*. Brasília, DF: Ministério da Educação, 2018.

BRASIL. Ministério da Educação. *Programa Gestão da Aprendizagem Escolar (GESTAR II)* – Matemática. Brasília, DF: Ministério da Educação, 2017.

CAJORI, Florian. *Uma história da Matemática*. Rio de Janeiro: Ciência Moderna, 2007.

CONTADOR, Paulo R. M. *Matemática, uma breve história*. São Paulo: Editora Livraria da Física, 2012. v. I.

DAVID, Maria Manuela M. S.; MOREIRA, Plínio C. *A formação matemática do professor*. São Paulo: Autêntica, 2005. (Coleção Tendências em Educação Matemática).

DU SAUTOY, Marcus. *Os mistérios dos números*: os grandes enigmas da Matemática (que até hoje ninguém foi capaz de resolver). Rio de Janeiro: Zahar, 2013.

EVES, Howard. *Introdução à história da Matemática*. 2. ed. Campinas: Editora da Unicamp, 1997.

FLOOD, Raymond; WILSON, Robin. *A história dos grandes matemáticos*: as descobertas e a propagação do conhecimento através das vidas dos grandes matemáticos. São Paulo: M. Books, 2013. (A História da Matemática).

GALVÃO, Maria E. E. L. *História da Matemática*: dos números à geometria. Osasco: Edifieo, 2008.

GARBI, G. G. *A rainha das ciências*: um passeio histórico pelo maravilhoso mundo da Matemática. 5. ed. São Paulo: Editora Livraria da Física, 2010.

GRUPO Geoplano de Estudos e Pesquisas; BARBOSA, Ruy Madsen (coord.). *Geoplanos e redes de pontos*: conexões e educação matemática. Belo Horizonte: Autêntica, 2013.

GUSTAFSON, David R.; FRISK, Peter D. *Álgebra intermedia*. 7. ed. Cidade do México: Internacional Thomson Editores, 2006.

HUETE, Juan C. S.; BRAVO, José A. F. *O ensino da Matemática*: fundamentos teóricos e bases psicopedagógicas. Porto Alegre: Artmed, 2006.

IFRAH, Georges. *Os números*: história de uma grande invenção. 10. ed. São Paulo: Globo, 2004.

LEVAIN, Jean-Pierre. *Aprender a Matemática de outra forma*: desenvolvimento cognitivo e proporcionalidade. Lisboa: Instituto Piaget, 1997.

LINTZ, Rubens G. *História da Matemática*. Blumenau: Editora da FURB, 1999. v. 1.

MACHADO, Nilson José. *Matemática e realidade*: das concepções às ações docentes. 8. ed. São Paulo: Cortez, 2013.

MAGALHÃES, Marcos Nascimento. *Noções de probabilidade e estatística*. 7. ed. São Paulo: Edusp, 2013.

MENEGHETTI, Renata C. G. *Educação matemática*: vivências refletidas. São Paulo: Centauro, 2006.

MERINO, Rosa María Herrera; FRABETTI, Carlo. *A geometria na sua vida*. São Paulo: Ática, 2001.

MORAIS FILHO, Daniel C. *Um convite à Matemática*. 2. ed. Rio de Janeiro: Editora SBM, 2013.

NIVEN, Ivan. *Números*: racionais e irracionais. Rio de Janeiro: SBM, 1990.

PAIS, Luiz Carlos. *Didática da Matemática*: uma análise da influência francesa. 3. ed. Belo Horizonte: Autêntica, 2011.

PERELMANN, I. *Aprenda Álgebra brincando*. Curitiba: Hemus, 2001.

PERRENOUD, Philippe. *Dez novas competências para ensinar*: convite à viagem. Porto Alegre: Artmed, 2000.

ROONEY, Anne. *A história da Matemática*: desde a criação das pirâmides até a exploração do infinito. São Paulo: M. Books, 2012.

SANTOS, Cleane A.; NACARATO, Adair M. *Aprendizagem em Geometria na Educação Básica*: a fotografia e a escrita na sala de aula. São Paulo: Autêntica, 2014. (Coleção Tendências em Educação Matemática).

SPIEGEL, Murray R.; STEPHENS, Larry J. *Estatística*. Tradução: José Lucimar do Nascimento. Porto Alegre: Bookman, 2009. (Coleção Schaum).

STROGATZ, Steven H. *A matemática do dia a dia*: transforme o medo de números em ações eficazes para a sua vida. Rio de Janeiro: Elsevier, 2013.

SWOKOWSKI, Earl W.; COLE, Jeffery A. *Álgebra y trigonometría con geometria analítica*. 10. ed. México: Internacional Thomson Editores, 2002.

SWOKOWSKI, Earl W. *Trigonometría*. 9. ed. México: Internacional Thomson Editores, 2001.

VAN DE WALLE, John A. *Matemática no Ensino Fundamental*: formação de professores e aplicação em sala de aula. 6. ed. Porto Alegre: Artmed, 2009.

VLASSIS, Joëlle; DEMONTY, Isabelle. *A Álgebra ensinada por situações*: problemas. Lisboa: Instituto Piaget, 2002.